环境工程技术

主　编　张　宁　阎品初
副主编　蒋绍妍
参　编　李岩岩　段婷婷
　　　　邢献予　张恒明

北京理工大学出版社
BEIJING INSTITUTE OF TECHNOLOGY PRESS

内容提要

本书依据教学大纲从环境工程技术领域中最新发展及工程应用角度出发，对环境污染及污染控制技术作了较详细的阐述。本书共三个模块13个项目：模块一基本素质能力包括认识环境工程、水体污染、大气污染、固体废物污染、土壤污染、物理性污染；模块二专业核心技能包括水污染控制工程技术、大气污染控制工程技术、固体废物的处理处置及其利用、土壤污染修复技术、物理性污染防治技术；模块三综合能力培养包括城市与流域环境综合整治、环境工程施工与环境监测管理。

本书主要适用于环境工程、环境科学及其他环境类相关专业的学生，也可作为大中专院校、环境保护相关企事业单位及职业资格考试的培训教材。

版权专有　侵权必究

图书在版编目（CIP）数据

环境工程技术 / 张宁，阎品初主编. -- 北京：北京理工大学出版社，2024.6.
ISBN 978-7-5763-4309-0
Ⅰ．X5
中国国家版本馆CIP数据核字第2024AN3276号

责任编辑：阎少华		文案编辑：阎少华	
责任校对：周瑞红		责任印制：王美丽	

出版发行 / 北京理工大学出版社有限责任公司
社　　址 / 北京市丰台区四合庄路6号
邮　　编 / 100070
电　　话 / （010）68914026（教材售后服务热线）
　　　　　（010）63726648（课件资源服务热线）
网　　址 / http://www.bitpress.com.cn
版 印 次 / 2024年6月第1版第1次印刷
印　　刷 / 河北世纪兴旺印刷有限公司
开　　本 / 787 mm×1092 mm　1/16
印　　张 / 16
字　　数 / 350千字
定　　价 / 72.00元

图书出现印装质量问题，请拨打售后服务热线，负责调换

前言

Foreword

随着工业、农业、交通运输业和城市建设的迅速发展,排入环境的废气、废水、废渣越来越多,这些污染物对人们的身体健康构成了严重威胁。因此,人类为了生存,开始运用工程技术措施防治环境污染,如运用了土木工程、卫生工程、化学工程和机械工程等学科知识,解决废水、废气、固体废弃物、噪声等污染问题,使单项治理技术有了较大的发展,逐渐形成治理技术的单元过程。随着人类生产和生活的进一步发展,环境污染从分散的点或局部污染发展成广泛的区域性污染,环境保护逐渐从单项治理走向区域性综合防治的道路,环境系统工程和环境污染综合防治技术迅速发展。

2023年7月习近平总书记在全国生态环境保护大会上强调:"今后5年是美丽中国建设的重要时期,要深入贯彻新时代中国特色社会主义生态文明思想,坚持以人民为中心,牢固树立和践行绿水青山就是金山银山的理念,把建设美丽中国摆在强国建设、民族复兴的突出位置,推动城乡人居环境明显改善、美丽中国建设取得显著成效,以高品质生态环境支撑高质量发展,加快推进人与自然和谐共生的现代化。"习近平总书记的重要讲话系统部署了全面推进美丽中国建设的战略任务和重大举措,为进一步加强生态环境保护、推进生态文明建设提供了方向指引和根本遵循。

自然资源的有限和对自然资源需求的不断增长,特别是环境污染的控制目标和对能源需求之间的矛盾,促使环境工程学对现有技术和未来技术发展进行环境影响评价和分析,为保护自然资源和社会资源提供依据。

环境工程学是一个庞大而复杂的技术体系。它不仅研究防治环境污染和公害的措施,而且研究自然资源的保护和合理利用,探讨废物资源化技术、改革生产工艺、发展少害或无害的闭路生产系统,以及按区域环境进行运筹学管理,以获得较大的环境效果和经济效益,这些都成为环境工程学的重要发展方向。

我国十分重视环境教育工作,确立了"环境保护,教育为本"的指导思想。环境教育是一项终生教育的基础工程,是提高全民族环境道德素质和环境科学文化素质的基本手段。环境专业教育是我国环境工作中最重要的一个环节。

环境专业教育的主要任务是有计划地培养环保科技人才和管理人才。本书为适应高等职业教育和环境工程技术发展的新理念、新技术与新要求，进一步加强职业技能培训效果，提高学生的操作水平而编写。

本书由张宁和阎品初担任主编，由蒋绍妍担任副主编，李岩岩、段婷婷、刑献予、张恒明参与编写。具体编写分工如下：模块一基本素质能力由张宁和阎品初编写，模块二专业核心技能由阎品初、段婷婷、邢献予和张恒明编写，模块三综合能力培养由阎品初、李岩岩和蒋绍妍编写。全书由阎品初统稿。

本书在编写过程中，得到专家和学者的支持和帮助，并参考了大量文献和资料，在此表示衷心的感谢。

由于编者水平有限，书中难免有不足之处，敬请广大读者批评指正。

编　者

目录

Contents

模块一 基本素质能力——环境工程的基础知识

项目1 认识环境工程 3
任务1.1 环境与环境工程 3
任务1.2 环境工程的形成与发展 4
任务1.3 环境工程的主要内容 4

项目2 水体污染 6
任务2.1 水资源与水循环 6
2.1.1 水资源 6
2.1.2 水循环 7
任务2.2 水体污染 9
2.2.1 水体与水体污染 9
2.2.2 水体污染的来源 9
2.2.3 污水中的主要污染物 10
任务2.3 水体自净与水环境容量 11
2.3.1 水体自净 11
2.3.2 水环境容量 12
任务2.4 水质指标与水质标准 12
2.4.1 水质指标 12
2.4.2 水质标准 13
任务2.5 水体污染的危害 14
2.5.1 危害人体健康 14
2.5.2 降低农作物的产量和质量 14

2.5.3 影响渔业生产的产量和质量……………………………………………14
　　2.5.4 制约经济的发展………………………………………………………15

项目3　大气污染……………………………………………………………16

任务3.1　大气结构与组成………………………………………………………16
　　3.1.1 大气圈结构……………………………………………………………16
　　3.1.2 大气组成………………………………………………………………18

任务3.2　大气污染与大气污染物………………………………………………19
　　3.2.1 大气污染………………………………………………………………19
　　3.2.2 大气污染物……………………………………………………………20

任务3.3　空气环境质量标准……………………………………………………23
　　3.3.1 环境空气质量标准……………………………………………………23
　　3.3.2 大气污染物排放标准…………………………………………………25

任务3.4　大气污染的危害………………………………………………………26
　　3.4.1 大气污染物对材料的影响……………………………………………26
　　3.4.2 大气污染物对植物的影响……………………………………………27
　　3.4.3 大气污染物对人类健康的影响………………………………………27
　　3.4.4 大气污染物对生态环境的影响………………………………………28

项目4　固体废物污染………………………………………………………30

任务4.1　固体废物及其分类……………………………………………………30
　　4.1.1 固体废物的定义及范畴………………………………………………30
　　4.1.2 固体废物的分类………………………………………………………31

任务4.2　城市生活垃圾…………………………………………………………31
　　4.2.1 城市生活垃圾的概念…………………………………………………31
　　4.2.2 城市生活垃圾的特点…………………………………………………31

任务4.3　工业固体废物…………………………………………………………32
　　4.3.1 工业固体废物的概念…………………………………………………32
　　4.3.2 工业固体废物的特点…………………………………………………32

任务4.4　危险废物………………………………………………………………33
　　4.4.1 危险废物的概念………………………………………………………33
　　4.4.2 危险废物的特点………………………………………………………33
　　4.4.3 危险废物的转化途径…………………………………………………33

任务4.5　固体废物的危害………………………………………………………34

项目5　土壤污染 ... 36

任务5.1　土壤及其性质 ... 36
5.1.1　土壤的定义及概述 ... 36
5.1.2　土壤的组成 ... 37
5.1.3　土壤的性质 ... 39

任务5.2　土壤污染与土壤污染物 ... 40
5.2.1　土壤污染概述 ... 40
5.2.2　土壤污染物 ... 41

任务5.3　污染物在土壤中的迁移与转化 ... 41
5.3.1　污染物在土壤中的迁移 ... 41
5.3.2　污染物在土壤中的转化 ... 42
5.3.3　污染物在土壤中转化的影响因素 ... 43

任务5.4　土壤环境质量标准 ... 44
5.4.1　农用地土壤污染风险管控 ... 44
5.4.2　建设用地土壤污染风险管控 ... 45

任务5.5　土壤污染的危害 ... 50
5.5.1　对植物的毒害及农产品安全危机 ... 50
5.5.2　对动物的毒害及生态安全危机 ... 51
5.5.3　土壤微生物的影响 ... 51
5.5.4　对人体健康的冲击及疾病发生 ... 52
5.5.5　生态系统水平上土壤污染危害 ... 53

项目6　物理性污染 ... 54

任务6.1　噪声污染及其危害 ... 54
6.1.1　噪声污染 ... 54
6.1.2　环境噪声的来源 ... 55
6.1.3　噪声污染的危害 ... 56

任务6.2　电磁辐射污染 ... 58
6.2.1　电磁辐射污染的概念 ... 58
6.2.2　电磁辐射污染源的种类 ... 58
6.2.3　电磁辐射污染的危害 ... 59

任务6.3　放射性污染 ... 60
6.3.1　放射性废物的概念 ... 60
6.3.2　放射性废物的产生与分类 ... 60

任务6.4 其他物理性污染·································63
　6.4.1 振动污染···63
　6.4.2 热污染··64
　6.4.3 光污染··65

模块二 专业核心技能——环境污染控制技术技能

项目7 水污染控制工程技术····························69

任务7.1 水处理基本原则与方法·······················69
　7.1.1 饮用水处理的基本原则和方法············69
　7.1.2 废水处理的基本原则和方法···············70

任务7.2 水的物理处理方法·····························72
　7.2.1 分离··72
　7.2.2 隔滤··74

任务7.3 水的化学处理方法·····························75
　7.3.1 化学混凝法··75
　7.3.2 中和法···77
　7.3.3 化学沉淀法··78
　7.3.4 氧化还原法··79
　7.3.5 电解法···80
　7.3.6 高级氧化法··81

任务7.4 水的物理化学处理方法·······················81
　7.4.1 吸附法···81
　7.4.2 离子交换法··82
　7.4.3 膜分离法···82
　7.4.4 萃取、汽提和吹脱······························83

任务7.5 水的生化处理方法·····························84
　7.5.1 好氧生物处理法··································85
　7.5.2 厌氧生物处理法··································88
　7.5.3 污泥的处理与处置·····························89

任务7.6 水处理工程系统和废水处理处置··········89
　7.6.1 给水与排水工程系统··························89
　7.6.2 再生水系统··90

| | 7.6.3 废水的最终处置 | 90 |

项目8　大气污染控制工程技术 ... 92

任务8.1　颗粒污染物控制技术 ... 92
- 8.1.1 颗粒污染物除尘方法 ... 92
- 8.1.2 除尘效率 ... 93
- 8.1.3 重力沉降 ... 94
- 8.1.4 惯性除尘 ... 95
- 8.1.5 离心除尘 ... 96
- 8.1.6 过滤除尘 ... 98
- 8.1.7 静电除尘 ... 99
- 8.1.8 湿法除尘 ... 100

任务8.2　气态污染物控制技术 ... 102
- 8.2.1 吸收法 ... 102
- 8.2.2 吸附法 ... 106
- 8.2.3 冷凝法 ... 109
- 8.2.4 催化转化法 ... 110
- 8.2.5 燃烧法 ... 112
- 8.2.6 生物净化法 ... 113
- 8.2.7 膜分离法 ... 114

任务8.3　城市污染控制技术 ... 114
- 8.3.1 汽车尾气 ... 114
- 8.3.2 室内空气 ... 115

项目9　固体废物的处理处置及其利用 ... 117

任务9.1　城市垃圾处理 ... 117
- 9.1.1 城市垃圾的收集、储存与运输 ... 117
- 9.1.2 城市垃圾的处理技术 ... 120

任务9.2　危险废物化学处理与固化 ... 124
- 9.2.1 危险废物的化学处理 ... 124
- 9.2.2 危险废物的固化处理 ... 125

任务9.3　固体废物资源化利用 ... 126
- 9.3.1 固体废物资源化的意义与资源化系统 ... 126
- 9.3.2 材料回收系统 ... 127

  9.3.3 生物转化产品的回收 ··· 127
  9.3.4 城市垃圾焚烧与热产品的回收 ·· 129
 任务9.4 固体废物的最终处置 ··· 132
  9.4.1 最终处置的含义与途径 ·· 132
  9.4.2 城市垃圾陆地填埋处置 ·· 132
  9.4.3 危险废物安全填埋 ·· 137

项目10　土壤污染修复技术 ··· 139

 任务10.1 土壤物理化学修复技术 ·· 139
  10.1.1 土壤气相抽提技术 ·· 139
  10.1.2 土壤淋洗技术 ·· 140
  10.1.3 电动力学修复技术 ·· 141
  10.1.4 化学氧化技术 ·· 141
  10.1.5 溶剂萃取技术 ·· 142
  10.1.6 固化/稳定化技术 ·· 143
  10.1.7 热脱附技术 ··· 143
  10.1.8 水泥窑协同处置技术 ·· 144
  10.1.9 其他物理化学修复技术 ··· 144
 任务10.2 土壤生物修复技术 ·· 146
  10.2.1 生物修复简介 ·· 146
  10.2.2 微生物修复 ··· 146
  10.2.3 植物修复 ·· 148

项目11　物理性污染防治技术 ··· 152

 任务11.1 噪声污染防治技术 ·· 152
  11.1.1 吸声技术 ·· 152
  11.1.2 隔声技术 ·· 156
  11.1.3 消声技术 ·· 160
 任务11.2 电磁辐射污染防治技术 ·· 166
  11.2.1 电磁辐射源控制 ··· 166
  11.2.2 合理规划布局 ·· 166
  11.2.3 屏蔽防护 ·· 166
  11.2.4 吸收防护 ·· 168
  11.2.5 远距离控制和自动作业 ··· 168

| 11.2.6   个人防护···································168

任务11.3   放射性污染防治技术····················168
| 11.3.1   时间防护···································169
| 11.3.2   距离防护···································169
| 11.3.3   屏蔽防护···································169
| 11.3.4   源头控制防护·······························169

任务11.4   其他物理性污染防治技术···············170
| 11.4.1   振动的控制技术·····························170
| 11.4.2   废热污染防治方法···························174
| 11.4.3   光污染防治方法·····························175

模块三   综合能力培养——综合实训

项目12   城市与流域环境综合整治··················179

任务12.1   清洁生产······························179
| 12.1.1   清洁生产概述·······························179
| 12.1.2   清洁生产的实施·····························182
| 12.1.3   清洁生产审核·······························184

任务12.2   环境生态工程··························184
| 12.2.1   环境生态工程概述···························184
| 12.2.2   城乡人居环境生态工程·······················185
| 12.2.3   流域环境生态工程···························188

任务12.3   生态城市建设··························191
| 12.3.1   城市化发展·································191
| 12.3.2   城市的功能·································192
| 12.3.3   城市发展的环境问题·························192
| 12.3.4   城市环境综合整治···························194
| 12.3.5   城市生态系统·······························195
| 12.3.6   生态城市建设·······························196
| 12.3.7   生态城市的特征·····························196

任务12.4   辽河环境综合整治······················198
| 12.4.1   辽河流域基本情况···························198
| 12.4.2   辽河流域生态封育···························200

- 12.4.3 防洪提升及水系连通 ·········· 202
- 12.4.4 辽河国家公园建设 ·········· 202
- 12.4.5 流域水生态保护与修复 ·········· 203
- 12.4.6 加强行政管理，全面依法治河 ·········· 203
- 12.4.7 抓节水保供水，实现绿色发展 ·········· 204

项目13 环境工程施工与环境监测管理 ·········· 205

任务13.1 环境工程施工管理 ·········· 205
- 13.1.1 环境工程施工概述 ·········· 205
- 13.1.2 施工项目管理简介 ·········· 208
- 13.1.3 环境工程施工进度控制 ·········· 211
- 13.1.4 环境工程施工质量控制 ·········· 213
- 13.1.5 环境工程施工成本控制 ·········· 216
- 13.1.6 环境工程施工安全控制 ·········· 219
- 13.1.7 环境土建与设备安装工程主要内容 ·········· 222

任务13.2 环境管理与监测 ·········· 225
- 13.2.1 环境质量管理概述 ·········· 225
- 13.2.2 环境质量评价 ·········· 226
- 13.2.3 环境监测 ·········· 231

参考文献 ·········· 243

模块一

基本素质能力——环境工程的基础知识

项目1 认识环境工程

知识目标
1. 了解环境、环境污染、环境工程的基本概念；
2. 熟悉环境工程的发展历程；
3. 掌握环境工程的主要内容。

能力目标
1. 能够识别区分环境污染与环境工程的内容；
2. 能够阐述环境工程形成和发展的基本历程；
3. 能够列举环境工程研究的相关领域。

素质目标
1. 培养学生以树立环境保护、维护生态安全为己任的强烈责任感；
2. 培养学生运用基础知识与技能勇于探索和积极创新的工作意识；
3. 培养学生在实践训练中团结协作的精神；
4. 培养学生运用辩证方法分析和解决问题的能力。

任务1.1 环境与环境工程

环境包括自然环境和社会环境，这里的环境主要是指自然环境。环境是影响生物机体生命、发展与生存的所有外部条件的总体。其主要包括大气环境、水环境、土壤环境、生物环境等。

环境污染是指自然的或人为的破坏，向环境中添加某种物质超过环境的自净能力而产生危害的行为(使生物的生长繁殖和人类的正常生活受到有害影响)或由于人为因素使环境的构成或状态发生变化，环境质量下降，从而扰乱和破坏了生态系统与人类的正常生产及生活条件的现象。

工业革命以来，尤其是20世纪50年代以来，随着人口总量的剧增、生活水平的不断提高和人类社会的进步，人类对环境资源的开发、掠夺的强度和深度也日益增加，同时，将大量的废物(废水、废气、废液等)排入环境，使生态环境遭受前所未有的破坏和干扰，从而产生了各种污染问题、自然灾害及生态破坏。与此同时，污染的环境和失去平衡的生态反过来也给人类的生产、生活带来了不便和危害，甚至是灾难。因此，环境问题引起了国际社会的广泛关注，已经成为人类可持续发展的"公害"。

近几十年来，许多国家和地区通过提高工程技术措施和完善法律法规，以及提高人们的环境保护意识来应对环境污染和生态破坏。各国不断加强环境保护科技的研究和发展，从而促进了环境科学与工程的兴起和发展。

环境工程学是运用工程技术和有关学科的原理与方法，保护和合理利用自然资源，防治环境污染，以改善环境质量的学科。环境工程学与污染生态学、环境生态学、环境卫生学、环境医学、环境物理学、环境化学和环境工程微生物学等有关。虽然环境工程学科处在初始发展阶段，学科领域还在扩展，但其核心是环境污染治理和污染环境修复。

任务1.2　环境工程的形成与发展

环境工程学是人类在保护和改善生存环境，与污染做斗争的过程中逐步形成的，这是一门历史悠久而又正在迅速发展的工程技术学科。

在环境工程学的发展进程中，人们认识到控制环境污染不仅要采用单项治理技术，还应当采用经济的、法律的和管理的各种手段，以及与工程技术相结合的综合防治措施，并运用科学的方法和计算机技术对环境问题及其防治措施进行综合分析，以获得整体上的最佳效果或优化方

环境工程的形成与发展

案。在这种背景下，环境规划和环境系统工程的研究工作迅速发展起来，逐渐成为环境工程学的一个新的、重要的分支。

多年来，尽管人们为治理各种环境污染做了很大努力，投入了大量人力、物力，并从环境管理和环境立法的角度进行顶层设计，但环境问题往往只是局部有所控制，总体上仍未得到根本解决，不少地区的环境质量至今仍在继续恶化。例如，滇池和太湖等重要水体富营养化问题仍未得到有效遏制；京津冀地区的大气雾霾问题未得到明显改善；不少地方的生活垃圾逐年增多，出现的垃圾围城问题也是困扰城市发展的重要瓶颈。

为了减少污染物排放量，减轻生态环境的压力，20世纪90年代开始，清洁生产理念和循环经济理念开始实施，从污染物产生源头和废物循环利用等方面削减污染物的排放量，减轻受纳环境的生态压力，缓解水体黑臭和水体富营养化问题。

总之，环境工程学是在人类控制环境污染、保护和改善生存环境的斗争过程中诞生与发展起来的，它脱胎于土木工程、卫生工程、化学工程、机械工程、微生物工程等母系学科，又融入了其他自然科学和社会科学的有关原理与方法。随着经济的发展和人们对环境质量要求的提高，环境工程学必将得到进一步完善与发展。

任务1.3　环境工程的主要内容

环境工程是一个庞大而复杂的学科体系，不仅研究环境污染治理的原理和技术等内容，而且研究受污染环境的修复问题。具体来说，环境工程的基本内容主要有以下几个方面：

（1）水污染控制工程。研究预防和控制水体污染，保护和改善水环境质量的工程技术措施。其主要研究领域有城市污水处理、工业废水处理与利用、废水再生与回用等点源污染治理及区域和流域等面源污染治理。

（2）大气污染控制工程。研究预防和控制大气污染，保护和改善大气质量的工程技术措施。其主要研究领域有大气质量管理、烟尘等颗粒物控制技术、气体污染物控制技术、区域大气污染综合整治、室内空气污染控制、大气质量标准和废气排放标准等。

（3）固体废弃物控制及资源化。研究城市垃圾、工业废渣、放射性及其他危险固体废弃物的处理、处置与资源化。其主要研究领域有固体废弃物管理、固体废弃物无害化处置、固体废弃物的综合利用和资源化、放射性及其他危险废物的处理。

（4）土壤污染与修复工程。研究土壤污染的原因、污染物类型、污染物特性和污染修复工艺及原理。其主要研究领域有污染物在土壤内迁移转化、污染物对地下水的污染、重金属污染物去除和钝化。

（5）物理性污染控制工程。研究噪声、振动、光、热和其他公害防治工程，以及消除噪声、振动等对人类影响的技术途径和措施。其主要研究领域有噪声、振动、光、热、放射性和电磁辐射的防护与控制等。

思考题

1. 什么是环境、环境污染、环境工程？
2. 简述环境工程的发展历程。
3. 环境工程的主要内容是什么？

项目 2　水体污染

知识目标

1. 了解水体和水体污染基本概念；
2. 了解水质指标的基本知识；
3. 熟悉水质标准及其查找的基本知识；
4. 掌握水环境质量的基本常识。

能力目标

1. 认识水体，能识别水体污染；
2. 能对水质指标进行比较，评价水质；
3. 能查找水质标准，会利用网页搜索最新标准；
4. 会分析水环境质量现状。

素质目标

1. 培养学生树立以水资源保护、维护生态安全为己任的强烈责任感；
2. 培养学生运用基础知识与技能勇于探索和积极创新的工作意识；
3. 培养学生在实践训练中团结协作的精神；
4. 培养学生运用辩证方法分析和解决问题的能力。

水是生命之源、生产之要、生态之基、文明之根。人类很早就知道水、利用水，水无色、无味、无嗅、透明，是自然界中最常见的液体。古代哲学家认为，水是万物之源，万物皆复归于水。在地球上，哪里有水，哪里就有生命，历史中四大文明古国都分布着河流。

任务 2.1　水资源与水循环

2.1.1　水资源

水是人类和一切生物赖以生存的物质基础，是可以更新的自然资源。

地球的 3/4 被水覆盖，水广泛分布于海洋、江河、湖泊、地下、大气和冰川之中。地球上水的总储量约为 13.86 亿 km³，其中淡水占 2.53%，而可取用的淡水量仅占淡水量的 0.3%，不到全球总水量的万分之一。全世界的总用水量，2000 年已达到 6 000 亿 km³，占世界总径流量的 15%。根据联合国在 20 世纪 80 年代的统计，从全球来看，可用水量与总需水量在 2030 年后将面

水资源

临水资源危机。

我国是一个水资源相对贫乏的国家,人口众多使我国人均水资源占有量只相当于世界人均占有量的1/4。但我国一直在努力存蓄水资源、降低用水量、提高用水效率和结构。根据中华人民共和国水利部《2020年中国水资源公报》统计,2020年,全国平均年降水量在706.5 mm,比多年平均值偏多10.0%,比2019年增加8.5%。全国水资源总量在31 605.2亿m^3,比多年平均值偏多14.0%。全国705座大型水库和3 729座中型水库年末蓄水总量比年初增加237.5亿m^3。全国供水总量和用水总量均为5 812.9亿m^3,受一些因素影响,较2019年减少208.3亿m^3。其中,地表水源供水量4 792.3亿m^3,地下水源供水量892.5亿m^3,其他水源供水量128.1亿m^3;生活用水863.1亿m^3,工业用水1 030.4亿m^3,农业用水3 612.4亿m^3,人工生态环境补水307.0亿m^3,全国耗水总量3 141.7亿m^3。

我国的水资源存在着严重的时空分布不均衡性。在空间分布上,总体是东南多,西北少,南方长江流域和珠江流域水量丰富,而北方则少雨干旱,不少城市和地区的缺水现象已十分严重。在时间分布上,由于我国大部分地区的降水量主要受季风气候的影响,降水主要集中在夏季。南方各省夏季降水占全年降水量的一半,北方地区则占70%~80%。这就导致了降水量的年内分配不均,冬春少雨,夏季多雨。此外,年际变化也很大,有时还连续出现枯水年和丰水年的现象,更给水资源的合理利用增加了困难。

2.1.2 水循环

根据研究,全世界每年平均约有57.7万km^3的水参与水循环,变成无数小水滴一刻不停地在世界上旅游,按此速度地球上全部水量参与循环一次,理论上大约需要2 400年。各种水体在自然界以循环运动的方式存在。水循环使江河日夜川流不息,并保证了人类淡水的供应和地球生物圈的延续发展。水循环可分为自然循环和社会循环两种。

1. 自然循环

自然界中的水在太阳能的作用下,通过海洋、湖泊、河流等广大水面及土壤表面、植物茎叶的蒸发和蒸腾形成水汽,上升到空中凝结为云,在大气环流——风的推动下运移到各处,在适当的条件下又以雨、雪、雹等形式降落下来。这些降落下来的水分,在陆地上分成两路流动:一路在地面形成径流,汇入江河湖泊,称为地表径流;另一路渗入地下,成为地下水,称为地下渗流。这两路水流有时相互交流转换,最后都流入海洋。与此同时,一部分水经过地面和水面的蒸发,以及植物吸收后经叶的蒸腾又进入大气圈中。这种川流不息、循环往复的过程称为自然界的水循环或水的自然循环(图2-1)。

2. 社会循环

人类社会为了满足生活和生产的需求,要从各种天然水体中取用大量的水,经过使用后一部分天然水被消耗,但绝大部分变成生活污水和生产废水排放,最终又流入天然水体。这样,水在人类社会中构成了一个局部的循环体系,称为水的社会循环。

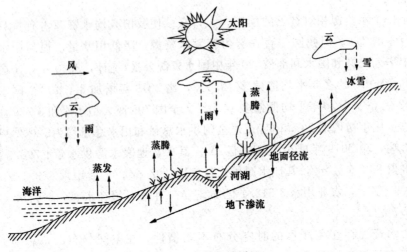

图 2-1 水的自然循环

人们日常生活需要水，人体中的水约占体重的 2/3。因此，水是构成人类机体的基础，又是传输营养和新陈代谢过程的一种介质。水还起着发散热量、调节体温的作用。从医学卫生的观点看，人类为维持正常生命，每人每天至少需要 5 L 水，如果加上卫生方面的需要，全部生活用水量每人每天约需要 40 L 以上。一般来说，人们的生活水平较高，生活用水量也较大。目前，发展中国家平均每人每天用水量为 40～60 L，而发达国家每人每天用水量达 200～300 L，在一些现代化的大城市还要更高一些。用水量大小也与不同地区的气候条件和人们的生活习惯有关。近年来，一些城市采取了各种节约用水的措施，使用水量有所降低。

工业生产更是离不开水。据统计，工业用水一般要占城市用水量的 70%～80%。各种工业，无论是发电、冶金、化工、石油，还是纺织、印染、食品、造纸等，可以说，几乎没有一种工业不需要水。

水是农业的命脉。不少国家尽管工业用水量很大，但用于农田灌溉的水量仍远远超过工业用水量。即使是一些工业发达的国家，其农业用水量通常也是工业用水量的 1～2 倍。我国向来以农业为基础，农业是主要的用水和耗水领域。据统计，长江流域每公顷水稻田的需水量为 3 750～7 500 m^3。北方地区主要农作物小麦、玉米和棉花每公顷的需水量分别为 3 000～4 500 m^3、2 250～3 750 m^3 和 1 200～2 250 m^3。

随着世界人口的增长和工业、农业的发展，用水量也在日益增加。用水量的增加会使废水量也相应地增加。未经妥善处理的废水如果任意排入水体，就会造成水体的严重污染，使本来已经并不充裕的水资源更加紧张，这就是在水的社会循环中表现出来的人与自然在水量和水质方面存在的巨大矛盾。环境工作者的任务就是要研究和解决这些矛盾，在合理开发利用水资源的同时，通过必要的水质处理措施，有效地控制水体污染，使水有良性的社会循环。

任务 2.2 水体污染

2.2.1 水体与水体污染

水体是水的集合体,是包括海洋、河流、湖泊、水库、冰川、沼泽、地下水等地表与地下诸水的总称。

水体不仅包括水,还包括其中的溶解物质、悬浮物质、胶体物质、水生生物和底泥,是一个完整的生态系统。水体按类型可分为海洋水体和陆地水体;按水的流动性可分为流水水体和静水水体。

水体污染的两种类型

在环境污染研究中,区分"水"和"水体"的概念十分重要。很多污染物质在水中的迁移转化是与整个水体密切联系在一起的,仅从"水"着眼往往会得出错误的结论,对污染预防与治理产生误导。例如,污染物从水中转向底泥,仅从水着眼似乎未受到污染,但从整个水环境看,这种转移可能使该水体中的底泥成为次生污染源,在适当的条件下污染物又可释放出来。

人们的生产活动和生活活动都会产生大量的废水,这些未经处理的废水排入受纳水体或土壤,会造成地表水和地下水的污染,严重时使水体完全不能利用,这是许多地区严重缺水的最主要因素。污染最严重的地区也往往是严重缺水的地区。人们在日常生产和生活活动中排放的大量废水及其他污染物进入水体后,水体中污染物的含量超过了水体的本底含量和水体的自净能力,就会造成水体污染。

《中华人民共和国水污染防治法》对"水污染"有明确的定义:"水污染,是指水体因某种物质的介入,而导致其化学、物理、生物或者放射性等方面特性的改变,从而影响水的有效利用,危害人体健康或者破坏生态环境,造成水质恶化的现象"。

2.2.2 水体污染的来源

1. 工业生产废水

工业生产废水是水体主要的污染源,它具有以下几个特点:
(1)排放量大,污染范围广,排放方式复杂;
(2)污染物种类繁多,浓度波动幅度大;
(3)污染物质有毒性、刺激性、腐蚀性,pH 值变化幅度大;
(4)污染物排放后迁移变化规律差异大;
(5)恢复比较困难。

2. 生活污水

生活污水多为日常生活中的各种洗涤水,排放量比工业废水要少得多,在组成上也有很大不同,其中固体悬浮物含量很少(不到1%),而且多为无毒物质。生活污水具有以下几个特点:
(1)含氮、磷、硫高;

(2)含有纤维素、淀粉、糖类、脂肪、蛋白质、尿素等,在厌氧性细菌作用下易产生恶臭物质;

(3)含有多种微生物如细菌、病原菌,易使人传染各种疾病;

(4)洗涤剂的大量使用,使它在污水中含量增大,对人体有一定危害。

3. 农业生产污水

农业生产污水主要是农村污水和灌溉水。化肥和农药的大量使用,致使灌溉后排出的水或雨后径流中常含有一定量的农药和化肥,造成水体污染和富营养化,使水质恶化。

2.2.3 污水中的主要污染物

污水中所含污染物的种类很多,根据污染杂质不同可分为化学性污染物、物理性污染物和生物性污染物三大类。

1. 化学性污染物

化学性污染物的种类较多,当其在水体中达到一定浓度并破坏了人的生理功能之后会影响人体健康。废水中的化学性污染物可分为以下几类:

(1)无机无毒物污染。无机无毒物主要是指无机酸、无机碱、一般无机盐及氮、磷等植物营养物质。酸、碱污水排入水体后会改变受纳水体的pH值,从而抑制或杀灭细菌或其他微生物的生长,削弱水体的自净能力,破坏生态平衡。此外,酸、碱污水还能逐步腐蚀管道、船舶和地下构筑物等设施。

重金属及其化合物的毒害作用

一般无机盐类是由于酸性污水与碱性污水相互中和,以及它们与地表物质之间相互反应产生的。无机盐量的增多导致水中的溶解性固体增加,给工业用水和生活用水带来许多不利因素。

污水中的氮、磷是植物和微生物的主要营养物质。当水体中氮、磷等植物营养物质增多时,可导致水体,特别是湖泊、水库、港湾、内海等水流缓慢的水域中的浮游植物及水草大量繁殖,这种现象称为水体的"富营养化"。"富营养化"可导致水中溶解氧减少,有些藻类还带有毒性,危害鱼类及水生动物的生存。更有甚者,过多的藻类残体可使湖泊变浅,最后形成水体老化和沼泽化。

(2)无机有毒物污染。无机化学毒物包括金属毒物和非金属毒物两类。

①金属毒物主要为汞、铬、锡、铅、锌、镍、铜、钴、锰、钛、钒、铂和铋等,特别是前几种危害较大。如汞进入人体后被转化为甲基汞,在脑组织内积累,破坏神经功能,严重时造成死亡。锡中毒时引起全身疼痛,其中的锡取代了骨质中的钙,使骨骼软化、腰关节受损、骨节变形,有时还会引起心血管病。

有机污染物的毒害作用

②重要的非金属毒物有砷、氰、亚硝酸根等。如砷中毒时引起中枢神经紊乱,诱发皮肤癌等。亚硝酸盐在人体内还能与仲胺生成亚硝胺,具有强烈的致癌作用。

(3)有机无毒物污染(需氧有机物污染)。有机无毒污染物主要包括生活污水、牲畜污水和某些工业污水中所含的碳水化合物、蛋白质、脂肪等有机物。这类有机物是不稳定的，在有氧条件下，经好氧微生物作用进行转化，消耗溶解氧，产生二氧化碳、水等稳定物质；无氧条件下，可在厌氧微生物作用下进行转化，产生水、甲烷、一氧化碳等稳定物质，同时放出硫化氢、硫醇等难闻气体。使水质变黑变臭，造成环境质量进一步恶化。这一类污染物质是目前水体中最普遍的一种污染物。

（4）有机有毒物污染。污染水体中的有机有毒物质种类很多，这类污染物质多属于人工合成的有机物质、多环芳烃、芳香胺等污染物。这类污染物质的主要特征是化学性质稳定，很难被微生物分解，其另一特征是它们以不同的方式和程度有害于人类健康，是致畸、致突变物质。

（5）油类物质污染。有机油类物质污染包括石油类和动植物油类两种。它们进入水体后漂浮在水面上，形成油膜，隔绝阳光、大气与水体的联系，破坏水体的复氧条件，从而影响水生物、植物的生长。

2. 物理性污染物

物理性污染物可分为以下几个方面：

（1）热污染。污水的水温是污水水质的重要物理特性之一。污水在处理过程中，水温过高（如高于 40 ℃）不仅会影响污水的生物处理效果，而且温度过高的污水排入水体后，造成受纳水体的水温异常升高，水中有毒物质毒性加剧，溶解氧降低，危害水生物的生长甚至导致死亡。温度较高的污水主要来自热电厂及各种工艺冷却水。

（2）悬浮物质污染。悬浮物是指水中含有的不溶性物质，包括固体物质、浮游生物及呈乳化状态的油类。它们主要来自生活污水、垃圾和采矿、建材、食品、造纸等工业产生的污水，或者是由于地面径流所引起的水土流失。悬浮物质的存在造成水质浑浊、外观恶化，改变水的颜色。

（3）放射性污染。污水中的放射性物质主要来自铀、镭等放射性金属的生产和使用过程，如放射性矿藏、核试验、核电站及医院的同位素实验室等。放射性污染对人体的影响可以长期蓄积，引起潜在效应，诱发贫血、癌症等。

3. 生物性污染物

生物性染物主要是病原微生物，来自生活污水和医院废水，制革、食品加工等工业废水及牲畜污水。病原微生物有以下三类：

（1）病菌。病菌是可以引起疾病的细菌，如大肠杆菌、痢疾杆菌等。

（2）病毒。病毒是一类无细胞结构但有遗传、变异、共生、干扰等生命现象的微生物。常见的病毒性传染病有麻疹、流行性感冒、病毒性肝炎等。

（3）寄生虫。寄生虫是动物性寄生物的总称，如疟原虫、血吸虫、蛔虫等（有些不属于微生物）。

任务2.3　水体自净与水环境容量

2.3.1　水体自净

未经妥善处理的废水（包括生活污水、工业废水和农业废水等）任意排入天然水体，会使水中的物质组成发生变化，破坏原有的物质平衡，造成水质恶化。与此同时，污染物质也参与水体中的物质转化和循环过程。通过一系列的物理、化学和生物变化，污染物质被分散、分离或分解，最后水体基本上恢复到原来状态，这个自然净化的过程叫作水体自净。

水体自净的过程十分复杂，受很多因素的影响。从机理来看，水体自净主要由下列过程组成：

(1)物理过程：包括稀释、扩散、挥发、沉淀和上浮等过程；

(2)化学和物理化学过程：包括中和、絮凝、吸附、络合、氧化和还原等过程；

(3)生物学和生物化学过程：进入水体中的污染物质，被水生生物吸附、吸收、吞食消化等，特别是有机物质，由于水中微生物的代谢活动而被氧化分解并转化为无机物的过程。

在实际水体中，以上几个过程常互相交织在一起进行。从水体污染控制的角度来看，水体对废水的稀释、扩散及生物化学降解是水体自净的主要过程。

水体的自净作用说明了自然环境对污染物质有一定的容纳能力。充分利用这种自净作用和容纳能力，正确、合理、经济地确定废水应该处理的程度，对节约和保护淡水资源是十分重要的。

水体自净的主要过程

2.3.2 水环境容量

直接或间接向水体排放污染物的事业单位和个体工商户，应遵循国家或地方规定的污染物排放标准。排放标准对污水中的污染物或有害因素规定了控制浓度或限量要求。

某一水环境单元在给定的环境目标下所能容纳污染物质的最大负荷量称为水环境容量。其容量的大小与下列因素有关：

(1)水体特征。例如，水体的各种水文参数(河宽、河深、流量、流速等)、背景参数(水的pH值、碱度、硬度、污染物质的背景值等)、自净参数(物理的、物理化学的、生物化学的)和工程因素(水上的工程设施，如闸、堤、坝等工程设施，以及污水向水体的排放位置和方式等)。

(2)污染物特征。例如，污染物的扩散性、持久性、生物降解性等都影响环境容量。一般来说，污染物的物理化学性质越稳定，环境容量越小。耗氧有机物的水环境容量最大，难降解有机物的水环境容量很小，而重金属的水环境容量则甚微。

(3)水质目标。水体对污染物的纳污能力是相对于水体满足一定的用途和功能而言的。水的用途和功能要求不同，允许存在于水体的污染物量也不同。

任务2.4 水质指标与水质标准

2.4.1 水质指标

水质即水的品质。自然界中没有绝对纯净的水，自然界中的水不是纯粹的氢氧化合物。无论是天然水还是各种污水、废水，都含有一定数量的杂质，因此，水质是指水与其中所含杂质共同表现出来的物理学、化学和生物学的综合特性。

为了准确地反映出水体被污染的程度，常用水质指标衡量水质好坏。水质指标项目繁多，主要可分为以下三类：

(1)物理性水质指标：温度、色度、嗅和味、浑浊度、总固体、悬浮固体、溶解固体、可沉固体、电导率等。

(2)化学性水质指标：pH值、硬度、各种阴离子和阳离子、总含盐量；各种重金属、氧化物、农药等。

(3)生物学水质指标：细菌总数、总大肠菌群，各种病原细菌、病毒等。

水质指标

2.4.2 水质标准

不同用途的水应满足一定的水质要求，即水质标准。水质标准规定某类水体的各项水质参数应达到的指标和限值，是环境标准的一种。按水质标准的性质和适用范围不同大致可分为用水水质标准、水环境质量标准和废水排放标准三类。

1. 用水水质标准

饮用水安全直接关系到人们的身体健康和生命安全，关系到经济社会的可持续发展。近年来，不少地方水源受到不同程度的污染，故饮用水安全受到各国各界人士的高度重视。我国国家标准《生活饮用水卫生标准》(GB 5749—2022)规定了生活饮用水水质要求、生活饮用水水源水质要求、集中式供水单位卫生要求、二次供水卫生要求、涉及饮用水卫生安全的产品卫生要求、水质检验方法，适用于各类生活饮用水。

工业用水是指生产过程中使用的生产用水及厂区内职工生活用水的总称。工业用水的种类繁多，不同的行业、不同的生产工艺过程、不同的使用目的有不同的水质要求。各行业都制定了本行业的工业用水标准，并不断修订完善。工业企业中水的用途非常广泛，主要可以归纳为饮用水、生产技术用水、锅炉用水和冷却用水。其他如农田灌溉用水、渔业用水、海水等也有相应的水质标准。

2. 水环境质量标准

为保障人体健康、维护生态平衡、保护水资源、控制水污染，根据国家环境政策目标，对各种水体规定了水质要求。

保护地表水体免受污染是环境保护工作的重要任务之一，它直接影响水环境质量及水资源的合理开发和有效利用。《地表水环境质量标准》(GB 3838—2002)中依据地表水环境功能分类和保护目标，评价和监督地表水的环境质量状况。

五类水域

3. 废水排放标准

一般来说，生活污水和工业废水在排入水体或城市下水道前，需经过一定程度的处理，使其水质符合相应的标准，不得任意排放。《污水综合排放标准》(GB 8978—1996)从控制污染源着手，制定污染物排放标准，按照污水排放去向，规定了水污染物的最高允许排放浓度。它将排放的污染物按其性质及控制方式分为两类：第一类污染物是指能在环境或动植物体内蓄积，对人体健康产生不良影响的，如汞、镉、铬、铅、砷及苯并[a]芘等，必须在车间或车间处理设施排放口采样；第二类污染物是指长远影响小于前者的，须在排污单位排放口采样。

为更有效地从源头控制污染物对水体的污染，生态环境部陆续颁布了一系列各种工业的水污染物排放标准，包括兵器、味精、淀粉、啤酒、煤气、制糖、制药、电镀、造纸、合成革和人造革、农药、稀土等工业，乃至城镇污水处理厂的污染物排放标准。对这些已颁布水污染物排放标准的工业，均应按此执行。

为促进城镇污水处理厂的建设和发展，加强城镇污水处理厂污染物的排放控制和污水资源化利用，2002年国家环境保护总局和国家市场监督管理总局联合发布了《城镇污水处理厂污染物排放标准》(GB 18918—2002)，规定了城镇污水处理厂出水、废气排放和污泥处置(控制)的污染物限值。

任务2.5　水体污染的危害

2.5.1　危害人体健康

水污染直接影响饮用水源的水质。当饮用水源受到污染时，而相关水处理部门却不能很好地解决这一污染，将会导致如腹水、腹泻、肠道线虫、肝炎、胃癌、肝癌等很多疾病的产生。与不洁的水接触也会传染上如皮肤病、沙眼、血吸虫、钩虫病等疾病。更为严重的是，现在水污染在很大程度上已经影响到了人类性激素的分泌，从一定程度上影响到了人类的繁殖能力；还有人指出水污染会造成自然流产或是先天残疾。总之，水污染危害人体健康是多方面的，是不能被忽视的。

2.5.2　降低农作物的产量和质量

由于污水提供的水量和肥分，很多地区的农民，有采用污水灌溉农田的习惯。但惨痛的教训表明，含有有毒有害物质的废水污水污染了农田土壤，造成作物枯萎死亡，使农民受到极大损失。尽管不少地区也有获得作物丰收的现象，但是在作物丰收的背后，掩盖的是作物受到污染的危机。研究表明，在一些污水灌溉区生长的蔬菜或粮食作物中，可以检出痕量有机物，包括有毒有害的农药等，这必将危及食用者的健康。

2.5.3　影响渔业生产的产量和质量

渔业生产的产量和质量与水质紧密相关。淡水渔场由于水污染而造成鱼类大面积死亡事故，已经不是个例，还有很多天然水体中的鱼类和水生物正濒临灭绝或已经灭绝。海水养殖事业也受到了水污染的破坏和威胁。水污染除造成鱼类死亡影响产量外，还会使鱼类和水生物发生变异。此外，在鱼类和水生物体内还发现了有害物质的积累，使它们的食用价值大大降低，而食用这些鱼类也会让人类的健康受到威胁。

2.5.4 制约经济的发展

作为社会经济支柱的工业需要利用水作为原料或洗涤产品和直接参加产品的加工过程，水质的恶化将直接影响产品的质量。工业冷却水的用量最大，水质恶化也会造成冷却水循环系统的堵塞、腐蚀和结垢问题，水硬度的增高还会影响锅炉的寿命和安全。这在一定程度上影响了工业的产出。水污染无论是对于人类健康的影响，还是对于农业、渔业和其他副业的影响，都在很大程度上影响了经济的发展。

思考题

1. 试阐述水资源危机产生的主要原因。
2. 水体污染的主要污染源和主要污染物有哪些？
3. 主要的污水水质指标有哪些？并解释其含义。
4. 《地表水环境质量标准》(GB 3838—2002)中依据地面水水域使用目的和保护目标，将水域划分为哪五类？

项目 3 大气污染

知识目标
1. 了解大气和大气污染基本概念等相关基础知识;
2. 熟悉大气污染物的分类方法;
3. 掌握大气环境质量标准的类别,了解常见的质量标准和排放标准;
4. 了解大气污染的危害。

能力目标
1. 认识大气污染,能识别大气污染类型;
2. 能查找大气标准,会利用网页搜索最新标准;
3. 会分析大气环境质量现状。

素质目标
1. 培养学生树立以环境保护、维护生态安全为己任的强烈责任感;
2. 培养学生运用基础知识与技能勇于探索和积极创新的工作意识;
3. 培养学生在实践训练中团结协作的精神;
4. 培养学生运用辩证方法分析和解决问题的能力。

没有水就没有生命,同样,没有空气也就没有生命。一个成年人一天需要 13~15 kg(10~$12 \ m^3$)空气,相当于一天食物量的十几倍,饮水量的五六倍。据资料介绍,一个人可以五周不吃饭,五天不喝水,但五分钟不呼吸空气就不行了,可见空气(尤其是清洁的空气)对人的生存是多么重要。

然而,20 世纪中叶以来,进入大气中污染物的种类和数量不断增多。有研究表明,已经对大气造成污染的污染物和可能对大气造成污染而引起人们注意的物质就有 100 种左右。其中影响范围广,对环境危害严重的主要有硫氧化物、氮氧化物、氟化物、碳氢化合物、碳氧化物等有害气体,以及飘浮在大气中含有多种有害物质的颗粒物等。

任务 3.1 大气结构与组成

3.1.1 大气圈结构

1. 地球大气圈

由于地心引力而随地球旋转的大气层就是大气圈。大气圈的厚度由地表至 1 000~1 400 km,其总质量约为 6 000 万亿吨,为地球质量的百万分之一。就整个地球来说,越靠近核心,组成物质的密度就越大。大气圈是地球的一部分,若与地球的固体部分相比较，密度要比地球的固体部分小得多；以大气圈的高层和低层相比较，高层的密度比低层要小得多，而且越高越稀薄。如果把海平面上的空气密度作为1，那么在240 km的高空，大气密度只有它的一千万分之一；到了1 600 km的高空就更稀薄了，只有它的一千万亿分之一。整个大气圈质量的90%都集中在高于海平面16 km以内的空间里。再往上当升高到比海平面高出80 km的高度，大气圈质量的99.999%都集中在这个界限以下，而所剩无几的大气却占据了这个界限以上的极大空间。

探测结果表明，地球大气圈的顶部并没有明显的分界线，而是逐渐过渡到星际空间。高层大气稀薄的程度虽然比人造的真空还要"空"，但是在那里确实还有气体的微粒存在，而且比星际空间的物质密度要大得多，然而，它们已不属于气体分子了，而是原子及原子再分裂而产生的粒子。以80~100 km的高度为界，在这个界限以下的大气，尽管有稠密稀薄的不同，但它们的成分大体一致，都是以氮和氧分子为主，这就是人们周围的空气。在这个界限以上，到1 000 km上下，以氧为主；再往上到2 400 km上下，就以氦为主；再往上，则主要是氢；在3 000 km以上，便稀薄得和星际空间的物质密度差不多。

自地球表面向上，大气层延伸得很高，可到几千千米的高空。根据人造卫星探测资料的推算，在2 000~3 000 km的高空，地球大气密度便达到每立方厘米一个微观粒子这一数值，和星际空间的密度非常相近，这样2 000~3 000 km的高空可以大致看作是地球大气的上界。

2. 大气圈的分层

按照其分子组成，大气可分为两个大的层次，即均质层和非均质层（或称同质层和非同质层）。

均质层是从地表至90 km高度的大气层，虽然其密度随着高度增加而减少，但除了水气的含量变化较大以外，其他组分的比例大体稳定，这种均质性是大气低层的风和湍流运动的结果。均质大气层以上，气体组成随高度有很大变化，称为非均质大气层。非均质层位于均质层之上，根据其气体成分又可分为四个层次，即氮层（距地表90~200 km）、原子氧层（距地表200~1 000 km）、氦层（距地表1 100~3 200 km）和氢层（距地表3 200~9 600 km）。四层之间都存在过渡带，但没有明显的分界面。

大气圈的分层

根据大气被电离的状态可分为非电离层和电离层。在海平面以上60 km以内的大气，基本上没有被电离而处于中性状态，这一层叫作非电离层；60 km以上至1 000 km的这一层大气在太阳紫外线的作用下，大气成分开始电离，形成大量的正、负离子和自由电子，这一层叫作电离层，这一层对于无线电波的传播具有重要的作用。

目前世界普遍采用的大气圈分层方法是1962年世界气象组织（World Meteorological Organization，WMO）执行委员会正式通过的国际大地测量和地球物理学联合会（International Union of Geodesy and Geophysics，IUGG）建议的分层系统（图3-1），即根据大气温度的垂直变化特征，可将大气圈分为对流层、平流层、中间层、暖层（热层或电离层）和散逸层（或外大气层）。

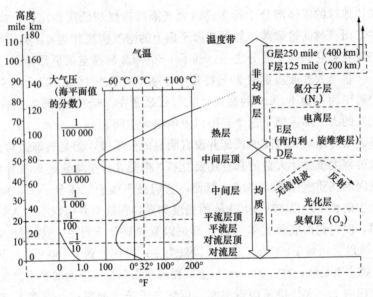

图 3-1 大气垂直方向的分层

3.1.2 大气组成

"空气"和"大气"这两名词可视为同义词，两者没有实质性的差别，但在研究其污染规律及进行质量评价时，有时将它们分别使用。一般对室内或特指区域（如车间、厂区等）的环境气体，习惯上称为空气。大气物理、气象、自然地理和环境科学等领域的研究，以大区域或全球性气流层为研究对象，则常用"大气"一词。

自然状态下大气由混合气体、水汽和悬浮颗粒组成。除去水汽和微粒之外的成分组成的混合物称为干洁空气。其主要成分是氮、氧和氩（共占干洁空气总容积的 99.96% 以上），以及二氧化碳、氖、氦、氪、氙、氢和臭氧等。表 3-1 列出了干洁空气的组成。

表 3-1 干洁空气的组成

气体类别	含量（容积分数）/%	气体类别	含量（容积分数）/%
氮（N_2）	78.09	氪（Kr）	1.0×10^{-4}
氧（O_2）	20.95	氢（H_2）	0.5×10^{-4}
氩（Ar）	0.93	一氧化二氮（N_2O）	0.5×10^{-4}
二氧化碳（CO_2）	0.03	氙（Xe）	0.08×10^{-4}
氖（Ne）	18×10^{-4}	臭氧（O_3）	0.01×10^{-4}
氦（He）	5.24×10^{-4}	干洁空气	100

大气的垂直运动、水平运动及分子扩散使干洁空气的组成比例直到 80～85 km 的高度还基本保持不变。也就是说，在人类经常活动的范围内，任何地方干洁空气的物理性质是基本相同的。例如，干洁空气的平均相对分子质量为 28.966，在标准状态下（273.15 K，101 325 Pa）密度为 1.293 kg/m³。在自然界大气的温度和压力条件下，干洁空气的所有成分都处于气态，不易液化，因此可以看成是理想气体。二氧化碳和臭氧是

干洁空气中的可变成分，含量虽然小，但是对大气的物理状况有很大的影响。它们能够吸收来自地表的长波辐射，阻止地球热量向空间的发散使大气层变暖。

大气中的水汽含量，随着时间、地点、气象条件等不同而有较大变化，其变化范围可达 0.02%~6%。大气中的水汽含量虽然很少，却导致了各种复杂的天气现象，如云、雾、雨、雪、霜、露等。这些现象不仅引起大气中温度的变化，还引起热量的转化。同时，水汽又具有很强的吸收长波辐射的能力，对地面的保温起着重要的作用。

大气中的悬浮微粒，除由水汽变成的水滴、冰晶外（云、雾是由小的水滴或冰晶组成的），主要是大气尘埃和悬浮在空气中的其他杂质。它们有的来自流星在大气中燃烧后产生的宇宙灰尘；有的是地面上燃料燃烧产生的烟尘或被风卷起的尘土；有的是海洋中浪花溅起在空中蒸发留下的盐粒；有的是火山喷发后留在空中的火山灰；有的是由细菌、动物呼出的病毒、植物花粉等组成的有机灰尘等。悬浮微粒对大气中的各种物理现象和过程也有重要的影响，如削弱太阳辐射、在大气中形成各种光学现象、影响大气能见度等。

任务 3.2　大气污染与大气污染物

3.2.1　大气污染

1. 大气污染的定义

大气污染又称为空气污染，国际标准化组织（International Organization for Standardization, ISO）给出的定义："大气污染通常是指由于人类活动和自然过程引起某种物质进入大气中，呈现出足够的浓度，达到足够的时间，并因此而危害了人体健康、舒适感或环境的现象。"世界卫生组织对空气污染的定义："空气污染是由能够改变空气自然特性的任何化学、物理或生物物质对室内或室外环境造成的污染。"尽管不同组织对空气污染的定义略有差别，但空气污染主要是指空气中含有一种或多种污染物，其存在的量、性质及时间会伤害到人类、植物及动物的生命，损害财物或干扰舒适的生活环境，这些物质在空气中不正常的增量导致的生态系统和人类正常生活条件的破坏，就是大气污染现象。

2. 大气污染的成因

大气污染的成因按来源可分为自然因素（如森林火灾、火山爆发、有机质分解、地壳放射性衰变释放的氡气等）和人为因素（如工业废气、生活燃煤、汽车尾气、核爆炸等）两种。人为因素是主要因素，特别是由工业生产和交通运输等人类活动造成的。随着人类经济活动和生产的迅速发展，在大量消耗能源的同时，也将大量的废气、烟尘物质排入大气，严重影响了大气环境的质量，特别是在人口稠密的城市和工业区域。

大气污染的主要过程由污染源排放、大气传播、人与物受害三个环节所构成。影响大气污染范围和强度的因素有污染物的性质（物理的和化学的）、污染源的性质（排放源强、源高、排放源内温度、排气速率等）、气象条件（风向、风速、温度层等）和地表性质（地形起伏、粗糙度、地面覆盖物等）。

3. 大气污染的类型

根据大气污染的影响范围划分，大气污染可分为四类，即局部污染，如烟囱排烟；地区性污染，如工业区及其附近地区的大气污染；广域性污染，即比一个城市更广泛地区的大气污染；全球性污染，即由于大气的传输性，导致了全球范围的大气污染。

根据能源性质和大气污染物组分划分，大气污染可分为以下四类：

(1)煤烟型污染。煤烟型污染是指由煤炭燃烧排放出的烟尘、二氧化硫等一次污染物，以及再由这些污染物发生化学反应而生成硫酸及其盐类所构成的气溶胶等二次污染物所构成的污染。发生于1952年伦敦烟雾事件的直接原因是燃煤产生的二氧化硫和粉尘污染，间接原因是始于1952年12月4日的逆温层所造成的大气污染物蓄积。此次事件造成伦敦市死亡人数达4 000人，为煤烟型空气污染的典型事件。目前，我国的大气污染以煤烟型污染为主，主要的污染物是烟尘和二氧化硫，此外，还有氮氧化物和一氧化碳等。

(2)石油型污染。石油型污染是指污染物来自石油化工产品，如汽车尾气、油田及石油化工厂的排放物，这些污染物在阳光照射下发生光化学反应，并形成光化学烟雾，从而造成大气污染。由氮氧化物、碳氢化合物等一次污染物在强太阳光作用下发生光化学反应生成醛、臭氧(O_3)、过氧乙酰硝酸酯(PAN)等二次污染物，参与光化学反应过程的一次污染物和二次污染物的混合物所形成的烟雾现象叫作光化学烟雾。1946年，美国洛杉矶首先发生了严重的光化学烟雾污染事件，故又称为"洛杉矶型烟雾"。

(3)混合型污染。混合型污染出现于能源由煤炭向石油型过渡的阶段，它取决于一个国家的能源发展结构和经济发展速度。污染物包括以煤炭为主要污染源而排放出的烟气、粉尘、二氧化硫及其他氧化物所形成的气溶胶和以石油为主要污染源而排出的烯烃和二氧化氮为主的污染物。

(4)特殊型污染。特殊型污染是指某些工矿企业排放和发生意外事故释放的特殊气体所造成的大气污染，如氯气、金属蒸气或硫化氢、氟化氢等气体。

3.2.2 大气污染物

1. 大气污染物的定义

大气污染物是指由于人类活动和自然过程排入大气中，并对人或环境产生有害影响的物质。凡是能使空气质量变坏的物质都是大气污染物。大气中不仅包括含硫化合物、含氮化合物、含碳化合物、总悬浮颗粒物(Total Suspended Particulate，TSP)等无机污染物，而且含有挥发性有机污染物。随着人类不断开发新的物质，大气污染物的种类和数量也在不断变化。

2. 大气污染物的分类

对环境产生影响大气污染物的种类繁多。根据污染物的产生途径可将大气污染物分为一次污染物与二次污染物；按其物理状态可将大气污染物分为气溶胶态污染物和气态污染物两大类。

(1)根据污染物的产生途径分类。

①一次污染物。一次污染物是指直接从多种排放源进入大气中的各种气体、蒸汽和

颗粒物等有害物质。主要的大气一次污染物是二氧化硫、一氧化碳、氮氧化合物、颗粒物、碳氢化合物等。颗粒物中包含苯并(a)芘等强致癌物质、有毒重金属、多种有机或无机化合物。

一次污染物可分为反应物质和非反应物质。反应物质不稳定，在大气中常与某些其他污染物产生化学反应，或者作为催化剂促进其他污染物之间的反应；非反应物质不发生反应或反应速度迟缓。

②二次污染物。二次污染物是指排入环境中的一次污染物在物理因素、化学因素或生物因素的作用下发生变化，或与环境中的其他物质发生反应所形成的物理、化学性状与一次污染物不同的新污染物。如一次污染物二氧化硫(SO_2)在空气中氧化成硫酸盐气溶胶，汽车排气中的氮氧化物、碳氢化合物在日光照射下发生光化学反应生成的臭氧、过氧乙酰硝酸酯、甲醛和酮类等二次污染物。二次污染物的毒性比一次污染物还强。最常见的二次污染物有硫酸及硫酸盐气溶胶、硝酸及硝酸盐气溶胶、臭氧、醛类和过氧乙酰硝酸酯等。

(2) 按其物理状态分类。

①气溶胶态污染物。在大气污染中，气溶胶是指固体粒子、液体粒子或它们在气体介质中形成的悬浮体。

从大气污染控制的角度，按照气溶胶的来源和物理性质，可将其分为以下几种：

a. 粉尘。粉尘是指悬浮于气体介质中的小固体粒子，会因重力作用发生沉降，但在某一段时间内能保持悬浮状态。它通常是由于固体物质的破碎、研磨、分级、输送等机械过程，或者土壤、岩石的风化等自然过程形成的。粒子的形状往往是不规则的，粒子的尺寸范围一般为 $1\sim200~\mu m$。属于粉尘类的大气污染物很多，如黏土粉尘、石英粉尘、煤粉、水泥粉尘、各种金属粉尘等。

b. 烟。烟一般是指由冶金过程形成的固体粒子的气溶胶。它是由熔融物质挥发后生成的气态物质的冷凝物，在生成过程中总是伴有诸如氧化之类的化学反应。烟的粒子尺寸很小，一般为 $0.01\sim1~\mu m$。例如，有色金属冶炼过程中产生的氧化铅烟、氧化锌烟，核燃料后处理厂中的氧化钙烟等。

c. 飞灰。飞灰是指随燃料燃烧产生的烟气中分散得较细的灰分。

d. 黑烟。黑烟一般是指由燃料燃烧产生的能见气溶胶。

在实际工作中，粉尘、烟、飞灰、黑烟等小固体粒子气溶胶的界限很难明显区分。根据我国的习惯，一般将冶金过程或化学过程形成的固体粒子气溶胶称为烟尘；将燃料燃烧过程产生的飞灰和黑烟，在不需仔细区分时，也称为烟尘。在其他情况，或泛指小固体粒子的气溶胶时，则通称粉尘。

e. 雾。雾是气体中液滴悬浮体的总称。在气象中，雾指造成能见度小于 1 km 的小水滴悬浮体。在工程中，雾一般泛指小液体粒子悬浮体，它可能是由于液体蒸气的凝结、液体的雾化及化学反应等过程形成的，如水雾、酸雾、碱雾、油雾等。

在大气污染控制中，还根据大气中粉尘(或烟尘)颗粒的大小，将其分为飘尘、降尘和总悬浮微粒。

a. 飘尘。飘尘是指大气中粒径小于 10 μm 的固体颗粒。它能较长期地在大气中飘浮，有时也称浮游粉尘。

b. 降尘。降尘是指大气中粒径大于 10 μm 的固体颗粒。在重力作用下它可在较短时间内沉降到地面。

c. 总悬浮微粒(TSP)。总悬浮微粒是指大气中粒径小于 100 μm 的所有固体颗粒。

②气态污染物。气态污染物是指以分子状态存在的污染物。气态污染物的种类很多，常见的有五类，包括以二氧化硫为主的含硫化合物(SO_2、H_2S)、以氧化氮和二氧化氮为主的含氮化合物(NO、NO_2)、碳氧化合物(CO、CO_2)、碳氢化合物(C_mH_n、醛、酮等)、卤素化合物(HF、HCl)。

a. 含硫化合物。含硫的气态污染物主要是 SO_2，它是目前大气污染物中数量较多、影响面较广的一种气态污染物。大气中 SO_2 的来源很广，几乎所有工业企业都可能产生。在排放 SO_2 的各种过程中，约有 96% 来自燃料的燃烧过程，其中火电厂排烟中的 SO_2 浓度虽然较低，但是总排放量却最大。

硫酸烟雾是大气中的 SO_2 等硫化物，在有水雾、含有重金属的飘尘或氮氧化合物存在时，发生一系列化学反应或光化学反应而生成的硫酸雾或硫酸盐气溶胶。硫酸烟雾是一种二次污染物，它引起的刺激作用和生理反应等危害要比 SO_2 气体大得多。

b. 氮氧化合物。氮氧化合物有氧化亚氮(N_2O)、一氧化氮(NO)、二氧化氮(NO_2)、三氧化二氮(N_2O_3)、四氧化二氮(N_2O_4)和五氧化二氮(N_2O_5)，作为一个整体以氮氧化物(NO_x)表示。人类活动产生的 NO_x 主要来自机动车和柴油机的排气，以及化工生产中的硝酸生产、硝化过程、炸药生产及金属表面处理等过程。其中，大气污染物主要是 NO 和 NO_2。NO 进入大气被缓慢地氧化成 NO_2，当大气中有 O_3 等强氧化剂存在时，或在催化剂作用下，其氧化速度会加快。NO_2 的毒性约为 NO 的五倍。当 NO_2 参与大气中的光化学反应形成光化学烟雾后，其毒性更强。光化学烟雾是一种二次污染物，其刺激性和危害要比一次污染物强烈得多。

c. 碳氧化合物。一氧化碳(CO)和二氧化碳(CO_2)是各种大气污染物中产生量最大的一类污染物，主要来自燃料燃烧和机动车尾气排放。CO 是一种窒息性气体，排入大气后由于大气的扩散稀释作用和氧化作用，一般不会造成危害。CO_2 是无毒气体，但当其在大气中的浓度过高时能产生温室效应，使全球气温逐渐升高，生态系统和气候发生变化。因此 CO_2 被称为温室气体。

d. 碳氢化合物。碳氢化合物又称为烃，主要来自燃料燃烧和机动车排气，其中的多环芳烃(Polycyclic Aromatic Hydrocarbons, PAHs)，如蒽、苯并[a]芘和苯并[a]蒽，多数具有致癌作用。特别是苯并[a]芘属于强致癌物质，被作为大气受多环芳烃污染的依据。近年来，随着有机合成工业和石油化学工业的迅速发展，大气中的有机物日益增多。这些有机物可能对人体健康造成严重危害，甚至是致癌、致畸、致突变的"三致"物质。此外，碳氢化合物还参与大气中的光化学反应，生成危害性更大的光化学烟雾。

e. 卤素化合物。在卤素化合物中氟(F)与氟化氢(HF)、氯(Cl)与氯化氢(HCl)等是主要污染大气的物质，它们都有较强的刺激性、很大的毒性和腐蚀性，氟化氢甚至可以腐蚀玻璃。卤素化合物一般是在工业生产中排放出来的。如氯碱厂液氯生产排出的废气中，就含有20%～50%的氯气；又如提取金属钛时排出的废气中也含有12%～35%的氯。氯在潮湿的大气中，容易形成气溶胶状的盐酸雾粒子，这种酸雾有较强的腐蚀性。冶金工业中电解铝和炼钢、化学工业中生产磷肥和含氟塑料时都要排放出大量的氟化氢与其他氟化物，这些化合物大都是毒性很大的化合物。人类在工业生产和生活中大量使用氟氯烃，逃逸的氟氯烃气体是造成臭氧层破坏的罪魁祸首。

其他的大气污染物还有铅、臭氧、二噁英和氟化物等。

铅是指存在于总悬浮颗粒物中的铅及其化合物，主要来源于汽车排出的废气、铅锌冶炼厂。铅进入人体，可大部分蓄积于人体的骨骼中，损害骨骼造血系统和神经系统。

臭氧主要是从汽车和工厂释放出的氮氧化物在太阳光照射下与氧气反应生成。臭氧虽然在高空中有过滤太阳紫外线的作用，但在大气层的低处，臭氧却十分有害。

二噁英由焚烧垃圾和含氯塑料产生。它在极低的浓度下就能使鱼类、鸟类和其他动物发生畸变或死亡，并且对人有强致癌作用。

氟化物是指以气态或颗粒态存在的无机氟化物，主要来源于含氟产品的生产、磷肥厂、钢铁厂、铝冶炼厂等工业生产过程。氟化物对眼睛及呼吸器官具有强烈的刺激作用，吸入高浓度氟化物气体时，可引起肺水肿和支气管炎。长期吸入低浓度的氟化物气体，会引起慢性中毒和氟骨症，使骨骼中的钙质减少，导致骨质硬化和骨质疏松。

任务3.3 空气环境质量标准

我国环境空气质量标准的演进过程

空气质量标准包括环境空气质量标准、大气污染物排放标准和大气污染物控制技术标准等。

3.3.1 环境空气质量标准

制订环境空气质量标准的目的是改善环境空气质量，防止生态破坏，创造清洁适宜的环境，保障人体健康和正常生活条件。我国已颁布的大气标准主要有《环境空气质量标准》(GB 3095—2012)、《室内空气质量标准》(GB/T 18883—2022)、《工业企业设计卫生标准》(GBZ 1—2010)、《饮食业油烟排放标准》(GB 18483—2001)、《锅炉大气污染物排放标准》(GB 13271—2014)、《工业炉窑大气污染物排放标准》(GB 9078—1996)、《汽油车污染物排放限值及测量方法(双怠速法及简易工况法)》(GB 18285—2018)、《恶臭污染物排放标准》(GB 14554—1993)，以及一些行业排放标准中有关气体污染物的排放限值。

《环境空气质量标准》(GB 3095—2012)将环境空气功能区分为两类：一类区为自然保护区、风景名胜区和其他需要特殊保护的地区；二类区为居住区、商业交通居民混合区、文化区、工业区和农村地区。环境空气质量标准分为两级：一类区执行一级标准，二类区执行二级标准，具体见表3-2和表3-3。另外，还增设了颗粒物(粒径小于等于2.5 μm)浓度限值和臭氧8小时平均浓度限值；调整了颗粒物(粒径小于等于10 μm)、二氧化氮、铅和苯并[a]芘等的浓度限值;调整了数据统计的有效性规定。

表 3-2　环境空气污染物基本项目浓度限值

序号	污染物项目	平均时间	浓度限值 一级	浓度限值 二级	单位
1	二氧化硫(SO_2)	年平均	20	60	$\mu g/m^3$
1	二氧化硫(SO_2)	24 小时平均	50	150	$\mu g/m^3$
1	二氧化硫(SO_2)	1 小时平均	150	500	$\mu g/m^3$
2	二氧化氮(NO_2)	年平均	40	40	$\mu g/m^3$
2	二氧化氮(NO_2)	24 小时平均	80	80	$\mu g/m^3$
2	二氧化氮(NO_2)	1 小时平均	200	200	$\mu g/m^3$
3	一氧化碳(CO)	24 小时平均	4	4	mg/m^3
3	一氧化碳(CO)	1 小时平均	10	10	mg/m^3
4	臭氧(O_3)	日最大 8 小时平均	100	160	$\mu g/m^3$
4	臭氧(O_3)	1 小时平均	160	200	$\mu g/m^3$
5	可吸入颗粒物(PM10)	年平均	40	70	$\mu g/m^3$
5	可吸入颗粒物(PM10)	24 小时平均	50	150	$\mu g/m^3$
6	细颗粒物(PM2.5)	年平均	15	35	$\mu g/m^3$
6	细颗粒物(PM2.5)	24 小时平均	35	75	$\mu g/m^3$

表 3-3　环境空气污染物其他项目浓度限值

序号	污染物项目	平均时间	浓度限值 一级	浓度限值 二级	单位
1	总悬浮颗粒物(TSP)	年平均	80	200	$\mu g/m^3$
1	总悬浮颗粒物(TSP)	24 小时平均	120	300	$\mu g/m^3$
2	氮氧化物(NO_x)	年平均	50	50	$\mu g/m^3$
2	氮氧化物(NO_x)	24 小时平均	100	100	$\mu g/m^3$
2	氮氧化物(NO_x)	1 小时平均	250	250	$\mu g/m^3$
3	铅(Pb)	年平均	0.5	0.5	$\mu g/m^3$
3	铅(Pb)	季平均	1	1	$\mu g/m^3$
4	苯并[a]芘(BaP)	年平均	0.001	0.001	$\mu g/m^3$
4	苯并[a]芘(BaP)	24 小时平均	0.002 5	0.002 5	$\mu g/m^3$

表中"日平均"为任何一日的平均浓度,"月平均"为任何一月的日平均浓度的算术平均值,"季平均"为任何一季的日平均浓度的算术平均值,"年平均"为任何一年的日平均浓度的算术平均值,"一小时平均"为任何 1 h 内的平均浓度,"总悬浮颗粒物(TSP)"是指空气动力学当量直径在 100 μm 以下的颗粒物,"可吸入颗粒物(PM10)"是指空气动力学当量直径在 10 μm 以下的颗粒物。

3.3.2 大气污染物排放标准

大气污染物排放标准是以实现环境空气质量标准为目的,对污染源排入大气污染物含量的限度。其作用是直接控制污染物的排放量,以防止大气污染,是进行净化装置设计的依据,是控制空气污染的关键,也是环境管理部门进行环境质量监督的主要依据。

1996 年 4 月,根据《中华人民共和国大气污染防治法》第七条规定,在原有《工业"三废"排放试行标准》废气部分及其他行业性国家大气污染物排放标准的基础上,制定了《大气污染物综合排放标准》(GB 16297—1996),并于 1997 年 1 月实施。本标准规定了 33 种大气污染物的排放限值,其指标体系为最高允许排放浓度、最高允许排放速率和无组织排放监控浓度限值(表 3-4)。

表 3-4 新污染源大气污染物排放限值

序号	污染物	最高允许排放浓度/(mg·m^{-3})	最高允许排放速率/(kg·h^{-1})			无组织排放监控浓度限值	
			排气筒高度/m	二级	三级	监控点	浓度/(mg·m^{-3})
1	二氧化硫	960 (硫、二氧化硫、硫酸和其他含硫化合物生产)	15	2.6	3.5	周界外浓度最高点*	0.40
			20	4.3	6.6		
			30	15	22		
			40	25	38		
			50	39	58		
		550 (硫、二氧化硫、硫酸和其他含硫化合物使用)	60	55	83		
			70	77	120		
			80	110	160		
			90	130	200		
			100	170	270		
2	氮氧化物	1 400 (硝酸、氮肥和火炸药生产)	15	0.77	1.2	周界外浓度最高点	0.12
			20	1.3	2.0		
			30	4.4	6.6		
			40	7.5	11		
			50	12	18		
		240 (硝酸使用和其他)	60	16	25		
			70	23	35		
			80	31	47		
			90	40	61		
			100	52	78		
3	颗粒物	18 (炭黑尘、染料尘)	15	0.51	0.74	周界外浓度最高点	肉眼不可见
			20	0.85	1.3		
			30	3.4	5.0		
			40	5.8	8.5		

续表

序号	污染物	最高允许排放浓度/(mg·m^{-3})	最高允许排放速率/(kg·h^{-1})			无组织排放监控浓度限值	
			排气筒高度/m	二级	三级	监控点	浓度/(mg·m^{-3})
3	颗粒物	60** (玻璃棉尘 石英粉尘 矿渣棉尘)	15	1.9	2.6	周界外浓度最高点	1.0
			20	3.1	4.5		
			30	12	18		
			40	21	31		
		120 (其他)	15	3.5	5.0	周界外浓度最高点	1.0
			20	5.9	8.5		
			30	23	34		
			40	39	59		
			50	60	94		
			60	85	130		

* 周界外浓度最高点一般应设置于无组织排放源下风向的单位周界外 10 m 范围内,若预计无组织排放的最大落地浓度点越出 10 m 范围,可将监控点移至该预计浓度最高点。

** 均指含游离二氧化硅超过 10% 以上的各种尘

任务3.4 大气污染的危害

大气污染是当前世界最主要的环境问题之一,其对材料、人类健康、动植物生长和全球环境等都将造成很大的影响。

3.4.1 大气污染物对材料的影响

空气污染造成材料破坏的机制有五种,分别为磨损、沉积和洗除、直接化学破坏、间接化学破坏和电化学腐蚀。

较大的固体颗粒在材料表面高速运动会引起材料的表面磨损。除暴风雨中的固体颗粒和从武器射击排出的铅粒外,一般大多数空气污染物的颗粒或尺寸太小,或运动速度不够快,所以不易造成材料表面的磨损。

沉积在材料表面的小液滴和固体颗粒会导致一些纪念碑与建筑物美学价值的破坏。例如,空气中过量的二氧化硫会使大理石的雕刻产生变化而剥落,破坏古迹。对于大部分的材料,表面清洗都会引起损伤。

溶解和氧化还原反应导致直接化学破坏,通常水为反应介质。例如,二氧化硫及三氧化硫在有水存在时,与石灰石($CaCO_3$)反应生成石膏($CaSO_4·2H_2O$)和硫酸钙,而硫酸钙和石膏比碳酸钙易溶于水,且易被雨水溶解;硫化氢使银变黑是一种典型的氧化还原反应。

当污染物被吸附在材料表面并且形成破坏性化合物时,则发生对材料的间接破坏,产生的破坏性化合物可能是氧化剂、还原剂或溶剂。这些化合物会破坏材料晶格中的化学键,因而具有破坏性。皮革在吸收二氧化硫之后变碎,是因为皮革中少量的铁会催化二氧化硫形成硫酸。纸张也有类似的现象发生。

氧化还原反应会使金属材料表面存在局部的化学及物理变化。这些变化会导致金属表面形成微观的阳极和阴极，这些微电极的电位差的存在，导致电化学腐蚀的发生。

3.4.2　大气污染物对植物的影响

臭氧会伤害栅状细胞，引起叶绿体凝缩，最后导致细胞壁破裂。这时可以观察到在叶片表面形成红棕色斑点，且数天后变成白色，该白点称为白斑点。臭氧在有阳光的正午时伤害力最大，因为此时保护细胞可能打开，允许污染物进入叶片中。

植物连续暴露在 0.5 μg/L 的二氧化氮下，其生长会受到抑制。二氧化氮浓度超过 2.5 μg/L 且暴露时间超过 4 h，会使植物产生枯斑，即由于质壁分离或失去原生质而产生的表面斑点。

二氧化硫也会使植物产生黑斑症，且所需的浓度更低，在二氧化硫浓度为 0.3 μg/L 下暴露 8 h 就足以使植物致病。在更低浓度下暴露更长时间，将使植物产生萎黄病，时间长会破坏植物的细胞膜组织和根部，导致养分流失，使植物提早枯萎。

空气污染物对植物所造成的伤害不仅是使其叶片表观发生改变（如产生斑点），还会使叶面的表面积缩小、生长迟缓、果实变小。对于经济作物，这些伤害会造成减产，使农民的收入减少。对于其他植物，则可能使其提早死亡。

3.4.3　大气污染物对人类健康的影响

1. 物理污染物的影响

颗粒物侵入下呼吸道的程度主要受颗粒尺寸和呼吸速率的影响。飘尘对人体的危害作用取决于飘尘的粒径、硬度、溶解度、化学成分，以及吸附在尘粒表面上的各种有害气体和微生物等。直径为 5~10 μm 的颗粒会被鼻毛遮蔽，打喷嚏有助于这个遮蔽过程。直径为 1~2 μm 的颗粒可浸透入肺泡，这些颗粒不会被遮蔽并沉积在呼吸道。直径为 0.5 μm 的颗粒，由于其沉积速度太小而不能被有效地去除，因而更小的颗粒将扩散至肺泡壁。

超过 50% 的 0.1 mm 粒径的粉尘会沉积在肺部。吸入含硅的粉尘会对人体造成永久伤害。香烟尘是常见的悬浮微粒，由于粒径小（在 0.001~0.1 mm）、扩散力强，在静止空气中几乎可以不沉落，不仅即时可见污染恶果，长期吸入更能导致肺癌。

2. 化学污染物的影响

常见的化学污染物包括二氧化硫、二氧化氮、一氧化碳、二氧化碳、碳氢化合物、氟、氯、硫化氢、硫醇和氨等，以及光化学氧化剂、硝酸雾和硫酸雾等二次污染物。

成年人每天吸入 10~12 m³ 空气，大气中的有害化学物质一般是通过呼吸道进入人体的。也有少数的有害化学物质经消化道或皮肤进入人体。大气污染对健康的影响取决于大气中有害物质的种类、性质、浓度和持续时间，也取决于人体的敏感性。有害气体在化学性质、毒性和水溶性等方面的差异，会造成危害程度的差异。另外，呼吸道各部分的结构不同，对毒物的阻留和吸收也不尽相同。一般来说，进入越深，面积越大，停留时间越长，吸收量也越大。成年人肺泡总面积为 55~70 m²，布满毛细血管。毒物能很快被肺泡吸收并由血液送至全身，不经过肝脏的转化就起作用，所以，毒物由呼吸道进入机体的危害最大。

大气中化学污染物的浓度一般比较低，对居民主要产生慢性毒作用。但在某些特殊条件下，如工厂发生事故，使大量污染物骤然排出，或气象条件突然改变（如出现无风、逆温、发雾天气），或地理位置特殊（如地处山谷、盆地等），使大气中有害物质不易扩散，这时有害物质的浓度便会急剧增加，引起居民急性中毒，或使原来患有呼吸道慢性疾病和心脏病的居民病情恶化或死亡。

直接刺激呼吸道的有害化学物质（如二氧化硫、硫酸雾、氯气、臭氧等）被吸入后，首先刺激上呼吸道黏膜表层的迷走神经末梢，引起支气管反射性收缩和痉挛、咳嗽、喷嚏和气道阻力增加。在毒物的慢性作用下，呼吸道的抵抗力逐渐减弱，诱发慢性呼吸道疾病，严重的还可引起肺水肿和肺心性疾病。流行病学调查资料表明，城市大气污染是慢性支气管炎、肺气肿和支气管哮喘等疾病的直接原因或诱因。大气污染严重的地区，呼吸道疾病总死亡率和发病率都高于轻污染区。慢性支气管炎症状随大气污染程度的增高而加重。

3. 放射性污染物的影响

大气中的放射性物质主要来自核爆炸产物。一些微小的放射性灰尘能悬浮在大气中很多年。放射性矿物的开采和加工、放射性物质的生产和应用，也能造成空气的污染。污染大气起主要作用的是半衰期较长的放射性元素，如铀的裂变产物，其中重要的是 ^{90}Sr 和 ^{137}Cs。放射性元素在体外，对机体有外照射作用；通过呼吸道进入机体，则有内照射作用。放射性物质在肺中的浓度，通常比在其他器官中大，因而，肺组织一般受到较强的照射。肺部的巨噬细胞在吞噬了放射性微粒以后，可形成电离密度相当高的放射源。进入肺中的放射性物质能十分迅速地散布到全身。除核爆炸地区外，大气中的放射性物质一般不会造成急性放射病，但长时间超过容许范围的小剂量外照射或内照射，也能引起慢性放射病或皮肤慢性损伤。大气中放射性物质对人体更重要的影响是远期效应，包括引起癌变、不孕不育和遗传的变化或寿命缩短等。

4. 生物性污染物的影响

大气中的生物性污染物是一种空气变应原，主要有花粉和一些霉菌孢子。这些由空气传播的物质，能在个别人身上引起过敏反应。空气变应原可诱发鼻炎、气喘、过敏性肺部病变。另一种是病原微生物。抵抗力较弱的病原微生物在日光照射、干燥的条件下，很容易死亡，一般空气中，数量很少。抵抗力较强的病原微生物，如结核杆菌、炭疽杆菌、化脓性球菌，能附着在尘粒上污染大气。

3.4.4 大气污染物对生态环境的影响

1. 酸雨的影响

近几十年来，不少国家发生酸雨（pH＜5.6）现象。雨、雪等降水中酸度增高是由于煤炭和石油的燃烧导致含硫氧化物、氮氧化物等酸性气体与大气中水蒸气结合，形成硫酸和硝酸液滴。

酸雨会对环境带来广泛的危害，使河湖、土壤酸化，农作物、鱼类减少甚至灭绝，森林发育遭受影响；还会造成巨大的经济损失，如腐蚀建筑物和工业设备，破坏露天的文物古迹，腐蚀金属制品、纺织品、皮革制品、油漆涂料、纸制品、橡胶制品，缩短其使用年限；对某些人类著名文化遗址、遗产的损害也是无法挽回的，如北京故宫、慕尼黑古画廊、英国伦敦的白金汉宫等著名建筑均遭受到了不同程度的酸雨危害。

2. 海洋酸化的影响

大气中二氧化碳水平的升高，可能改变海水的化学平衡，使依赖于化学环境稳定性的多种海洋生物乃至生态系统面临巨大威胁。比起工业革命之前，海洋吸收二氧化碳已经导致现代地球表面的海水 pH 值大约下降了 0.1。尽管变化很细微，但它将会威胁到位于海洋食物链底层的一些重要生物，从而进一步威胁到地球上最重要的生态系统之一的浅层珊瑚礁和长有碳酸钙躯壳的海洋生物，某些种类浮游生物和珊瑚虫也将在劫难逃。在 pH 值较低的海水中，营养盐的饵料价值会有所下降，浮游植物吸收各种营养盐的能力也会发生变化；酸化的海水还会腐蚀海洋生物的身体；海洋酸化（更精确来说，是海洋的微碱状态减弱）也可能导致珊瑚白化或消失。

3. 温室效应的影响

燃料燃烧使大气中的二氧化碳浓度不断升高，会破坏自然界二氧化碳的平衡引发温室效应。温室效应致使地球表面温度升高，引起气候变暖，发生大规模的洪水、风暴或干旱；增加夏季的炎热，提高了心血管病在夏季的发病和死亡率；气候变暖会促使南北两极的冰川融化，致使海平面上升，进而导致地势较低的岛屿国家和沿海城市被淹；气候变暖还会使地球上沙漠化面积继续扩大，使全球的水和食品供应趋于紧张。

4. 臭氧层的破坏

过多地使用氯氟烃（Clorofluorocarbons，CFCs 表示）类化学物质是破坏臭氧层的主要原因。氯氟烃是一种人造化学物质，主要用于气溶胶、制冷剂、发泡剂、化工溶剂等。臭氧层被破坏造成地球紫外线辐射量增加，紫外线会破坏包括 DNA 在内的生物分子，还会增加罹患皮肤癌、白内障的概率，而且与许多免疫系统疾病有关；紫外线辐射量的增加会直接引起浮游植物、浮游动物、幼体鱼类及整个水生食物链的破坏，对水生生态系统影响较大；此外，臭氧层的破坏还可能造成农作物减产、温室效应加剧等危害。

大气污染还会降低能见度，减少太阳辐射（据资料表明，城市太阳辐射强度和紫外线强度要分别比农村减少 10%～30% 和 10%～25%）导致城市佝偻病的发病率增加。大气污染排放的污染物对局部地区和全球气候都会产生一定影响，从长远看，对全球气候的影响将更为严重。

思考题

1. 自然状态下的大气组成是什么？什么是干洁空气？
2. 什么是大气污染？大气污染的成因和类型有哪些？
3. 什么是大气污染物？大气污染物如何分类？
4. 影响大气污染范围和强度的因素有哪些？
5. 环境空气质量标准的制定原则是什么？

项目 4　固体废物污染

知识目标
1. 了解固体废物基本概念；
2. 熟悉固体废物的分类方法；
3. 掌握城市垃圾和危险废物的概念与特性；
4. 了解固体废物的危害。

能力目标
1. 认识固体废物，能识别固体废物类型；
2. 能够根据危险废物名录，判断危险废物；
3. 能够判断区分城市垃圾；
4. 能够认识固体废物的危害。

素质目标
1. 培养学生树立以环境保护、维护生态安全为己任的强烈责任感；
2. 培养学生运用基础知识与技能勇于探索和积极创新的工作意识；
3. 培养学生在实践训练中团结协作的精神；
4. 培养学生运用辩证方法分析和解决问题的能力。

固体废物正成为困扰人类社会发展的一大问题。目前，全世界每年要产生超过 10 亿吨的垃圾，大量的生活和工业固体废物由于缺少有效地处置而露天堆放，使垃圾围城现象日益严重。垃圾堆放场臭气熏天、蚊蝇滋生，有毒物质侵蚀周围土地并造成地表和地下水污染，严重污染了环境和危害人类的健康。

任务 4.1　固体废物及其分类

4.1.1　固体废物的定义及范畴

固体废物是指在生产建设、日常生活和其他活动中产生的在一定时间和地点无法利用而被丢失的污染环境的固态、半固态废弃物质。

固体废物是相对某一过程或某一方面没有使用价值，而并非在一切过程或一切方面都没有使用价值。另外，由于各种产品本身具有使用寿命，超过了寿命期限，也会成为废物。因此，固体废物的概念具有时间性和空间性。一种过程的废物随着时空条件的变化，往往可以成为另一种过程的原料，所以，废物又有"放在错误地点的原料"之称。

固体废物的来源大致可分为两类，一是生产过程中所产生的废物，称为生产废物；

另一类是在产品进入市场后在流动过程中或使用消费后产生的固体废物，称为生活废物。人类在资源开发和产品制造过程中，必然产生废物，任何产品经过使用和消费后也会变成废物。

4.1.2 固体废物的分类

固体废物来源广泛，种类繁多，组成复杂。从不同的角度出发，可进行不同的分类。按其化学组成可分为有机废物和无机废物；按其危害性可分为一般固体废物和危险性固体废物；按其形状可分为固体废物（粉状、粒状、块状）和泥状废物（污泥）；通常按其来源的不同可分为矿业废物、工业废物、城市垃圾、农业废物和放射性废物五类。

根据《中华人民共和国固体废物污染环境防治法》可将固体废物分为城市生活垃圾、工业固体废物和危险废物等。

任务 4.2 城市生活垃圾

4.2.1 城市生活垃圾的概念

城市生活垃圾是指在城市日常生活中或者为城市日常生活提供服务的活动中产生的固体废物，如菜叶、废纸、废碎玻璃制品、废瓷器、废家具、废塑料、厨房垃圾、建筑垃圾等。城市垃圾的成分很复杂，但大致可分为有机物、无机物和可回收废品。

4.2.2 城市生活垃圾的特点

城市生活垃圾的组成受多种因素影响，主要有自然环境、气候条件、城市发展规模、居民生活习性（食品结构）、经济发展水平等。一般来说，垃圾成分在工业发达国家，有机物多、无机物少；在不发达国家，无机物多、有机物少。在我国，南方城市较北方城市，有机物多、无机物少。以燃煤为主的北方城市，受采暖期影响，垃圾中煤渣、沙石所占的份额较多。

城市生活垃圾的物理性质与其组成密切相关。其物理性质一般用组分、含水率和密度表示。城市生活垃圾的组分以各成分质量占新鲜垃圾的质量分数表示。含水率为单位质量垃圾的含水量，用质量分数（％）表示。密度为城市生活垃圾在自然状态下，单位体积的质量。

城市生活垃圾的化学性质对选择加工处理和回收利用工艺十分重要，表示其化学性质的特征参数有挥发分、灰分、灰分熔点、元素组成、热值。挥发分也称为挥发性固体含量，是反映垃圾中有机物含量近似值的指标参数，以垃圾在 600 ℃温度下的灼烧减量作为指标。灰分是指垃圾中不能燃烧也不挥发的物质，反映垃圾中的无机物含量。灰分熔点与灰分的化学组成相关，主要取决于硅（Si）、铝（Al）等元素的含量。元素组成主要是指碳（C）、氢（H）、氧（O）、氮（N）、硫（S）及灰分的含量（％）。测知垃圾的化学元素组成可以估算垃圾的发热值，确定焚烧的适用性；可以估算生化需氧量（Biochemical Oxygen Demand，

BOD)、好氧堆肥化的适用性；可以选择垃圾的处理工艺。垃圾的热值是指单位质量的垃圾完全燃烧所放出的热量，可用氧弹量热计来测定垃圾的热值。热值可分为高位热值（粗热值）和低位热值（净热值）。高位热值是物料完全燃烧产生的全部热量，包括全部氧化释放的化学能和燃烧产生的水蒸气消耗的汽化潜热。在实际燃烧过程中，温度高于100 ℃，水蒸气不会凝结，因而这部分汽化潜热不能加以利用。因此，高位热值扣除水蒸气消耗的汽化潜热，即低位热值。

城市生活垃圾的生物学特性包括两个方面的内容：城市生活垃圾本身的生物性质及其对环境的影响；城市生活垃圾不同组成进行生物处理的性能，即可生化性。由于城市垃圾成分的复杂性，尤其包括人畜粪便、生活污水处理后污泥等，所以本身含有机生物体很复杂，其中有不少生物性污染物。城市垃圾中腐化的有机物也含有各种有害的病原微生物，还含有植物虫害、草籽、昆虫和昆虫卵，易造成生物污染。由于工业发展，城市规模不断扩大，当前世界上工业发达国家城市垃圾数量剧增。据估算，目前发达国家垃圾增长率为3.2%~4.5%，发展中国家为2%~3%，全球产垃圾100亿吨，其中美国达30亿吨，我国城市垃圾率约9%，年产垃圾量达1.5亿吨左右。对如此大的垃圾"包袱"，必须进行综合处理，以保护自然环境，恢复再生原料资源。

任务4.3 工业固体废物

4.3.1 工业固体废物的概念

工业固体废物是指在工业生产过程中产生的固体废物。一般工业废物包括高炉渣、钢渣、赤泥、有色金属渣、粉煤灰、煤渣、硫酸渣、废石膏、脱硫灰、电石渣、盐泥等。

4.3.2 工业固体废物的特点

工业固体废物具有产生数量大、种类多、占地面积广的特点。其产生源和排放源几乎覆盖了工业生产活动的所有环节。例如，矿业固体废物产生于采矿、选矿过程，冶金工业固体废物产生于金属冶炼过程，能源工业固体废物产生于燃煤发电过程，石油、化学工业固体废物产生于石油加工和化工业生产过程，轻工业固体废物产生于轻工生产过程，还有产生于机械加工过程如金属碎屑、电镀污泥等的其他工业固体废物。

工业固体废物具有成分复杂的特点，这与生产工艺、原材料的使用、堆存方式有很大关系。不同工业产品在生产过程中所产生的固体废物类别和主要污染物种类因所使用的原辅材料而不同；相同工业产品的生产，因生产工艺和原辅材料的产地不同，主要污染物含量也存在着差异。即使是同工业产品、相同生产工艺和原辅材料，但因生产工况条件和员工实际操作的变化，所产生的固体废物中污染物的含量也不是恒定的。

工业固体废物产生的环境污染和危害形式是多种多样的。从时间上来看有长期的、潜在的危害和即时的危害。例如，工业固体废物排入水体，导致鱼虾死亡是即时的危害；石棉废物产生的石棉粉尘对人体健康的危害，可潜伏几十年才能表现出来就是长期的危害。从危害程度上可分为一般危害和严重危害。例如,一般工业固体废物的污染相对于危险废物的危害性就轻一些,一吨含砷的固体废物比一吨高炉渣的危害要大得多。从污染对象上可导致大气污染、水体污染、生态破坏、健康损害、物品受污染、占用土地、破坏农田甚至毁坏财物等。从污染的方式上有直接产生污染和间接产生污染。直接产生污染是工业固体废物对环境和人体健康产生的直接危害;间接产生污染是固体废物在加工利用和减少或消除污染等过程中产生新的固体废物、废水、废气导致的污染。

工业固体废物没有相同形态的环境受纳体,自然界对固体废物的自净能力很差,所以对于固体废物的环境容量很小。其产生的各种环境污染具有隐蔽性、滞后性和持续性。固体废物造成的污染治理困难,生态恢复成本高昂。

任务4.4 危险废物

4.4.1 危险废物的概念

《中华人民共和国固体废物污染环境防治法》条款中将"危险废物"定义为:"列入国家危险废物名录或者根据国家规定的危险废物鉴别标准和鉴别方法认定的具有危险特性的固体废物"。

4.4.2 危险废物的特点

1. 危害性

危险废物具有多种危害特性,主要表现为与环境安全有关的危害性质(如腐蚀性、爆炸性、可燃性、反应性);与人体健康有关的危害性质(如致癌性、致畸变性、突变性、传染性、刺激性、毒性)。

危害性

2. 污染的隐蔽性、滞后性和持续性

正如重金属危险废物对土壤的影响一样,危险废物对环境的污染不像废水、废气所造成的污染那样直观和即刻显现而容易被发现。但是一旦发生危险废物的污染事故,其产生的影响很难消除,影响的消除一般需要花费巨大的代价和很长的时间。

3. 处置的专业性

危险废物来源广泛,性质各异,针对不同危险废物,处理与处置的方法也不同。危险废物的处理与处置具有高度的专业性。

4.4.3 危险废物的转化途径

危险废物对健康和环境的危害除与有害物质的成分、稳定性有关外,还与这些物质在自然条件下的物理、化学和生物转化规律有关。

1. 物理转化

自然条件下危险废物的物理转化主要是指其成分相的变化，而相变化中最主要的形式就是污染物由其他形态转化为气态，进入大气环境。气态物质产生的主要机理是挥发、生物降解和化学反应，其中挥发是最为主要的，属于物理过程。挥发的数量和速度与污染物的相对分子质量、性质、温度、气压、比表面积、吸附强度等因素有关。通常，低分子有机物在温度较高、通风良好的情况下较易挥发，因而，挥发是危险废物污染大气的主要途径之一。

2. 化学转化

危险废物的各种组分在环境中会发生各种化学反应而转化成新的物质。这种化学转化有两种结果：一是理想情况下，反应后的生成物稳定、无害，这样的反应可作为危险废物处理的借鉴；二是反应后的生成物仍然有毒有害。例如，不完全燃烧后的产物，不仅种类繁多，而且大都是有害的；甚至某些中间产物的毒性还大大超过了原始污染物，如无机汞在环境中会转化为毒性更大的有机汞等，这也是危险废物受到越来越多关注的原因之一。在自然环境中，除反应性物质外，大多数危险废物的稳定性很强，化学转化过程非常缓慢，因此，要通过化学转化在短时间内实现危险废物的稳定化、无害化必须采用人为干扰的强制手段，如焚烧。

3. 生物转化

除化学反应外，危险废物裸露在自然环境中，在迁移的同时还会与土壤、大气及水环境中的各种微生物和动植物接触，这就给危险废物的生物转化创造了条件。危险废物中的铬、铅、汞等重金属单质和无机化合物能被生物转化成一些剧毒的化合物。例如，在厌氧条件下，会产生甲基汞、二甲砷、二甲硒等剧毒化合物；电池的外壳腐烂后，汞被释放出来，在厌氧条件下，经过几年就会发生汞的生物转化。危险有机物同样如此，但是降解速率一般很慢。可生物降解的化合物在降解过程中往往会经历以下一个或多个过程，包括氨化和酯的水解、脱羧基作用、脱氨基作用、脱卤作用、酸碱中和、羟基化作用、氧化作用、还原作用、断链作用等。这些作用多数使原化合物失去毒性，但也不排除产生新的有毒化合物的可能，有些产物可能会比原化合物毒性更强。

4. 化学和生物转化协同与相加作用

除化学和生物转化外，某些危险废物的转化是化学与生物转化共同作用的结果。一些危险废物由于具有毒性，进入人体后，会使人体体液和机体组织发生生物化学的转化，干扰或破坏机体的正常生理功能，引起暂时或持久性的病理损害，最终会导致致癌、致突变、致畸形等情况产生。

任务4.5 固体废物的危害

我国传统的垃圾消纳倾倒方式是一种"污染物转移"方式。现有的垃圾处理场数量和规模远远不能适应城市垃圾增长的要求，大部分垃圾仍呈露天集中堆放状态，对环境即时的和潜在的危害很大，污染事故频出。固体废物对环境的污染往往是多方面、多环境要素的，具体讲有以下几个方面。

1. 侵占土地，破坏地貌和植被

固体废物不加利用时，需要占地堆放。堆积量越大，占地也越多。据估算，每堆积1万吨固体废物约占地 666 hm^2。随着我国工农业生产的发展和城乡人民生活水平的提高，城市垃圾占地的矛盾日益突出。全国已有 2/3 的城市陷入垃圾包围之中。固体废物的堆放侵占了大量土地，造成了极大的经济损失，并严重破坏了地貌、植被和自然景观。

2. 污染土壤

废物任意堆放或没有适当防渗措施的填埋严重污染处置地的土壤。因为固体废物中的有害组分很容易经过风化、雨雪淋溶、地表径流的浸蚀，产生高温有毒液体渗入土壤，杀害土壤中的微生物，破坏微生物与周围环境构成的生态系统，导致草木不生。未经处理或严格处理的生活垃圾直接用于农田时，由于垃圾中含有大量玻璃、金属、碎砖瓦、碎塑料薄膜等杂质，会破坏土壤的团粒结构和理化性质，致使土壤保水、保肥能力降低，后果严重。

3. 污染水体

固体废物不但含有病原微生物，在堆放腐败过程中还会产生大量的酸性、碱性有机污染物，并会将废物中的重金属溶解出来，是有机物、重金属和病原微生物三位一体的污染源。任意堆放或简易填埋的固体废物，其内含的水量和淋入的雨水所产生的渗滤液流入周围地表水体和渗入土壤，会造成地表水和地下水的严重污染。固体废物若直接排入河流、湖泊或海洋，又造成更大的水体污染——不仅减少水体面积，还妨害水生生物的生存和水资源的利用。

4. 污染大气

在大量垃圾堆放的场区，一些有机固体废物在适宜的温度和湿度下被微生物分解，释放出有害气体，会造成堆放区臭气冲天、老鼠成灾、蚊蝇滋生。固体废物本身或在处理（如焚烧）时会散发毒气和臭味，如煤矸石的自燃，曾在各地煤矿多次发生，散发出大量的 SO_2、CO_2、NH_3 等气体，造成严重的大气污染。由固体废物进入大气的放射尘，一旦侵入人体，还会形成内辐射引起各种疾病。

5. 影响环境卫生

城市的生活垃圾、粪便等由于清运不及时，会严重影响人们居住环境的卫生状况，对人们的健康构成潜在威胁。

思考题

1. 什么是固体废物？试述其来源、分类。
2. 试述危险废物，如何判断？
3. 固体废物对人类生存环境会造成的危害有哪些？

项目 5　土壤污染

知识目标

1. 了解土壤和土壤污染基本概念；
2. 了解土壤污染的危害；
3. 熟悉污染物在土壤中的迁移和转换方式，以及影响转化的因素；
4. 熟悉土壤环境质量标准的基本知识；
5. 掌握土壤有机污染物的来源、种类及危害；
6. 掌握土壤重金属的来源及危害。

能力目标

1. 认识土壤污染，能识别土壤污染类型；
2. 能对土壤环境质量指标进行比较，评价土壤环境质量；
3. 能查找土壤环境质量标准，会利用网页搜索最新标准。

素质目标

1. 培养学生树立以土壤资源保护、维护生态安全为己任的强烈责任感；
2. 培养学生运用基础知识与技能勇于探索和积极创新的工作意识；
3. 培养学生在实践训练中团结协作的精神；
4. 培养学生运用辩证方法分析和解决问题的能力。

任务 5.1　土壤及其性质

5.1.1　土壤的定义及概述

生态学家从生物地球化学观点出发，认为土壤是地球表层系统中，生物多样性最丰富，生物地球化学的能量交换、物质循环（转化）最活跃的生命层。环境科学家认为，土壤是重要的环境因素，也是环境污染物的缓冲带和过滤器。工程专家则将土壤看作承受高强度压力的基地或作为工程材料的来源。对于农业科学工作者和广大农民，土壤是植物生长的介质，他们更关心影响植物生长的土壤条件、土壤肥力供给、培肥及持续性。

土壤应用较广泛的定义："土壤是地球陆地表面能生长绿色植物的疏松表层。"这一定义是建立在俄国土壤发生学派创始人道库恰耶夫提出的成土因素学说和苏联著名学者威廉斯的统一形成学说基础上的。该定义总结与概括了土壤的位置处于地球陆地表面，最主要的功能是生长绿色植物。其物理状态是由矿物质、有机质、水和空气组成的具有疏松多孔结构的介质。

土壤是地壳表面岩石风化体及其再搬运沉积体在地球表面环境作用下形成的疏松物质。在地球陆地上，从炎热的赤道到严寒的极地，从湿润的近海到干旱的内陆腹地，土壤像"皮肤"一样覆盖在整个地球陆地表面，维持着地球上多种生命的生息繁衍，支撑着地球的生命活力，使地球成为人类赖以生存的星球。

5.1.2 土壤的组成

土壤是地球表层的岩石经过生物圈、大气圈和水圈长期的综合影响演变而成的。由于各种成土因素，诸如母岩、生物、气候、地形、时间和人类生产活动等综合作用的不同，形成了多种类型的土壤。

土壤是由固相、液相、气相三相物质构成的复杂体系。土壤固相包括矿物质、有机质和生物。在固相物质之间为形状和大小不同的孔隙，孔隙中存在水分和空气。

1. 土壤矿物质

土壤矿物质是岩石经物理风化和化学风化作用形成的，占土壤固相部分总质量的90%以上，是土壤的骨骼和植物营养元素的重要供给源。按其成因可分为原生矿物质和次生矿物质两类。

(1) 原生矿物质。原生矿物质是岩石经过物理风化作用形成的碎屑，其原来的化学组成没有改变。这类矿物质主要有硅酸盐类矿物、氧化物类矿物、硫化物类矿物和磷酸盐类矿物。

(2) 次生矿物质。次生矿物质是原生矿物质经过化学风化后形成的新的矿物质，其化学组成和晶体结构均有所改变。这类矿物质包括简单盐类（如碳酸盐、硫酸盐、氯化物等）、三氧化物类和次生铝硅酸盐类。次生铝硅酸盐类是构成土壤黏粒的主要成分，故又称为黏土矿物，如高岭石、蒙脱石和伊利石等；三氧化物类如针铁矿（$Fe_2O_3 \cdot H_2O$）、褐铁矿（$2Fe_2O_3 \cdot 3H_2O$）、三水铝石（$Al_2O_3 \cdot 3H_2O$）等。它们是硅酸盐类矿物彻底风化的产物。

土壤矿物质所含主体元素是氧、硅、铝、铁、钙、钠、钾、镁等。其质量分数约占96%，其他元素含量多在0.1%（质量分数）以下，甚至低于十亿分之几，属微量、痕量元素。

土壤矿物质颗粒（土粒）的形状、大小多种多样，其粒径从几微米到几厘米，差别很大。不同粒径土粒的成分、物理、化学性质有很大差异，如对污染物的吸附、解吸和迁移、转化能力，以及有效含水量和保水保温能力等。为了研究方便，常按粒径大小将土粒分为若干类，称为粒级；同级土粒的成分和性质基本一致。表5-1为我国土粒分级标准。

表5-1 我国土粒分级标准

土粒名称		粒径/mm
石块		≥10
石砾	粗砾	3~10
	细砾	1~3

续表

土粒名称		粒径/mm
沙砾	粗沙砾	0.25~1
	细沙砾	0.05~0.25
粉粒	粗粉粒	0.01~0.05
	细粉粒	0.005~0.01
黏粒	粗黏粒	0.001~0.005
	细黏粒	<0.001

自然界中任何一种土壤，都是由粒径不同的土粒按不同的比例组合而成的。按照土壤中各粒级土粒含量的相对比例或质量分数分类，称为土壤质地分类。表5-2为国际制土壤质地分类。

表5-2 国际制土壤质地分类

土壤质地分类		各级土粒(质量分数/%)		
类别	土壤质地名称	黏粒 (<0.002 mm)	粉沙粒 (0.002~0.02 mm)	沙粒 (0.02~2 mm)
沙土类	沙土及壤质沙土	0~15	0~15	85~100
壤土类	沙质壤土	0~15	0~15	55~85
	壤土	0~15	30~45	40~55
	粉沙质壤土	0~15	45~100	0~55
黏壤土类	沙质黏壤土	15~25	0~30	55~85
	黏壤土	15~25	20~45	30~55
	粉沙质黏壤土	15~25	45~85	0~40
黏土	沙质黏土	25~45	0~20	55~75
	壤质黏土	25~45	0~45	10~55
	粉沙质黏土	25~45	45~75	0~30
	黏土	45~65	0~55	0~55
	重黏土	65~100	0~35	0~35

2. 土壤有机质

土壤有机质是土壤中有机化合物的总称，由进入土壤的植物、动物、微生物残体及施入土壤的有机肥料经分解转化逐渐形成的，通常可分为非腐殖质和腐殖质两类。非腐殖质包括糖类化合物(如淀粉、纤维素等)、含氮有机化合物及有机磷、有机硫化合物，一般占土壤有机质总量的10%~15%(质量分数)。另一类是腐殖质，是植物残体中稳定性较强的木质素及其类似物，在微生物作用下，部分被氧化形成的一类特殊的高分子聚合物，具有苯环结构，苯环周围连有多种官能团，如羧基、羟基、甲氧基及氨基等，使之具有表面吸附、离子交换、络合、缓冲、氧化还原作用及生理活性等性能。土壤有机质一般占土壤固相物质总质量的5%左右，对于土壤的物理、化学和生物学性状有较大的影响。

3. 土壤生物

土壤中生活着微生物（细菌、真菌、放线菌、藻类等）及动物（原生动物、蚯蚓、线虫类等），它们不但是土壤有机质的重要来源，更是对进入土壤的有机污染物的降解及无机污染物（如重金属）的形态转化起着主导作用，是土壤净化功能的主要贡献者。

4. 土壤溶液

土壤溶液是土壤水分及其所含溶质的总称，存于土壤孔隙中，它们既是植物和土壤生物的营养来源，又是土壤中各种物理、化学反应和微生物作用的介质，是影响土壤性质及污染物迁移、转化的重要因素。

土壤溶液中的水来源于大气降水、地表径流和农田灌溉，若地下水水位接近地面，则也是土壤溶液中水的来源之一。土壤溶液中的溶质包括可溶性无机盐、可溶性有机物、无机胶体及可溶性气体等。

5. 土壤空气

土壤空气存在于未被水分占据的土壤孔隙中，来源于大气、生物化学反应和化学反应产生的气体（如甲烷、硫化氢、氢气、氮氧化物、二氧化碳等）。土壤空气组成与土壤本身特性相关，也与季节、土壤水分、土壤深度等条件相关，如在排水良好的土壤中，土壤空气主要来源于大气，其组分与大气基本相同，以氮、氧和二氧化碳为主；而在排水不良的土壤中氧含量下降，二氧化碳含量增加。土壤空气含氧量比大气少，而二氧化碳含量高于大气。

5.1.3 土壤的性质

1. 吸附性

土壤的吸附性能与土壤中存在的胶体物质密切相关。土壤胶体包括无机胶体（如黏土矿物和铁、铝、硅等水合氧化物）、有机胶体（主要是腐殖质及少量的生物活动产生的有机物）、有机无机复合胶体。土壤胶体具有巨大的比表面积，胶粒带有电荷，分散在水中时界面上产生双电层等性能，使其对有机污染物（如有机磷、有机氯农药等）和无机污染物（如 Hg^{2+}、Pb^{2+}、Cu^{2+}、Cd^{2+} 等重金属离子）有极强的吸附能力或离子交换吸附能力。

2. 酸碱性

土壤的酸碱性是土壤的重要理化性质之一，是土壤在形成过程中受生物、气候、地质、水文等因素综合作用的结果。土壤的酸碱度可以划分为九级：pH值<4.5为极强酸性土，pH值在4.5~5.5为强酸性土，pH值在5.6~6.0为酸性土，pH值在6.1~6.5为弱酸性土，pH值在6.6~7.0为中性土，pH值在7.1~7.5为弱碱性土，pH值在7.6~8.5为碱性土，pH值在8.6~9.5为强碱性土，pH值≥9.5为极强碱性土。我国土壤的pH值大多为4.5~8.5，并呈"东南酸、西北碱"的规律。土壤的酸碱性直接或间接地影响着污染物在土壤中的迁移转化。

根据氢离子的存在形式,土壤酸度可分为活性酸度和潜性酸度两类。活性酸度又称为有效酸度,是指土壤溶液中游离氢离子浓度反映的酸度,通常用 pH 表示;潜性酸度是指土壤胶体吸附的可交换氢离子和铝离子经离子交换作用后所产生的酸度。如土壤中施入中性钾肥(KCL)后,溶液中的钾离子与土壤胶体上的氢离子和铝离子发生交换反应,产生盐酸和三氯化铝。土壤潜性酸度常用 100 g 烘干土壤中氢离子的物质的量表示。土壤碱度主要来自土壤中钙、镁、钠、钾的重碳酸盐、碳酸盐及土壤胶体上交换性钠离子的水解作用。

3. 氧化还原性

土壤中存在着多种氧化性和还原性无机物质及有机物质,使其具有氧化性和还原性。土壤中的游离氧和高价金属离子、硝酸根等是主要的氧化剂,土壤有机质及其在厌氧条件下形成的分解产物和低价金属离子是主要的还原剂。土壤环境的氧化作用或还原作用通过发生氧化反应或还原反应表现出来,故可以用氧化还原电位(E_h)衡量。因为土壤中氧化性和还原性物质的组成十分复杂,计算 E_h 很困难,所以主要用实测的氧化还原电位衡量。通常当 E_h>300 mV 时,氧化体系起主导作用,土壤处于氧化状态;当 E_h<300 mV 时,还原体系起主导作用,土壤处于还原状态。

任务 5.2　土壤污染与土壤污染物

5.2.1　土壤污染概述

土壤圈连接地球表层及其他圈层系统,不仅能维持和调节各圈层的能量流动、物质流动及信息传递,还是构成陆地生态系统中结合无机界与有机界的枢纽。土壤因其具有缓冲、过滤和吸附等性能经常被充当污染物的载体与天然净化场所。然而,当人类活动所产生的污染物排放转移到土壤中,积累到一定程度并超过土壤自净能力时,就会恶化土壤质量,进而对动植物和人类健康产生直接或潜在的危害,这被称为土壤污染。

由于土壤是一个不断发展和演变的、复杂的开放系统,因此确定土壤背景值在土壤污染评价和环境质量标准制定中具有重要的意义。土壤背景值是指在自然成土过程中,构成土壤本身的化学元素的组成及含量。目前已经难以找到不受人类活动影响的土壤,因此,土壤背景值仅代表土壤在某一演变阶段的一个相对意义上的数值。

土壤自净能力和环境容量均以土壤背景值作为基础数据。土壤中的胶体、氧化还原、专性吸附及生物等体系和过程会对进入土壤的污染物质产生消纳作用以维持土壤系统的稳定,这种现象称为土壤自净。土壤自净能力是指以各种方式进入土壤的污染物,通过土壤的物理、化学和生物化学反应过程,使其浓度降低、毒性减轻或者消失的性能。土壤自净作用能对进入土壤的少量污染物通过吸附、降解等作用降低其危害性能,从而维持土壤性质稳定及其生态平衡。

土壤自净能力是有一定限度的,这取决于土壤环境容量的大小。土壤环境容量是指在一定时限内,在保证农产品和生物安全,同时又不使环境污染时,土壤对污染物的最大承受能力或负荷量。当进入土壤系统的污染物的量低于土壤环境容量时,土壤能发挥正常的净化作用，不被污染；如果污染物的量超过土壤环境容量时，则导致土壤污染。

由此可见，土壤是否被污染及其污染的程度主要取决于污染物输入量和土壤系统的自净能力大小。土壤污染就是人为直接或间接破坏或干扰土壤的正常生态功能，具体表现为干扰和破坏土壤的物理、化学及生物化学性质，导致生物的数量和质量下降，从而危害人类健康。

5.2.2 土壤污染物

通过各种途径输入土壤环境的物质多种多样，包括自然界几乎所有的物质，通常把输入土壤环境中的足以影响土壤环境正常功能、降低作物产量和生物质量、有害于人体健康的那些物质称为土壤污染物。土壤污染物的来源具有多源性，其输入途径除地质异常外，主要是工业"三废"，即废气、废水、废渣，以及化肥农药、城市污染、垃圾，偶尔还有原子武器散落的放射性微粒等。

重金属污染物

1. 重金属污染物

在当前环境污染研究中，重金属主要是指含汞、镉、铅、铬、铜、锌和类金属砷等污染物。

2. 有机污染物

土壤中有机污染物主要有有机农药、持久性有机污染物（Persistent Organic Pollutants，POPs）、矿物油类、表面活性剂、废塑料制品、有机卤代物及工矿企业排放的含有机质的"三废"。

3. 固体废物

固体废物对农业环境特别是城市近郊土壤具有更大的潜在威胁，包括工业固体废物、城市垃圾和放射性固体废物等。

任务5.3 污染物在土壤中的迁移与转化

5.3.1 污染物在土壤中的迁移

归纳起来，污染物在土壤中的迁移方式有机械迁移、物理—化学性迁移和生物迁移三种。污染物在环境中的迁移受到两个方面因素的制约：一方面是污染物自身的物理化学性质；另一方面是外界环境的物理化学条件，其中包括区域自然地理条件。

1. 机械迁移

由于土壤的相对稳定性，污染物在土壤中的机械迁移主要是通过大气和水的传输作用实现的。土壤多孔介质的特点为污染物在多种方向上的扩散和迁移提供了可能。从总体来看，污染物在土壤中的迁移包括横向的扩散作用和纵向的渗滤过程。由于水的重力作用，污染物在土壤中的迁移总体上呈向下趋势。

2. 物理—化学性迁移

物理—化学性迁移是污染物在土壤环境中最重要的迁移方式，其结果决定了污染物在环境中的存在形式、富集状况和潜在危害程度。对于无机污染物而言，是以简单的离子、配合物离子或可溶性分子的形式，通过诸如溶解—沉淀作用、吸附—解吸作用、氧化—还原作用、水解作用、综合与螯合作用等在环境中实现迁移。对于有机污染物，除上述作用外，还可以通过光化学分解和生物化学分解等作用实现迁移。

3. 生物迁移

污染物通过生物体的吸附、吸收、代谢、死亡等过程发生的生物性迁移，是它们在环境中迁移的最复杂、最具重要意义的迁移方式。这种迁移方式与不同生物种属的生理生化和遗传变异特征有关。某些生物对环境污染物有选择性吸收和积累作用，某些生物对环境污染物有转化和降解能力。污染物通过食物链的积累和放大作用是生物迁移的重要表现形式。

5.3.2 污染物在土壤中的转化

污染物在环境中通过物理的、化学的或生物的作用改变形态，或者转变成另一种物质的过程，称为转化。污染物的转化过程取决于其本身的物理化学性质和所处的环境条件，根据其转化形式可分为物理转化、化学转化和生物转化三种类型。

1. 物理转化

重金属的物理转化除汞单质可以通过蒸发作用由液态转化为气态外，其余的重金属主要通过吸附—解吸进行形态的改变。有机污染物在土壤中的挥发是其物理转化的重要形式，可以用亨利定律进行描述。

2. 化学转化

在土壤中，金属离子经常在其价态上发生一系列的变化，这些变化主要受土壤 pH 值的影响和控制。pH 值较低时，金属离子溶于水呈离子状态；pH 值较高时，金属离子易与碱性物质化合呈不溶型的沉淀。氧化还原电位也会影响金属的价态。例如，在含水量大的湿地土壤中砷主要呈三价的亚砷酸盐形态；在旱地土壤中，由于与空气接触较多，主要呈五价的砷酸盐形态。常见的重金属污染物在土壤中的化学转化包括沉淀—溶解、氧化—还原、络合反应。

在土壤中，一些农药的水解反应由于土壤颗粒的吸附催化作用而被加速。研究还发现，土壤中存在比较多的自由基，这些自由基在引发土壤污染物转化和降解方面具有重要的意义。有机污染物的常见化学转化包括水解、光解、氧化—还原反应。水解是有机物在土壤中的重要转化途径之一。水解过程指的是有机污染物（RX）与水分子的化学反应过程。在反应中，X 基团与 OH 基团发生交换：

$$RX + H_2O \rightarrow ROH + HX$$

水解作用改变了有机污染物的结构。一般情况下，水解可导致产物的毒性降低，但并非总是生成毒性降低的产物。水解产物可能比母体化合物更易或更难挥发，与 pH 值有关的离子化水解产物可能没有挥发性。

有机污染物在土壤表面的光解是指吸附于土壤表面的污染物分子在光的作用下,将光能直接或间接转移到分子键,使分子变为激发态而裂解或转化的现象,是有机污染物在土壤环境中消失的重要途径。由于有机污染物中一般含有 C—C、C—H、C—O、C—N 等键,而这些键的离解正好在太阳光的波长范围内,因此有机物在吸收光子之后,就变成激发态的分子,导致上述化学键的断裂,发生光解反应。土壤表面农药光解与农药防除有害生物的效果、农药对土壤生态系统的影响及污染防治有直接的关系。20 世纪 70 年代以前人们对农药光解的研究主要集中于水、有机溶剂和大气,此后则对土壤表面农药光解十分重视。1978 年美国的研究机构已规定,新农药注册登记时必须提供该农药在土壤表面的光解资料。

相比较而言,农药在土壤表面的光解速率要比在溶液中慢得多。光线在土壤中的迅速衰减可能是农药土壤光解速率减慢的重要原因;而土壤颗粒吸附农药分子后发生内部滤光现象,可能是农药土壤光解速率减慢的另一重要原因。多环芳烃(PAHs)在高含碳(C)、铁(Fe)的粉煤灰上光解速率明显减慢,可能由于分散、多孔和黑色的粉煤灰提供了一个内部滤光层,保护了吸附态化学品不发生光解。此外,土壤中可能存在的光猝灭物质可猝灭光活化的农药分子,从而减慢农药的光解速率。

3. 生物转化

生物转化是指污染物通过生物的吸收和代谢作用而发生的变化。污染物在有关酶系统的催化作用下,可经各种生物化学反应过程改变其化学结构和理化性质。各种动物、植物和微生物在环境污染物的生物转化中均能发挥重要的作用。土壤中的微生物具有个体小、比表面积大、种类繁多、分布广泛、代谢强度高、易于适应环境等特点,在环境污染物的转化和降解方面显示出巨大的潜能。土壤中的砷、铅、汞等可在微生物的作用下甲基化。酚在植物体内可以转化成为酚糖苷,之后经代谢作用最终被分解为二氧化碳和水;植物体内的氰化物也可被转化为丝氨酸等氨基酸类物质;强致癌物苯并[a]芘,可以被水稻从根部吸收送往茎叶,并转化成水和有机酸。一些有机氯农药很容易被植物吸收并代谢转化成其他有机氯化合物。

影响有机污染物在土壤中转化的因素

5.3.3 污染物在土壤中转化的影响因素

污染物在土壤中的转化受多种因素影响,其中重金属在土壤中的迁移转化主要受土壤 pH 值和氧化还原电位(E_h)的影响。土壤的类型、含水率、有机质含量、种植的作物等也会影响重金属在不同形态之间的转化。土壤环境中也存在许多影响农药等有机污染物降解的因素,主要包括土壤质地、土壤水分、温度、土壤的 pH 值、共存物质、土层厚度和矿物质组分、老化作用等因素。

影响重金属在土壤中转化的因素

任务 5.4 土壤环境质量标准

为贯彻《中华人民共和国环境保护法》,保护土壤环境质量,管控土壤污染风险,由生态环境部与国家市场监督管理总局联合发布《土壤环境质量 农用地土壤污染风险管控标准(试行)》(GB 15618—2018)和《土壤环境质量 建设用地土壤污染风险管控标准(试行)》(GB 36600—2018)两项国家环境质量标准。

5.4.1 农用地土壤污染风险管控

《土壤环境质量 农用地土壤污染风险管控标准(试行)》(GB 15618—2018)是为保护农用地土壤环境,管控农用地土壤污染风险,保障农产品质量安全、农作物正常生长和土壤生态环境。该标准中规定了农用地土壤污染风险筛选值和管制值,以及监测、实施与监督要求。

农用地土壤污染风险筛选值是指农用地土壤中污染物含量等于或者低于该值的,对农产品质量安全、农作物生长或土壤生态环境的风险低,一般情况下可以忽略;超过该值的,对农产品质量安全、农作物生长或土壤生态环境可能存在风险,应当加强土壤环境监测和农产品协同监测,原则上应当采取安全利用措施。

农用地土壤污染风险管制值是指农用地土壤中污染物含量超过该值的,食用农产品不符合质量安全标准等农用地土壤污染风险高,原则上应当采取严格管控措施。

农用地土壤污染风险筛选值的基本项目为必测项目,包括镉、汞、砷、铅、铬、铜、镍、锌,风险筛选值见表 5-3。

表 5-3 农用地土壤污染风险筛选值(基本项目)　　　　mg/kg

序号	污染物项目[a,b]		风险筛选值			
			pH≤5.5	5.5<pH≤6.5	6.5<pH≤7.5	pH>7.5
1	镉	水田	0.3	0.4	0.6	0.8
		其他	0.3	0.3	0.3	0.6
2	汞	水田	0.5	0.5	0.6	1.0
		其他	1.3	1.8	2.4	3.4
3	砷	水田	30	30	25	20
		其他	40	40	30	25
4	铅	水田	80	100	140	240
		其他	70	90	120	170
5	铬	水田	250	250	300	350
		其他	150	150	200	250
6	铜	果园	150	150	200	200
		其他	50	50	100	100
7	镍		60	70	100	190
8	锌		200	200	250	300

[a] 重金属和类金属砷均按元素总量计。
[b] 对于水旱轮作地,采用其中较严格的风险筛选值

农用地土壤污染风险筛选值的其他项目为选测项目,包括六六六、滴滴涕和苯并[a]芘,风险筛选值见表5-4。

表 5-4　农用地土壤污染风险筛选值(其他项目)　　　mg/kg

序号	污染物项目	风险筛选值
1	六六六总量[a]	0.10
2	滴滴涕总量[b]	0.10
3	苯并[a]芘	0.55

[a] 六六六总量为 α-六六六、β-六六六、γ-六六六、δ-六六六四种异构体的含量总和。
[b] 滴滴涕总量为 p,p'-滴滴伊、p,p'-滴滴滴、o,p'-滴滴涕、p,p'-滴滴涕四种衍生物的含量总和

农用地土壤污染风险管制值项目包括镉、汞、砷、铅、铬,风险管制值见表5-5。

表 5-5　农用地土壤污染风险管制值　　　mg/kg

序号	污染物项目	风险管制值			
		pH≤5.5	5.5<pH≤6.5	6.5<pH≤7.5	pH>7.5
1	镉	1.5	2.0	3.0	4.0
2	汞	2.0	2.5	4.0	6.0
3	砷	200	150	120	100
4	铅	400	500	700	1 000
5	铬	800	850	1 000	1 300

当土壤中污染物含量等于或者低于表5-3和表5-4规定的风险筛选值时,农用地土壤污染风险低,一般情况下可以忽略;高于表5-3和表5-4规定的风险筛选值时,可能存在农用地土壤污染风险,应加强土壤环境监测和农产品协同监测。

当土壤中镉、汞、砷、铅、铬的含量高于表5-3规定的风险筛选值、等于或者低于表5-5规定的风险管制值时,可能存在食用农产品不符合质量安全标准等土壤污染风险,原则上应当采取农艺调控、替代种植等安全利用措施。

当土壤中镉、汞、砷、铅、铬的含量高于表5-5规定的风险管制值时,食用农产品不符合质量安全标准等农用地土壤污染风险高,且难以通过安全利用措施降低食用农产品不符合质量安全标准等农用地土壤污染风险,原则上应当采取禁止种植食用农产品、退耕还林等严格管控措施。

5.4.2　建设用地土壤污染风险管控

《土壤环境质量 建设用地土壤污染风险管控标准(试行)》(GB 36600—2018)是为加强建设用地土壤环境监管,管控污染地块对人体健康的风险,保障人居环境安全。该标准规定了保护人体健康的建设用地土壤污染风险筛选值和管制值,以及监测、实施与监督要求。

建设用地土壤污染风险筛选值是指在特定土地利用方式下,建设用地土壤中污染物含量等于或者低于该值的,对人体健康的风险可以忽略;超过该值的,对人体健康可能

存在风险,应当开展进一步的详细调查和风险评估,确定具体污染范围和风险水平。

建设用地土壤污染风险管制值是指在特定土地利用方式下,建设用地土壤中污染物含量超过该值的,对人体健康通常存在不可接受风险,应当采取风险管控或修复措施。

在建设用地中,城市建设用地根据保护对象暴露情况的不同,可划分为以下两类,第一类用地包括居住用地,公共管理与公共服务用地中的中小学用地、医疗卫生用地和社会福利设施用地,以及公园绿地中的社区公园或儿童公园用地等;第二类用地包括工业用地,物流仓储用地,商业服务业设施用地,道路与交通设施用地,公用设施用地,公共管理与公共服务用地,以及绿地与广场用地等。

保护人体健康的建设用地土壤污染风险筛选值和管制值见表5-6和表5-7。其中表5-6为基本项目,表5-7为其他项目。建设用地规划用途为第一类用地的,适用于表5-6和表5-7中第一类用地的筛选值和管制值;规划用途为第二类用地的,适用于表5-6和表5-7中第二类用地的筛选值和管制值。规划用途不明确的,适用于表5-6和表5-7中第一类用地的筛选值和管制值。建设用地土壤中污染物含量等于或者低于风险筛选值的,建设用地土壤污染风险一般情况下可以忽略。

表 5-6 建设用地土壤污染风险筛选值和管制值(基本项目)   mg/kg

序号	污染物项目	CAS 编号	筛选值		管制值	
			第一类用地	第二类用地	第一类用地	第二类用地
重金属和无机物						
1	砷	7 440-38-2	20[a]	60[a]	120	140
2	镉	7 440-43-9	20	65	47	172
3	铬(六价)	18 540-29-9	3.0	5.7	30	78
4	铜	7 440-50-8	2 000	18 000	8 000	36 000
5	铅	7 439-92-1	400	800	800	2 500
6	汞	7 439-97-6	8	38	33	82
7	镍	7 440-02-0	150	900	600	2 000
挥发性有机物						
8	四氯化碳	56-23-5	0.9	2.8	9	36
9	氯仿	67-66-3	0.3	0.9	5	10
10	氯甲烷	74-87-3	12	37	21	120
11	1,1-二氯乙烷	75-34-3	3	9	20	100
12	1,2-二氯乙烷	107-06-2	0.52	5	6	21
13	1,1-二氯乙烯	75-35-4	12	66	40	200
14	顺-1,2-二氯乙烯	156-59-2	66	596	200	2 000
15	反-1,2-二氯乙烯	156-60-5	10	54	31	163
16	二氯甲烷	75-09-2	94	616	300	2 000
17	1,2-二氯丙烷	78-87-5	1	5	5	47

续表

序号	污染物项目	CAS编号	筛选值		管制值	
			第一类用地	第二类用地	第一类用地	第二类用地
18	1,1,1,2-四氯乙烷	630-20-6	2.6	10	26	100
19	1,1,2,2-四氯乙烷	79-34-5	1.6	6.8	14	50
20	四氯乙烯	127-18-4	11	53	34	183
21	1,1,1-三氯乙烷	71-55-6	701	840	840	840
22	1,1,2-三氯乙烷	79-00-5	0.6	2.8	5	15
23	三氯乙烯	79-01-6	0.7	2.8	7	20
24	1,2,3-三氯丙烷	96-18-4	0.05	0.5	0.5	5
25	氯乙烯	75-01-4	0.12	0.43	1.2	4.3
26	苯	71-43-2	1	4	10	40
27	氯苯	108-90-7	68	270	200	1 000
28	1,2-二氯苯	95-50-1	560	560	560	560
29	1,4-二氯苯	106-46-7	5.6	20	56	200
30	乙苯	100-41-4	7.2	28	72	280
31	苯乙烯	100-42-5	1 290	1 290	1 290	1 290
32	甲苯	108-88-3	1 200	1 200	1 200	1 200
33	间-二甲苯+对-二甲苯	108-38-3, 106-42-3	163	570	500	570
34	邻-二甲苯	95-47-6	222	640	640	640
半挥发性有机物						
35	硝基苯	98-95-3	34	76	190	760
36	苯胺	62-53-3	92	260	211	663
37	2-氯酚	95-57-8	250	2 256	500	4 500
38	苯并[a]蒽	56-55-3	5.5	15	55	151
39	苯并[a]芘	50-32-8	0.55	1.5	5.5	15
40	苯并[b]荧蒽	205-99-2	5.5	15	55	151
41	苯并[k]荧蒽	207-08-9	55	151	550	1 500
42	䓛	218-01-9	490	1 293	4 900	12 900
43	二苯并[a,h]蒽	53-70-3	0.55	1.5	5.5	15
44	茚并[1,2,3-cd]芘	193-39-5	5.5	15	55	151
45	萘	91-20-3	25	70	255	700

[a] 具体地块土壤中污染物检测含量超过筛选值,但等于或者低于土壤环境背景值水平的,不纳入污染地块管理。土壤环境背景值可见表5-8

表 5-7　建设用地土壤污染风险筛选值和管制值(其他项目)　　mg/kg

序号	污染物项目	CAS 编号	筛选值		管制值	
			第一类用地	第二类用地	第一类用地	第二类用地
重金属和无机物						
1	锑	7440-36-0	20	180	40	360
2	铍	7440-41-7	15	29	98	290
3	钴	7440-48-4	20[a]	70[a]	190	350
4	甲基汞	22967-92-6	5.0	45	10	120
5	钒	7440-62-2	165[a]	752	330	1 500
6	氰化物	57-12-5	22	135	44	270
挥发性有机物						
7	一溴二氯甲烷	75-27-4	0.29	1.2	2.9	12
8	溴仿	75-25-2	32	103	320	1 030
9	二溴氯甲烷	124-48-1	9.3	33	93	330
10	1,2-二溴乙烷	106-93-4	0.07	0.24	0.7	2.4
半挥发性有机物						
11	六氯环戊二烯	77-47-4	1.1	5.2	2.3	10
12	2,4-二硝基甲苯	121-14-2	1.8	5.2	18	52
13	2,4-二氯酚	120-83-2	117	843	234	1 690
14	2,4,6-三氯酚	88-06-2	39	137	78	560
15	2,4-二硝基酚	51-28-5	78	562	156	1 130
16	五氯酚	87-86-5	1.1	2.7	12	27
17	邻苯二甲酸二(2-乙基己基)酯	117-81-7	42	121	420	1 210
18	邻苯二甲酸丁基苄酯	85-68-7	312	900	3 120	9 000
19	邻苯二甲酸二正辛酯	117-84-0	390	2 812	800	5 700
20	3,3'-二氯联苯胺	91-94-1	1.3	3.6	13	36
有机农药类						
21	阿特拉津	1912-24-9	2.6	7.4	26	74
22	氯丹[b]	12789-03-6	2.0	6.2	20	62
23	p,p'-滴滴滴	72-54-8	2.5	7.1	25	71
24	p,p'-滴滴伊	72-55-9	2.0	7.0	20	70
25	滴滴涕[c]	50-29-3	2.0	6.7	21	67
26	敌敌畏	62-73-7	1.8	5.0	18	50
27	乐果	60-51-5	86	619	170	1 240
28	硫丹[d]	115-29-7	234	1 687	470	3 400
29	七氯	76-44-8	0.13	0.37	1.3	3.7
30	α-六六六	319-84-6	0.09	0.3	0.9	3
31	β-六六六	319-85-7	0.32	0.92	3.2	9.2

续表

序号	污染物项目	CAS 编号	筛选值		管制值	
			第一类用地	第二类用地	第一类用地	第二类用地
32	γ-六六六	58-89-9	0.62	1.9	6.2	19
33	六氯苯	118-74-1	0.33	1	3.3	10
34	灭蚁灵	2 385-85-5	0.03	0.09	0.3	0.9
多氯联苯、多溴联苯和二噁英类						
35	多氯联苯(总量)[e]	—	0.14	0.38	1.4	3.8
36	3,3′,4,4′,5-五氯联苯(PCB 126)	57 465-28-8	4×10^{-5}	1×10^{-4}	4×10^{-4}	1×10^{-3}
37	3,3′,4,4′,5,5′-六氯联苯(PCB 169)	32 774-16-6	1×10^{-4}	4×10^{-4}	1×10^{-3}	4×10^{-3}
38	二噁英类(总毒性当量)	—	1×10^{-5}	4×10^{-5}	1×10^{-4}	4×10^{-4}
39	多溴联苯(总量)	—	0.02	0.06	0.2	0.6
石油烃类						
40	石油烃($C_{10}\sim C_{40}$)	—	826	4 500	5 000	9 000

[a] 具体地块土壤中污染物检测含量超过筛选值,但等于或者低于土壤环境背景值水平的,不纳入污染地块管理。土壤环境背景值可见表5-8。
[b] 氯丹为α-氯丹、γ-氯丹两种物质含量总和。
[c] 滴滴涕为$o,p′$-滴滴涕、$p,p′$-滴滴涕两种物质含量总和。
[d] 硫丹为α-硫丹、β-硫丹两种物质含量总和。
[e] 多氯联苯(总量)为 PCB 77、PCB 81、PCB 105、PCB 114、PCB 118、PCB 123、PCB 126、PCB 156、PCB 157、PCB 167、PCB 169、PCB 189 十二种物质含量总和

表 5-8 各主要类型土壤中砷、钴、钒的背景值

土壤类型	砷背景值/($mg\cdot kg^{-1}$)
绵土、篓土、黑垆土、黑土、白浆土、黑钙土、潮土、绿洲土、砖红壤、褐土、灰褐土、暗棕壤、棕色针叶林土、灰色森林土、棕钙土、灰钙土、灰漠土、灰棕漠土、棕漠土、草甸土、磷质石灰土、紫色土、风沙土、碱土	20
水稻土、红壤、黄壤、黄棕壤、棕壤、栗钙土、沼泽土、盐土、黑毡土、草毡土、巴嘎土、莎嘎土、高山漠土、寒漠土	40
赤红壤、燥红土、石灰(岩)土	60
白浆土、潮土、赤红壤、风沙土、高山漠土、寒漠土、黑垆土、黑土、灰钙土、灰色森林土、碱土、栗钙土、磷质石灰土、篓土、绵土、莎嘎土、盐土、棕钙土	20
暗棕壤、巴嘎土、草甸土、草毡土、褐土、黑钙土、黑毡土、红壤、黄壤、黄棕壤、灰褐土、灰漠土、灰棕漠土、绿洲土、水稻土、燥红土、沼泽土、紫色土、棕漠土、棕壤、棕色针叶林土	40
石灰(岩)土、砖红壤	70

续表

土壤类型	砷背景值/(mg·kg^{-1})
磷质石灰土	10
风沙土、灰钙土、灰漠土、棕漠土、篓土、黑垆土、灰色森林土、高山漠土、棕钙土、灰棕漠土、绿洲土、棕色针叶林土、栗钙土、灰褐土、沼泽土	100
莎嘎土、黑土、绵土、黑钙土、草甸土、草毡土、盐土、潮土、暗棕壤、褐土、巴嘎土、黑毡土、白浆土、水稻土、紫色土、棕壤、寒漠土、黄棕壤、碱土、燥红土、赤红壤	200
红壤、黄壤、砖红壤、石灰(岩)土	300

任务5.5 土壤污染的危害

5.5.1 对植物的毒害及农产品安全危机

大量研究结果表明，陆地生态系统中主要的有机污染物与无机污染物可以被植物吸收累积。例如，DDT、阿特拉津、氯苯类、多氯联苯、氨基甲酸酯、多环芳烃等有机污染物及众多的重金属均可被植物吸收和累积。

进入土壤－植物系统的许多污染物是可溶性的，可以通过作物根系吸收进入植物体内。植物对土壤污染物的迁移和归宿起着至关重要的作用：一方面，植物可以吸收、累积甚至消化污染物；另一方面，植物根系的分泌物对无机污染物的吸附与解吸、对有机污染物的降解有着重要的影响。

农作物基本生长在土壤上，如果土壤被污染了，污染物就通过农作物的吸收作用进入植物体内，并可长期累积富集。当污染物含量达到一定数量时，就会影响农作物的产量和品质。进入土壤的污染物，如果浓度不大，植物具有一定的忍耐和抵抗能力；当达到一定的浓度时，农作物就会产生一定的反应。在各种危害症状出现之前，农作物的各种代谢过程就已经发生紊乱，导致生长发育受阻，产量、品质下降，同时本身含有的污染物通过食物链进入人畜体内。

土壤污染危害分为两种情况：一是反映在农作物的减产或者农产品品质的降低，即当有毒有害物质在可食用部分的累积量尚处于食品卫生标准允许限量以下时，农作物的主要表现为明显减产或者是品质明显降低；二是反映在可食用部分有毒有害物质累积量已经超过允许限量，但农产品的产量却没有明显下降或者不受影响。因此，当污染物进入土壤后其浓度超过了农作物需要和可忍受的程度，而表现出受害症状或者农作物生长并未受到损害，但产品中某种污染物含量超过标准，造成对人畜的危害。

重金属对植物的危害在一定程度上取决于其有效态含量。土壤不仅具有使易溶性化合物转化为难溶性化合物而阻止污染物作用的能力，而且还具有使重金属难溶性化合物在一定条件下转变为易溶性化合物的活化能力。重金属有效态与全量之间有明显的正相关性，这种相关程度(As＞Cu＞Cd＞Pb)可以由土壤中重金属全量与有效态含量的相关分析得出结论。重金属的主要组分为残渣态(矿物态)，总量和残渣态重金属有很好的相关性。

通常，引起农产品安全危机的主要原因有三个方面：一是由于土壤污染，致使农作物吸收了土壤中的污染物而在农产品中的积累；二是由于污染物的存在导致对微量营养元素的拮抗效应；三是目前食品加工过程中污染的发生及有益元素的损失。农业生产的各种经验与教训告诉人们，现在使用大量化学肥料、农药的土地所种植的农作物，只提高了生产量，却无法补偿对土壤健康的损害，无法补偿农作物品质下降带来的损失。农药、化肥残留超标等农产品安全问题以及对人体健康和出口贸易的影响，已引起人们的高度重视。我国是农药、兽药和化肥生产与使用大国，许多农药具有高毒性和高污染性。长期以来由于农药的大量和不合理使用，造成了严重的农产品污染，以及对环境和地下水的污染。

5.5.2 对动物的毒害及生态安全危机

污染导致土壤原生动物群落组成和结构发生明显变化。由于受污染因素的影响，污染土壤中原生动物群落结构要比对照土壤中的简单得多。马正学等对甘肃省成县铅锌矿周围污染土壤的研究结果表明，铅锌矿采矿废物污染导致土壤原生动物群落组成和结构发生显著变化。在污染胁迫下，自然群落中那些对污染物及其浓度敏感性不高的耐污类群和种类由于适应了污染环境条件，不但能继续生存，而且能在一定条件下大量繁殖而呈现出优势。相反，那些在自然群落中呈现优势的类群和种类，由于其对污染物及其浓度的高度敏感性，或者死亡消失，或者即使其不消失，但也不能很好生长和繁殖。研究结果表明，腐生波豆虫和梅氏扁豆虫可以作为铅锌类污染土壤环境的指示种类。

蚯蚓作为土壤动物区系的重要代表类群，具有改良土壤、增进土壤肥力的作用，同时，在食物链中是陆生生物和土壤生物之间的桥梁。随着现代农业的发展，大量的农用化学品进入土壤环境，对蚯蚓的生长、繁殖与生存等产生各种不利影响，从而导致土壤生态系统功能的下降。因此，研究农用化学品对蚯蚓的毒性，是评价这些化学品对环境安全性的重要指标。蚯蚓生态毒理学是指利用蚯蚓作为载体对可能造成土壤环境污染的化学物质进行测试，并根据这些化学物质对蚯蚓的毒害程度来评价其可能对生态系统及其组分的危害程度。

5.5.3 土壤微生物的影响

土壤微生物是维持土壤生物活性的重要组分，它们不仅调节着土壤动植物残体和土壤有机物质，以及其他有害化合物的分解、生物化学循环和土壤结构的形成等过程，且对外界干扰比较灵敏。微生物活性和群落结构的变化能敏感地反映出土壤质量与健康状况，是土壤环境质量评价不可缺少的重要生物学指标。

土壤中污染物会对土壤生物类型、生物数量、生物活性、土壤酶系及土壤呼吸和代谢等作用产生较大影响，危及土壤生态系统的正常结构、功能与平衡。污染物对土壤微生物的影响比较复杂，取决于土壤组成和性质等多种环境因素。由于不同种类微生物对污染物的吸收和代谢途径上的差异,对一种微生物具有抑制作用的污染物对另一种污染物的生长却可能产生刺激作用。在土壤环境中,污染物对微生物的影响主要表现在以下几个方面。

1. 对土壤微生物数量的影响

污染物对土壤微生物的毒性作用是膜结构的破坏和细胞生命代谢的抑制等方面,细胞的生长和分裂因此受到延迟或终止,所以污染物对土壤微生物的影响首先表现为微生物数量的变化。这种影响作用的大小取决于污染物和微生物的种类,并受到土壤环境状况的制约。

不同类型的污染物对土壤微生物有不同的影响,污染物对土壤微生物数量的影响比较复杂,规律不明显。

2. 对土壤微生物群落和多样性的影响

微生物数量是土壤微生物研究的基础指标,能够有效反映土壤综合生态环境特征。在污染物的胁迫下,土壤微生物群落结构也会发生相应的变化,诱导优势种发生改变,同时还使微生物多样性降低。

3. 对土壤酶的影响

土壤酶的水平和微生物的活性密切相关,所以,根据污染胁迫条件下土壤酶水平的变化可以判定污染物对微生物活性的影响。例如,油对土壤脲酶有明显的抑制作用,对蔗糖酶、过氧化氢酶、蛋白酶的抑制作用较小。石油烃类的存在与土壤蔗糖酶的活性密切相关,石油烃的残留量减少,土壤蔗糖酶的活性也降低。

4. 对硝化和反硝化作用的影响

污染物对土壤微生物的影响在硝化和反硝化作用上也有所体现。土壤中进行硝化和反硝化的微生物种类繁多,不同种类微生物对污染物胁迫作用的反应不同,不同类型污染物对微生物的毒性也相差很大。因此,污染物对土壤硝化和反硝化作用的影响受到微生物种类、污染物种类及土壤环境因素的制约。研究发现,施用的农药有20%~70%长期残留在土壤中。残留农药对土壤中的硝化细菌、根瘤菌和根际微生物影响较大。

5. 对土壤呼吸作用的影响

污染物对土壤微生物的呼吸作用因为污染物和微生物种类的不同而有所差别。杀虫剂对呼吸作用几乎没有抑制作用,在一定条件下甚至起到促进作用。有研究发现,土壤微生物的氧气消耗速率随着有机磷浓度的增加而增加,大多数农药对土壤微生物活性影响较大,多数情况下表现为对土壤呼吸作用、硝化作用、氨化作用等产生暂时的抑制作用。广谱杀真菌剂能在短时间内强烈抑制土壤呼吸作用,但是在经过一段时间后,随着土壤中污染物浓度的降低,土壤呼吸作用可以较快恢复。

5.5.4 对人体健康的冲击及疾病发生

污染物在被污染的土壤中迁移转化进而影响人体的健康,主要通过"气→水→土→植物—食物链"途径。有害物质通过土壤动物和土壤微生物参与食物链,最终进入人类食物链，所以，土壤是污染物进入人体食物链的主要环节。作为人类主要食物来源的粮食、蔬菜和畜牧产品等都直接或间接来自土壤，污染物在土壤中的富集必然引起食物污染，进而危害人体的健康。

人体中有多种必需的化学元素，如果因外界因素的影响，缺少或者增加某些元素时，就会引发各种疾病。如钾、钠、钙、镁是细胞中阳离子的组成部分，缺少时人体的代谢作用就会受到严重的影响，导致代谢紊乱；铁是血红蛋白的重要组成部分，缺铁就会引发贫血症；缺硒会导致肝功能受到损害；缺碘会造成甲状腺肿大；缺氟会导致牙釉质受到腐蚀造成龋齿等。

一些人体需要量极小或者不需要的元素，摄取量达到一定程度会造成毒害作用，特别是汞、镉、铅、砷等毒性较强的元素。这些有害物质污染土壤后，人们通过食物链不断摄取这些有害物质在体内累积到一定数量时逐渐产生毒害症状。许多有毒污染物可引起致癌、致畸、致突变。污染物在随血液循环过程中，大部分与血红蛋白结合，同时分布在全身各器官中，脂溶性污染物如苯、腈、酚及其衍生物等在脂肪中大量累积。

5.5.5 生态系统水平上土壤污染危害

进入土壤环境中的污染物累积到一定水平时，其中的部分生物因为污染物的毒害作用表现出与正常环境条件下不同的生长特性，整个系统的物质循环和能量流动也表现出不同程度的变化。这时，污染物的浓度为其在生态系统中的有效临界浓度，这一临界值与在模拟系统条件下得到的单一污染物的临界浓度有所区别，自然生态系统中的温度、湿度、pH值的动态变化，以及共存污染物的协同或者拮抗作用使污染物与生物体的剂量-效应关系发生改变。

土壤污染物对生态系统的危害不仅包括对生物个体的毒性，还包括对种群、群落乃至整个生态系统的影响，生物病变、减产、死亡等现象，生物体遗传变异、种群数量的变化、群落组成的异常、生态系统组成与结构及功能的变化或损害等。污染物在不同的系统水平，可以表现出不同的污染效应结果。

在生态系统水平上，土壤污染还表现为生物多样性的降低，进而威胁着人类的生存安全。土壤中的污染物不但直接影响人体健康，而且以相同的方式影响其他生物的生存健康。这将导致物种减少，生物多样性下降，生态系统自我调节能力降低，人类赖以生存的生态环境受到威胁。

思考题

1. 土壤和土壤污染的基本概念是什么？
2. 土壤污染的危害有哪些？
3. 污染物如何在土壤中进行迁移和转化？
4. 土壤环境质量标准有哪些，对人们的生产、生活有什么作用？
5. 土壤的污染物种类及危害是什么？

项目6 物理性污染

知识目标
1. 了解噪声、电磁辐射、放射性、振动、光、热等污染基本概念;
2. 熟悉噪声、电磁辐射、放射性、振动、光、热等污染的特征;
3. 掌握噪声、电磁辐射、放射性、振动、光、热等污染的来源、分类;
4. 了解噪声、电磁辐射、放射性、振动、光、热等污染的危害。

能力目标
1. 能够分析噪声污染的来源;
2. 能够区分电磁污染的种类,分析电磁污染的来源;
3. 能够分析放射性污染的来源和类别。

素质目标
1. 培养学生树立以环境保护、维护生态安全为己任的强烈责任感;
2. 培养学生运用基础知识与技能勇于探索和积极创新的工作意识;
3. 培养学生在实践训练中团结协作的精神;
4. 培养学生运用辩证方法分析和解决问题的能力。

任务6.1 噪声污染及其危害

6.1.1 噪声污染

随着人类科技水平的发展及生活与生产活动的频繁和多样化,在建筑施工、工业生产、交通运输和社会生活中产生了许多影响人们生活环境的声音,这些不需要的声音称为环境噪声。从物理学的观点来看,噪声是振幅和频率杂乱断续或统计上无规则的声振动。从生理学观点来看,凡是妨碍和干扰人们正常工作、学习、休息、睡眠、谈话与娱乐等的声音,即不需要的声音,统称为噪声。为贯彻《中华人民共和国环境噪声污染防治法》,防治噪声污染,《声环境质量标准》(GB 3096—2008)规定了五类声环境功能区的环境噪声限值,以保障城乡居民正常生活、工作和学习的声环境质量。五类声环境功能区环境噪声标准见表6-1。

表6-1 环境噪声限值   dB(A)

声环境功能区类别	时段	
	昼间	夜间
0类	50	40

续表

声环境功能区类别		时段	
		昼间	夜间
1类		55	45
2类		60	50
3类		65	55
4类	4a类	70	55
	4b类	70	60
注：按区域的使用功能特点和环境质量要求，声环境功能区分为以下五种类型： (1)0类声环境功能区：指康复疗养区等特别需要安静的区域。 (2)1类声环境功能区：指以居民住宅、医疗卫生、文化教育、科研设计、行政办公为主要功能，需要保持安静的区域。 (3)2类声环境功能区：指以商业金融、集市贸易为主要功能，或者居住、商业、工业混杂，需要维护住宅安静的区域。 (4)3类声环境功能区：指以工业生产、仓储物流为主要功能，需要防止工业噪声对周围环境产生严重影响的区域。 (5)4类声环境功能区：指交通干线两侧一定距离之内，需要防止交通噪声对周围环境产生严重影响的区域，包括4a类和4b类两种类型。4a类为高速公路、一级公路、二级公路、城市快速路、城市主干路、城市次干路、城市轨道交通(地面段)、内河航道两侧区域；4b类为铁路干线两侧区域			

噪声污染与大气污染、水污染不同，其特点如下：

(1)噪声污染是局部的、多发性的，除飞机噪声等特殊情况外，一般声源到受害者的距离很近，不会影响很大的区域。

(2)噪声污染是物理性污染，没有污染物，也没有后效作用，即噪声不会残留在环境中。一旦声源停止发声，噪声也消失。

(3)与其他污染相比，噪声的再利用问题很难解决。目前所能做到的是利用机械噪声进行故障诊断。如将对各种运动机械产生噪声水平和频谱的测量与分析，作为评价机械机构完善程度和制造质量的指标之一。

环境噪声已成为污染人类社会环境的公害之一，是与水、空气污染并列的三大污染物质。

6.1.2 环境噪声的来源

1. 交通噪声

交通噪声是汽车、拖拉机、摩托车、飞机、火车等交通工具在行驶中产生的，对环境冲击最强。城市噪声中有2/3以上由交通运输产生。随着城市高架轨道交通的发展，其噪声污染已引起各方面的关注。城市机动车噪声产生的原因除机动车本身构造上的问题外，道路宽度、道路坡度、道路质量、车速、车种、交通量等也是产生噪声的因素。

2. 工业噪声

工业噪声是指工业企业在生产活动中使用固定的生产设备或辅助设备所产生的噪声污染。这类噪声不仅直接给生产工人带来危害，也影响附近居民。普查结果表明，我国有些工厂的生产噪声在 90 dB(A)左右,有的超过 100 dB(A),如空压机(115 dB)、印刷机(97 dB)、纺织机(105 dB)、电锯(100 dB)、锻压、铆接等。我国约有 20%的工人暴露在听觉受损的强噪声中,工业噪声污染问题比较突出。

3. 建筑施工噪声

建筑施工噪声主要是各种建筑机械工作时产生的噪声。这类噪声虽是临时的、间歇性的,但在居民区施工时对人们的生理和心理损害很大。如打桩机、空压机等大型建筑设备在运转时噪声均高达 100 dB(A)以上。

4. 社会生活噪声

社会活动噪声主要由商业、娱乐歌舞厅、体育及游行和庆祝活动等产生。在家庭生活中家用电器(如洗衣机、电视机、电冰箱等)引起的噪声,繁华街道上人群的喧哗声,还有广场舞、社区活动等产生的噪声,都属于社会生活噪声。这是影响城市声环境最广泛的噪声来源。据环境监测表明,我国有近 2/3 的城市居民在噪声超标的环境中生活和工作。

6.1.3 噪声污染的危害

1. 噪声的生理效应

噪声对人体间接的生理效应是诱发多种疾病。噪声作用于中枢神经系统会使大脑皮层的兴奋和抑制失调,造成失眠、疲劳、头痛和记忆力衰退等神经衰弱症。噪声可引起肠胃机能紊乱、消化液分泌异常和胃酸度降低等,导致胃病及胃溃疡。噪声还会对心血管系统造成损害,引起心跳加快、心律不齐、血管痉挛和血压升高,严重的可能导致冠心病和动脉硬化。

接触强烈噪声的妇女,其妊娠呕吐的发生率和妊娠高血压综合征的发生率都比较高,而且噪声使母体产生紧张反应,引起子宫血管收缩,影响供给胎儿发育所必需的养料和氧气。噪声还可导致女性性机能紊乱、月经失调、流产及早产等。国外某国家曾对孕妇普遍发生流产和早产的某地区做了调查,结果发现她们居住在一个飞机场的周围,祸首正是飞机起飞和降落时所产生的巨大噪声。

噪声对儿童的身心健康危害更大。医学专家研究认为,家庭室内噪声是造成儿童聋哑的主要原因之一。据统计若在 85 dB 以上噪声中生活耳聋者可达 50%。除此之外,噪声还可使少儿的智力发展缓慢。

2. 噪声的心理效应

噪声的心理效应是噪声对人们行为的影响。吵闹的噪声使人厌烦、精神不易集中、影响工作效率、妨碍休息和睡眠等,尤其对那些要求注意力高度集中的复杂作业和从事脑力劳动的人影响更大。强噪声还易分散人们的注意力,掩蔽交谈和危险信号,导致工伤事故的发生。

3. 噪声对对听力的影响

耳是人的听觉和位觉(平衡感觉)器官。它由外耳、中耳和内耳三部分组成。外耳的作用是收集声波，并将声波传至鼓膜，引起鼓膜振动；中耳内三块彼此相连的听小骨（锤骨、砧骨和镫骨）将鼓膜的振动传至内耳；内耳的听觉神经受到刺激后产生振动信号，并将振动信号传送给大脑，使人产生听觉和位觉。当人们听觉器官受到强烈的噪声刺激时，就会发生听力障碍，严重时造成听力损伤。

听力损伤可分为暂时性听力损伤和永久性听力损伤。大量调查和试验表明，当人们长期工作在有噪声存在的环境中时，听力是否受到损伤及损伤的程度与噪声的声压级和与噪声的接触时长有关。一般来说，人们在噪声声压级小于 80 dB 的环境中长期工作，不会造成耳聋。噪声声压级超过 90 dB 时，随着声压级的增加以及与噪声接触时间的延长，噪声性耳聋的发病率明显提高。国际标准化组织曾规定，暴露在强噪声下，对 500 Hz、1 000 Hz 和 2 000 Hz 三个频率的平均听力损失超过 25 dB，则称为噪声性耳聋。

实际生活中经常发生这样的情况，有人在短时间内接触了噪声，立刻出现头晕、耳鸣、听力下降等身体不适症状；但离开强噪声环境一段时间之后，这些症状消失，身体又恢复了正常。这是因为人的听力变化有听力损失的过程。衡量听力损失的量是听力阈级。阈级越高，听力损失的程度越大。由噪声引起的阈级提高，称为噪声性阈迁移。阈迁移分为暂时性阈迁移和永久性阈迁移。离开噪声环境，经过一段时间休息，听力可以恢复的听力损伤称为暂时性听力损伤，听力损失的过程是一个暂时性阈迁移过程。但如果在强噪声环境中暴露时间过长，离开噪声环境后，经休息听力不能恢复，则发生了永久性听力损伤，听力损失的过程为永久性阈迁移。

噪声对人耳的伤害主要发生在中耳和内耳两个部分。例如，内耳听觉神经受损，鼓膜穿孔，中耳听小骨骨折等。

4. 噪声对动物的影响

噪声可引起动物的听觉器官、内脏器官和中枢神经系统的病理性改变与损伤。研究噪声对动物的影响具有实践意义。由于强噪声对人的影响无法直接进行试验观察，因此常用动物进行试验获取资料以判断噪声对人体的影响。喷气飞机的噪声可使鸡群发生大量死亡；强噪声会使鸟类羽毛脱落，不生蛋，甚至发生内脏出血；工业噪声环境下饲养的兔子，其胆固醇比正常情况下要高得多；强烈的噪声使奶牛不再产奶，而给奶牛播放轻音乐后，牛奶的产量可大大增加。

5. 强噪声对建筑物和仪器设备的影响

一般噪声对建筑物的影响比较小，但火箭发射声、低飞的飞机声等特强噪声对建筑物可造成一定的损害。试验表明，当噪声强度达到 140 dB 时，对建筑物的轻型结构开始有破坏作用；150 dB 以上的噪声，可使玻璃破碎、建筑物产生裂缝、金属结构产生裂纹和断裂现象；160 dB 以上，可导致墙体震裂甚至倒塌。

强噪声可使电子元器件和仪器设备受到干扰、失效甚至损坏。干扰是指仪器在噪声场中使内部电噪声增大，严重影响仪器的正常工作。声失效是指电子器件或设备在高强度噪声场作用下特性变坏以至不能工作，但当高声强条件消失后，其性能仍能恢复。声损坏则大多是声场激发的振动传递到仪表而引起的破坏。通常，噪声超过 135 dB 就会对电子元器件和仪器设备造成损害。

任务6.2 电磁辐射污染

6.2.1 电磁辐射污染的概念

电磁辐射污染是指各种天然的和人为的电磁波干扰与有害的电磁辐射。电磁波是电场和磁场周期性变化产生波动通过空间传播的一种能量,也称为电磁辐射。利用这种辐射可以造福人类,如无线通信、广播电视信号的发射及在工业、科研、医疗系统中的应用。但是,电磁波又同时给环境带来了不利的影响,起着"电子烟雾"的作用。在环境保护研究中认定,当射频电磁场达到足够强度时,会对人体机能产生一定的破坏作用。因此,涉及各行各业的电磁辐射已经成为继大气污染、水污染、固体废物污染和噪声污染后的又一重要污染。

6.2.2 电磁辐射污染源的种类

电磁辐射污染源包括天然电磁辐射污染源与人为电磁辐射污染源两类。

1. 天然电磁辐射污染源

天然电磁辐射是由某些自然现象引起的,最常见的是雷电。另外,火山喷发、地震、太阳黑子活动引起的磁暴、太阳辐射、电离层的变动、新星大爆发和宇宙射线等都会产生电磁波,可在广大地区从几千赫到几百兆赫以上极宽频率范围内产生严重电磁干扰。

2. 人为电磁辐射污染源

环境中的电磁辐射主要来自人为电磁辐射源,主要产生于人工制造的电子设备和电气装置。按频率不同划分如下:

(1)以脉冲放电为主的放电型场源。如切断大电流电路时产生火花放电,其瞬时电流变率很大,会产生很强的电磁干扰。

(2)以大功率输电线路为主的工频、交变电磁场。如大功率电机、变压器以及输电线等会在近场区产生严重的电磁干扰。

(3)无线电等射频设备工作时产生的射频场源。如无线电广播与通信等射频设备的辐射,频率范围宽,影响区域较大,对近场区的工作人员可造成较大危害。射频电磁辐射已经成为电磁污染环境的主要因素。

人为电磁辐射污染源分类见表6-2。

表6-2 人为电磁辐射污染源分类

分类		设备名称	污染来源与部件
放电所致污染源	电晕放电	电力线(送配电线)	高电压、大电流引起的静电感应,电磁感应,大地泄漏电流
	辉光放电	放电管	白灯光、高压水银灯及其他放电管
	弧光放电	开关、电气管道、放电管	点火系统、发电机、整流装置等
	火花放电	电气设备、发动机、冷藏车、汽车	整流器、发电机、放电管、点火系统

续表

分类	设备名称	污染来源与部件
工频辐射场源	大功率输电线、电气设备、电气管道	高电压、大电流的电力线场电气设备
射频辐射场源	无线电发射机、雷达	广播、电视与通信设备的振荡与发射系统
	高频加热设备、热合机、微波干燥机	工业用射频利用设备的工作电路与振荡系统
	理疗机、治疗机	医学用射频利用设备的工作电路与振荡系统

6.2.3 电磁辐射污染的危害

一般认为，电磁辐射污染有三种危害，即对人体健康的危害、干扰危害和引爆引燃的危害。

1. 对人体健康的危害

生物机体在射频电磁场的作用下，可以吸收一定的辐射能量，并因此产生一定的生物效应，这种效应主要表现为热效应。当射频电磁场的辐射强度被控制在一定范围内时，可对人体产生良好的作用，如用理疗机治病。但当超过一定范围时，则会破坏人体的热平衡，对人体产生危害。不同频段的电磁辐射，在大强度与长时间作用下，对人体产生下述病理危害：

（1）处于中、短波频段电磁场(高频)的人员，经过一定时间的暴露，将产生身体的不适感，严重者可引起神经衰弱与反映在心血管系统的自主神经失调。但这些症候在脱离作用区一定时间后即可消失，不形成永久性损伤。

（2）处于超短波与微波电磁场中的作业人员与居民，其受害程度比中、短波严重。尤其微波的危害更严重。频率在 300 MHz 以上的电磁波作用在人体上，其辐射能使机体内分子与电解质偶极子产生强烈射频振荡，产生摩擦热能，从而引起机体升温。其作用后果将引起严重的神经衰弱症状，最突出的是造成自主神经紊乱。在高强度与长时间作用下，对视觉器官和生育机能都将产生显著不良影响。微波危害的一个显著特点是具有积累性，时间越长，次数越多越难恢复。

2. 干扰危害

电磁辐射对电磁敏感设备、仪器仪表均可产生干扰，其干扰途径有空间干扰和线路干扰两种。空间干扰是指在空间传播的电磁波可引起敏感设备的电磁感应和干扰电磁噪声。所谓线路干扰就是共用一个电源，即射频设备或其他产生干扰波的设备与干扰的设备共用一个电源时，或它们之间有电器连接时，干扰波就可通过电源线传播而形成干扰。此外，信号的输入/输出电路、控制电路等也能够在强电场中拾取干扰信号，并将所拾取到的干扰信号进行传播。

3. 引爆引燃的危害

(1) 对武器弹药的危险性。高频电磁辐射场强能够使导弹制导系统控制失灵；可使电爆管的效应提前或滞后；可使金属器件与金属器件互相碰撞时打火而引起火药的燃烧或爆炸等重大事故，危及人的生命财产安全。

(2) 对可燃性油类与气体的危险性。在某些场所一些可燃性油类或者可燃性气体，常发生燃烧或爆炸。是因为其周围有较强大的电磁辐射。这种较强的电磁辐射能引起金属感应电压，当金属器材接触或碰撞时，会产生金属打火，从而引起可燃性气体、可燃性油类的燃烧，以至爆炸。

任务 6.3　放射性污染

6.3.1　放射性废物的概念

放射性废物又称核废物，是指任何含有放射性核素或被放射性核素污染，其放射性浓度或者比活度大于国家确定的清洁解控水平，预期不再使用的废弃物。放射性废物以其具有较高放射性、放射毒性和化学毒性区别于其他非放射性有害废物，部分放射性废物还具有发热、易燃、易爆、释放有害气体等性质。放射性废物的这些特征决定了其管理方式的特殊性，不能用处理"三废"的常规工艺来处理。

自放射性废物产生后对其进行的处理、处置、安全评价和有关目标、政策的制订等活动，称作放射性废物管理。放射性废物管理主要包括放射性废物处理与处置两个方面。放射性废物处理主要包括废物的控制产生、分类收集、净化、浓缩、压缩、焚烧（减容）、固化、包装和暂存等环节，旨在尽量减小废物数量和体积，并将其加工成适用于最终处置的适当形式；放射性废物处置则是将放射性废物以固化体的形式，在保证安全地与生物圈隔离条件下，长期或永久处置，并不得回取。

6.3.2　放射性废物的产生与分类

1. 放射性废物的产生

自1896年发现放射性现象以来，便开始有人工放射性废物产生。随核武器的生产和核电的迅速发展，全球放射性废物数量急剧增长。安全处置核废物已成为保护人类环境的重要研究课题和措施之一。核电厂的是当今世界核废物的重要来源之一。

放射性废物主要来自核燃料循环中产生的放射性废物及非核燃料循环中产生的放射性废物，主要包括铀矿开采和铀矿石水冶；铀富集和核燃料元件制造；核反应堆运行；乏燃料后处理；制造和试验核武器；医疗、教育、工业、农业等部门应用放射性物质；放射性同位素生产和应用；核设施退役。

2. 放射性废物的分类

迄今为止，国际上仍无统一的放射性废物分类原则，各国普遍按放射性废物的物理状态、放射性水平、来源、所含放射性核素的半衰期等不同，将放射性废物分成若干类。

（1）按物理性状分类。按物理性状，放射性废物可分为放射性固体废物、放射性液体废物和放射性气载废物。

（2）按放射性水平分类。放射性物质的放射性水平可用比活度（固体废物）和放射性浓度（气载废物、液体废物）表示。其物理意义为单位质量（固体）或单位体积（液体、气体）物质的放射性活度，度量单位为 Bq/kg、Bq/m^3 或 Bq/L。按照放射水平的不同，放射性废物可分为高放废物（High-level Radioactive Waste，HLW）、中放废物（Intermediate-level Radioactive Waste，ILW）和低放废物（Low-level Radioactive Waste，LLW）。

放射性废物的产生

（3）按放射性核素的半衰期分类。按放射性核素的半衰期不同，放射性废物可分为长寿命（或长半衰期）放射性核素、中等寿命（或中等半衰期）放射性核素和短寿命（或短半衰期）放射性核素。

（4）按来源分类。根据放射性废物的来源不同，可将放射性废物分为铀尾矿、退役废物、不予处理的乏燃料、包壳废物、军用废物和商业废物等。

（5）我国的放射性废物分类。2017 年 11 月，为加强放射性废物的安全管理，保护环境，保证工作人员和公众健康，根据《中华人民共和国放射性污染防治法》《中华人民共和国核安全法》和《放射性废物安全管理条例》关于放射性废物分类的规定，原环境保护部、工业和信息化部、国家国防科技工业局组织制定了《放射性废物分类》替代 1998 年发布的《放射性废物的分类》（HAD401/04）。

根据该标准，放射性废物可分为极短寿命放射性废物、极低水平放射性废物、低水平放射性废物、中水平放射性废物和高水平放射性废物五类。其中，极短寿命放射性废物和极低水平放射性废物属于低水平放射性废物范畴。

放射性废物分类体系概念示意如图 6-1 所示。横坐标为废物中所含放射性核素的半衰期，纵坐标为其活度浓度。放射性废物活度浓度越高，对废物包容和与生物圈隔离的要求就越高。豁免废物或解控废物不属于放射性废物。

3. 放射性污染的危害

（1）放射性物质进入人体的途径。放射性物质的照射途径有外照射和内照射两种。环境中的放射性物质和宇宙射线的照射，称为外照射；这些物质也可通过呼吸、食物或皮肤接触等途径进入人体，产生内照射。

经呼吸道进入人体的放射性物质，其吸收程度与气态物质的性质和状态有关，可溶性物质吸收快，经血液可流向全身；气溶胶粒径越大，在肺部的沉积越少。食入的放射性物质经胃肠吸收后，经肝脏进入血液分布到全身。伤口对可溶性的放射性物质吸收率极高。

不同的放射性物质进入人体后富集的组织也不同，如 ^{238}U（铀-238）主要富集于肾脏，^{131}I（碘-131）富集于甲状腺，^{32}P（磷-32）和 ^{90}Sr（锶-90）在骨骼中高度富集，^{137}Cs（铯-137）则均匀分布于全身。因此，放射性物质在人体内的持续照射会对某一种或几种器官造成集中损伤。

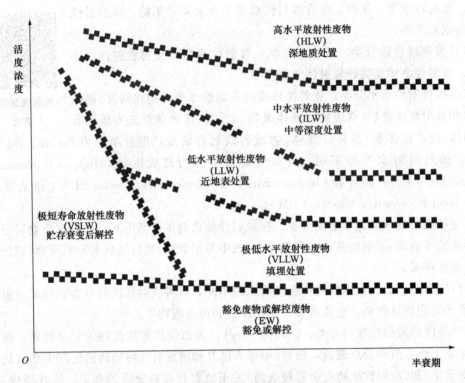

图 6-1 放射性废物分类体系概念示意

(2) 放射性的危害机理。放射性物质在衰变过程中放出的 α、β、γ 及中子等射线，具有较强的电离或穿透能力。这些射线或粒子被人体组织吸收后，会造成以下两类损伤：

①直接损伤：机体受到射线照射，吸收了射线的能量，其分子或原子发生电离，使机体内某些大分子结构，如蛋白质分子、脱氧核糖核酸（DNA）、核糖核酸（RNA）分子等受到破坏。若受损细胞是体细胞会产生躯体效应，若受损细胞是生殖细胞则引起遗传效应。

②间接损伤：射线先将体内的水分子电离，生成活性很强的自由基和活化分子产物，如 H^+（氢离子）、OH^-（氢氧根离子）、H_2O_2（过氧化氢）等这些自由基和活化分子再与大分子作用，破坏机体细胞及组织的结构。

(3) 放射性对人体的危害。放射性对人体的危害程度主要取决于所受辐照剂量的大小。短时间内受到大剂量照射时，会产生近期效应，使人出现恶心、呕吐、食欲减退、睡眠障碍等神经系统和消化系统的症状，还会引起血小板和白细胞降低、淋巴结上升、甲状腺肿大、生殖系统损伤，严重时会导致死亡。

近期效应康复后或低剂量照射后，由于放射性物质的残留或积累，数日、数年甚至数代后还会产生辐射损伤的远期效应，如致癌、白血病、白内障、寿命缩短、影响生长发育等，甚至对遗传基因产生影响，使后代身上出现某种程度的遗传性疾病。

任务 6.4　其他物理性污染

6.4.1　振动污染

1. 振动的定义

振动是自然界、生产和日常生活中常见的一种现象。它是指一个物体在其平衡位置附近做交替往复运动，围绕平均值或基准值从大变小，又从小变大，随时间而变化。引起机械振动产生的原因主要是旋转或往复运动部件的不平衡、磁力不平衡和部件的互相碰撞三个方面。

城市区域环境振动源主要有混合在居民区中的中小型工厂内工业设备和为居民生活设施配套的机械设备，道路交通、穿越城区的铁路以及地铁，城区建筑施工的机械设备等。

就机械设备而言，引起振动的原因主要有三个：一是旋转机械，如水泵、风机等，由于静态或动态不平衡所产生的不平衡力引起振动；二是往复机械，如内燃机或空压机等，由于本身不平衡引起振动；三是冲击力引起冲击振动，如打桩机、冲锻设备、剪板机等，这是一种瞬态作用力，是由突然作用力或反作用力引起的。

对于建筑结构来讲，主要振源是安装在建筑物内的辅助机械设备，另外，打桩机、地铁、工程机械、载重车辆也可能引起建筑物的振动，尤其当地基本身的固有频率被激励时更为严重。

2. 振动污染的危害

各种机器设备、运输工具会引起附近地面振动，并以波动形式传播到周围的建筑物，造成不同程度的环境振动污染。振动引起的环境公害日益受到人们的关注。

由振动引起的环境公害和污染有以下三个方面：

(1)振动对机器设备、仪器仪表和建筑结构的破坏。由振动引起的对机器设备、仪器仪表和建筑结构的破坏主要表现为干扰机器设备、仪表器械的工作条件，影响机器设备的加工精度和仪表器械的测试精度，削弱机器设备和建筑结构强度，降低使用寿命。在较强振源的长期作用下，建筑物会出现墙壁裂缝、基础下沉等现象。当振动振级超过 140 dB 时，有可能使建筑物倒塌。

(2)振动造成振动的环境污染，具体表现在以下几个方面：

①引起强烈的支撑面振动。调查表明，分散在居民区中的中小型工厂内机械设备如冲锻设备、加工机械、纺织机械等，以及为居民日常生活服务的机械设备，如锅炉引风机、鼓风机、水泵等，引起的地面振动振级大都在 75～130 dB。根据统计资料，环境振动振级达到或超过 70 dB，便可感觉到振动；超过 75 dB，便会有反感、烦恼等反应；85 dB 以上，将对人们的日常生活、工作带来严重干扰，进而损害身体健康。

②引起结构噪声。在建筑中，当机器设备产生的振动传递到基础、楼板、墙壁或相邻结构后，会引起它们的振动，以弹性波的形式沿着建筑结构传递到其他房间，使相邻的空气发生振动，并辐射声波，这称作结构噪声或固体声。由于固体声衰减慢，可以传

递到很远的地方，因此常常造成建筑结构内部各个楼层严重的振动和噪声环境污染。

③引起强烈的空气噪声。如冲床、锻床工作时产生强烈的地面振动和声级高达100 dB(A)以上的撞击噪声；又如织布机等纺织机械振动和撞击产生的声级约达95 dB(A)计权，从而造成相邻区域内振动和噪声环境污染。

(3)振动对人体的危害。振动常与噪声相结合作用于人体，严重影响人们的安静生活，降低工作效率，在某些情况下会严重影响人们的健康与安全。

振动按其对人体的影响，可分为全身振动与局部振动。前者是指振动通过支撑表面（如站着的脚、坐着的臀部或斜躺着的支撑面）传递到整个人体上，这种情况通常发生在运输工具上、振动着的建筑物中或工作的机器附近；后者是振动作用于人体的某些部位（如使用手持式气动、电动工具或是用手操作的机械设备）的振动，这种振动通过操作的手柄传到人的手和手臂系统，往往引起不舒适，降低工作效率及危害操作者的健康。

医学界研究表明，长期承受全身振动会引起视觉模糊、注意力不集中、头晕、脸色苍白、恶心、呕吐，直至完全丧失活动能力等，某些振动级和频率可能对人体内脏造成永久的损害。长期承受局部振动会引起肢端血管痉挛、末梢神经损伤。开始手指有间歇性地发麻与刺痛，慢慢地其中一个或几个手指尖开始缓慢变白并逐渐向指根发展，使手指或整个手掌变白，称为振动白指病，这是最常见的局部振动病。局部振动会殃及大脑与心脏，使大脑皮层功能下降，心脏心动过缓等。因此，局部振动对人体的影响，不仅局限于手臂系统，而是全身性的。

6.4.2 热污染

1. 热污染的定义

由于人类的各种活动，使局部环境或全球环境发生增温，并可能对人类和生态系统产生直接或间接、即时或潜在的危害，这种现象称为热污染。产生热污染的物质主要是在能源消耗和能量转换过程中向环境排放的大量化学物质及热蒸汽，能源没有被合理、有效的利用是造成热污染的根本原因。

2. 热污染的形成原因

(1)大气组成的改变。随着社会的发展和科技的进步，能源消耗在不断加剧，越来越多的二氧化碳、水蒸气等温室气体排入大气，改变了大气原有组成，产生了"温室效应"；氟氯烃等消耗臭氧层物质的排放，破坏了大气臭氧层，使太阳辐射增强，导致地球环境增温。

(2)地表状态的改变。森林、草原、农田等植被的破坏，大面积改变地面反射率，进而影响了地表与大气之间的热交换过程；城市化的发展与城市规划不合理引起了"热岛效应"。

(3)直接向环境排放热。工业生产、燃料燃烧、交通和日常生活中产生直接排入周围环境，导致局部环境热污染。例如，火力发电，燃料燃烧的能量只有40%转化为电能，12%的热量随烟气排放，48%的热量随冷却水进入水体；在核电站，只有33%的能耗转化为电能，其余67%变为废热排入水体。据统计，排入水体的热量中，有80%来自发电厂。

3. 热污染的危害

热污染主要对全球或区域性自然环境热平衡产生影响，使大气和水体产生增温效应。

但目前仍无法准确评估热污染造成的危害和潜在影响。

(1)大气热污染。大气中二氧化碳、水蒸气等温室气体的增加，使全球气温因"温室效应"不断升高。局部地区干旱、洪涝的频繁出现，暴雨、飓风、暖冬等异常气候现象的发生均与热污染有关。据世界卫生组织研究，由于气候变暖，每年直接造成16万人死亡。另外，大气升温必将对全球降水、生物种群分布和农业生产带来严重的影响。

气候变暖将导致海平面上升和海水升温，使大片海岸低洼地带被淹没，海水表面与深水温差发生变化，还可能出现如厄尔尼诺等一系列海洋学家至今未完全弄清楚的极端现象。

(2)水体热污染。水温升高可引起水的多种物理性质变化，其中最主要的是导致水中溶解氧的减少，使水质变坏。当淡水温度从10 ℃升至30 ℃时，溶解氧从11 mg/L降至8 mg/L左右。随着水温的升高，水生生物的代谢和有机物的降解速度不断加快，促进了溶解氧的消耗。同时，由于生物化学反应速率的提高，某些重金属和有毒物质的毒性得到加强，富集速度加快，加之溶解氧的减少，使鱼类的生存受到很大威胁。研究表明，温度每升高10 ℃，受害生物的存活时间减少约50%。

水温升高会增加水体中氮(N)、磷(P)的含量，加速水体富营养化。一些耐高温的蓝藻和绿藻等大量繁殖，进一步消耗了水中的溶解氧，导致鱼类无法生存。富营养化后的水体颜色昏暗、气味腥臭、味道异常，不但影响水的使用功能，还会使人畜中毒。

水温升高还有利于致病微生物的滋生和大量繁殖，给人体健康带来危害。1965年澳大利亚流行一种死亡率很高的脑膜炎，其根本原因就是电厂排放的热水引起的水体热污染，使适宜温水中生长的变形原虫大量繁殖，从而污染了饮用水源。

(3)城市"热岛效应"。在城市地区，由于人口集中，城市建设使大量的建筑物、混凝土代替了田野和植物，改变了地表反射率和蓄热能力，造成城区气温普遍高于周围郊区的现象，称为"热岛效应"。城区工业生产、交通运输和居民生活等排出的热量远远高于郊区农村，可形成温度高于周围地区1~6 ℃的现象。

在"热岛效应"的影响下，城市上空的云、雾增加，使有害气体、烟尘在市区上空累积，形成严重的大气污染。在城市高温区，空气密度小、气压低，容易产生气旋式上升气流，使周围各种废气和化学有害气体不断对市区进行补充，从而加重市区大气污染程度。在"热岛效应"的作用下，城市高温区的居民极易患上消化系统或神经系统疾病，此外，支气管炎、肺气肿、哮喘、鼻窦炎、咽炎等呼吸道疾病人数也有所增多。

6.4.3 光污染

1. 光污染的定义

人类活动造成的过量光辐射对人类生活和生产环境形成不良影响的现象称为光污染。

光对人类的居住环境、生产和生活至关重要。光污染是伴随着社会和经济的进步带来的一种污染，它对人们的健康的影响不容忽视。首先，带来视觉的偏差，损害人们的视力；其次，带来过量的紫外线、红外线，使人们患眼疾、皮肤病、心血管病等的概率增加；最后，若人们长期处于光污染环境中，并超过一定限度，就会使人体正常的"生物钟"被扰乱，使大脑中枢神经受到损害。

2. 光污染危害

科学上认为，光污染主要体现在波长在 100nm～1mm 的光辐射污染，即可见光污染、红外线(Infrared Radiation，IR)污染和紫外线(Ultraviolet，UV)污染。

(1)可见光污染。

①强光污染。电焊时产生的强烈眩光，在无防护情况下会对人眼造成伤害；汽车头灯的强烈灯光，会使人视物极度不清，造成事故；长期工作在强光条件下，视觉受损；光源闪烁，如闪动的信号灯、电视中快速切换的画面，可引发视疲劳、偏头疼及心动过速等。

②灯光污染。城市夜间灯光不加控制，使夜空亮度增加，影响天文观测；路灯控制不当或工地聚光灯照进住宅，影响居民休息。另外，人们每天用的人工光源——灯，也会损伤眼睛。研究表明，普通白炽灯红外光谱多，易使眼睛中晶状体内晶液混浊，导致白内障；日光灯紫外光成分多，易引起角膜炎，加上日光灯是低频闪光源，容易造成屈光不正常，引起近视。

③激光污染。激光具有指向性好、能量集中、颜色纯正的特点，在科学研究各领域得到广泛应用。当激光通过人眼晶状体聚焦到达眼底时，其光强度可增大数百倍至数万倍，对眼睛产生较大伤害。大功率的激光能危害人体深层组织和神经系统。因此，激光污染越来越受到重视。

④其他可见光污染。随着城市建设的发展，大面积的建筑物玻璃幕墙造成了光污染。它的危害表现为：在阳光或强烈灯光照射下的反光扰乱驾驶员或行人的视觉，成为交通事故的隐患；同时，玻璃幕墙将阳光反射进附近居民的房内，造成光污染和热污染。

(2)红外线污染。红外光辐射又称为热辐射。自然界中以太阳的红外辐射最强。红外线穿透大气和云雾的能力比可见光强，因此，在军事、科研、工业、卫生等方面(还有安全防盗装置)的应用日益广泛。另外，在电焊、弧光灯、氧乙炔焊操作中也辐射红外线。

红外线通过高温灼伤人的皮肤，还可透过眼睛角膜对视网膜造成伤害；波长较长的红外线还能伤害人眼的角膜；长期的红外照射可引起白内障。

(3)紫外线污染。自然界中的紫外线来自太阳辐射，人工紫外线是由电弧和气体放电产生的。其中，波长为 250～320 nm 的紫外线对人有伤害，轻者引起红斑反应，重者的主要伤害表现为角膜损伤、皮肤癌、眼部烧灼等。

当紫外线作用于排入大气的氮氧化合物和碳氢化合物等污染物时，会发生光化学反应，形成具有毒性的光化学烟雾。

此外，核爆炸、电弧等发出的强光辐射也是一种严重的光污染。

思考题

1. 简述物理性污染。
2. 简述物理性污染的种类及其危害。
3. 简述放射性污染的分类。
4. 简述光污染。

模块二

专业核心技能
——环境污染控制技术技能

项目 7　水污染控制工程技术

知识目标

1. 掌握水污染控制技术的基本理论和方法；
2. 掌握水污染控制过程中常用设备的构造与原理；
3. 掌握影响各处理单元处理效果主要因素的作用原理；
4. 熟悉水污染控制技术常用的操作规程。

能力目标

1. 能够根据实际需要选择污废水处理的工艺流程；
2. 能够根据实际需要选择水处理工艺设备及构筑物；
3. 能够测定实际运行中的基本参数，并能利用测定结果指导工程的实际运行；
4. 能够判断和解决水处理工艺实际运行中出现的问题；
5. 能够具有维护、调试、运行、维修与管理常用设备和构筑物的能力。

素质目标

1. 培养学生以树立环境保护、维护生态安全为己任的强烈责任感；
2. 培养学生运用基础知识与技能勇于探索和积极创新的工作意识；
3. 培养学生在实践训练中团结协作的精神；
4. 培养学生运用辩证方法分析和解决问题的能力。

任务 7.1　水处理基本原则与方法

7.1.1　饮用水处理的基本原则和方法

饮用水处理是指通过必要的处理工艺，改善天然水源的水质，使其达到符合生活饮用水水质标准。

当以地表水作为饮用水水源时，处理工艺常包括混凝、沉淀、过滤和消毒。通常先在水中投加混凝剂，使其与原水充分混合，逐步长成絮状沉淀物（通常称为絮凝体或矾花），再进入沉淀池和滤池，除去矾花和其他颗粒杂质，再加药剂消毒，出水即可送入给水管网，供应用户。当以地下水作为饮用水水源时，一般只需采用消毒处理后即可满足水质的要求。个别地下水中铁、锰含量较高，还须做除铁、除锰处理。

近年来，由于某些地面水或地下水水源受到不同程度的污染，常规处理流程已不能满足要求，往往需要在常规处理基础上增加预处理和深度处理。例如，在混凝或消毒工艺之前，增加了氧化、吸附或膜技术等处理工艺，进一步去除水中的污染物质，确保处理后的水质达到生活饮用水卫生标准的要求。

此外,为满足不同用户对水质的特殊要求,还要根据情况对水质进行软化、除盐、冷却、控制结垢与腐蚀等处理。人们为了饮用水安全还会在家中安装净水处理设备。

7.1.2 废水处理的基本原则和方法

生活污水和工业废水中含有各种有害物质,如果不加处理而任意排放,会污染环境,造成公害,因此应该对废水进行妥善控制与治理。废水处理应当考虑的主要原则如下:一是改革生产工艺,大力推进清洁生产,采用先进的设备及生产方法,减少废水的排放量和废水中污染物的种类与浓度,减轻处理构筑物的负担和节省处理费用;二是尽量采用重复用水和循环用水系统,使废水排放量降至最低;三是回收有用物质,变废为宝,化害为利,既防止污染危害,又创造财富;四是对废水进行妥善处理,使其无害化,不致污染水体,恶化环境;五是选择处理工艺与方法时,必须经济合理,尽量采用先进技术。

废水处理的方法很多,归纳起来可分为物理法、化学法和生物法等,具体见表7-1。各种处理方法都有它们各自的特点和适用条件。在实际废水处理中,各种方法往往要组合使用,不能预期只用一种方法就把所有的污染物质都去除干净。由若干个处理方法合理组配而成的废水处理系统,通常称为废水处理流程。

表 7-1 废水处理方法

分类	处理方法		处理对象	适用范围
物理法	稀释法		污染物浓度小,毒性低或浓度高	预处理
	调节法		水质、水量波动大	
	重力分离法(沉淀法)		可沉固体悬浮物	
	隔油		大颗粒油粒	预处理或中间处理
	气浮(浮选)		乳化油及相对密度近于1的悬浮物	
	离心分离	水力旋流	密度大的悬浮物如铁皮、砂等;乳状油、纤维、纸浆、晶体等	预处理或中间处理
		离心机		
	过滤法	格栅	粗大悬浮物	预处理、中间处理、最终处理
		筛网	较小的悬浮物、纤维类悬浮物	
		砂滤	细小悬浮物、乳油状物质	
		布滤	细小悬浮物、沉渣脱水	
		微孔管	极细小悬浮物	
		微滤机	细小悬浮物	
	热处理法	蒸发	高浓度废液	中间处理(回收)
		结晶	有回收价值的可结晶物质	
		冷凝	吹脱、汽提后回收高沸点物质	
		冷却、冷冻	高浓度有机或无机废液	
	磁分离法		可磁化物质	中间或最终处理

续表

分类	处理方法		处理对象	适用范围
化学法	投药法		胶体、乳化油	中间或最终处理
	混凝		稀酸性废水或碱性废水	
	中和		酸碱废液	
	氧化还原		溶解性有害物如 CN^-、S^{2-}	
	化学沉淀		溶解性重金属离子或 Cr^{3+}、Hg^{2+}、Zn^{2+} 等	
	电解法		重金属离子	
	水质稳定法		循环冷却水	
	自然衰变法		放射性物质	
	消毒法		含细菌、微生物废水	
物理化学法	传质法	蒸馏	溶解性挥发物质如酚	中间或最终处理
		汽提	溶解性挥发物质如酚、苯胺、甲醛	
		吹脱	溶解性气体如 H_2S、CO_2 等	
		萃取	溶解性物质，如酚	
		吸附	溶解性有机物等	
		离子交换	金属盐类	
	膜分离法	电渗析法	可过滤分子量较小的物质，如金属盐类、有机物、油类物质	中间或最终处理
		反渗透法		
		超滤法		
		扩散渗析		
生物法	天然生物处理法	氧化塘法	胶体状和溶解性有机物、N、P 等；水量大、水质波动小、连续排水	最终或中间处理
		土地处理法		
	人工生物处理法	生物膜法		
		生物滤池		
		生物转盘		
		活性污泥法		
		生物接触氧化		
	厌氧消化		高浓度有机废水或有机污泥	最终或中间处理

按照不同的处理程度，废水处理系统可分为一级处理、二级处理、三级处理等，见表 7-2。

表 7-2 废水的分级处理

处理级别	污染物质	处理方法
一级处理	悬浮或胶态固体、悬浮油类、酸、碱	格栅、沉淀、过滤、混凝、浮选、中和、均衡
二级处理	溶解性可降解有机物	生物化学处理
三级处理	难降解有机物，可溶性无机物	吸附、离子交换、电渗析、反渗透、超滤、化学处理法等

（1）一级处理只去除废水中较大颗粒的悬浮物质。物理处理法中的大部分方法是用于一级处理的。一级处理有时也称为机械处理。废水经一级处理后，一般仍达不到排放要求，还需进行二级处理。从这个角度上说，一级处理只是预处理。

（2）二级处理的主要任务是去除废水中呈溶解和胶体状态的有机物质。生物处理法是最常用的二级处理方法，比较经济有效。因此，二级处理也称为生物处理或生物化学处理。废水通过二级处理，一般均能达到排放要求。

（3）三级处理也称为高级处理或深度处理。当出水水质要求很高时，为了进一步去除废水中的营养物质（氮和磷）、生物难降解的有机物质和溶解盐类等，以便达到某些水体要求的水质标准或直接回用于工业及供冲厕、绿化等生活杂用，就需要在二级处理之后再进行三级处理。

对于某一种废水来说，究竟采用哪些处理方法、怎样的处理流程，需根据废水的水质、水量、回收价值、排放标准、处理方法的特点及经济条件等，通过调查、分析和做出技术经济比较后才能确定，必要时，还要进行试验研究。

任务7.2 水的物理处理方法

天然水体及人类活动所排放的废水中常含有一些不溶性悬浮物，它们通常可以用物理作用和机械分离或回收，在处理过程中不改变其化学性质，称为物理处理法。

水的物理处理方法主要可分为两大类，即分离（如沉淀、上浮和磁分离等）和隔滤（如格栅、筛网、过滤、离心分离等）。

物理处理法一般较为简单，多用于废水的一级处理中，以保护后续处理工序的正常进行并降低其他处理设施的处理负荷。

7.2.1 分离

1. 调节和均衡

不少废水的水质、水量常常是不稳定的，具有很强的随机性。尤其是操作不正常或设备产生泄漏时，废水的水质就会急剧恶化，水量也大大增加，往往超出废水处理设备的处理能力，给处理操作带来很大的困难，使废水处理设施难以维持正常操作，特别是对生物处理设备净化功能影响极大，甚至使整个处理系统遭到破坏。

分离

调节的作用是尽可能减少废水特征上的波动，为后续的水处理系统提供稳定和优化的操作条件。在调节的过程中通常要进行混合，以保证水质的均匀和稳定，这就是均衡。

调节池容积大小可视废水的浓度、流量变化、要求的调节程度及废水处理设备的处理能力确定，做到既经济又能满足废水处理系统的要求。

2. 沉淀

沉淀法也称为澄清法，是利用废水中悬浮物比重比水大，借助重力作用产生下沉的原理以达到固液分离的一种处理方法。

沉淀法处理工艺通常与其他处理方法配合，用于废水处理系统的不同工序。例如，在生物化学处理法中，常在生化处理装置的前后各设有沉淀池。在生化处理装置前的沉淀池称为初级沉淀池，目的是去除相当一部分固体悬浮物（如呈悬浮物状的有机物和其他不溶性固体颗粒），以减轻生化处理装置的负荷，保证生化处理装置功能的正常发挥，提高处理能力。有效的初级沉淀池可除去废水中 90% 的杂质及部分悬浮态有机物。在生化处理装置后的沉淀池称为二次沉淀池，主要用于进一步去除残留的固体物质及生化处理过程中产生的微生物脱落物、活性污泥等，以进一步改善出水水质。

沉淀池是一种分离悬浮颗粒的构筑物，根据不同构造可分为普通沉淀池和斜板斜管沉淀池。普通沉淀池应用比较广泛，按池内水流方向的不同，可分为平流式、竖流式和辐射式三种（表 7-3）。废水处理量大时，一般选用平流式或辐射式；含无机悬浮物废水的沉淀速度大，沉渣湿度小，排泥困难，须采用机械刮泥机排泥，故应选用平流式或辐射式；含有机悬浮物废水污泥含水率较高，适宜用静水压力排泥，若废水处理量不大，可采用竖流式，否则也应采用平流式或辐射式；处理厂地下水水位高时，应采用平流式或辐射式沉淀池。

斜板斜管沉淀池的构造与普通沉淀池一样，由进口、沉淀区、出口与集泥区组成，只是在沉淀区设置有许多由斜管或斜板。

表 7-3 普通沉淀池的特点及适用条件

池型	优点	缺点	适用条件
平流式	对冲击负荷和温度变化的适应能力强；施工简单，造价低	采用多斗排泥时，每个泥斗均需单独设排泥管各自排泥，工作量大；采用机械排泥时，机件设备浸于水中，易腐蚀	地下水水位较高及地质较差地区；大、中、小型污水处理厂
竖流式	排泥方便，管理简单，占地面积小	池子深度大，施工困难；对冲击负荷及温度变化的适应能力差，造价高，池径不宜大	处理水量不大的小型污水处理厂
辐射式	采用机械排泥，运行较好，管理简单，排泥设备已有定型产品	池水水流速度不稳定；机械排泥设备复杂，施工质量要求高	地下水水位较高的地区；大、中型污水处理厂

3. 隔油

隔油法用于含油废水的处理，这些废水主要来源于石油开采及石油加工业（炼油厂、石油化工厂）、固体燃料的热加工（焦化厂、煤气厂）等。

含油废水对环境的污染主要表现：在水面形成一层薄油膜，阻碍空气中的氧溶解于水中，使水中的溶解氧减少，引起水中生物的死亡；油中一些低沸点芳香烃化合物对水中生物有直接毒害作用，而多环芳烃的存在还会导致人类癌症发病率的提高；水中的油会使水质变坏变臭，影响人体健康。

隔油主要用于对废水中浮油的处理利用水中油品与水密度的差异与水分离并加以清除的过程。隔油过程在隔油池中进行，目前常用的隔油池有平流式隔油池与斜流式隔油池两大类。

4. 磁分离

磁分离是利用磁场力截留和分离废水中污染物的方法，主要用于去除废水中磁性及非磁性悬浮物和重金属离子，同时，对废水中的有机物、油类物质和生活污水中的细菌与病毒也有一定的去除作用。

要处理的废水通过磁场时，水中的颗粒物质同时受到磁场吸引力、外力、重力、惯性力、黏滞力及颗粒间相互作用力的作用。如果磁力大于外力，磁性粒子即可被捕获而从水中分离。同时，磁场力还可以起到促进絮凝作用，称为磁凝聚。磁凝聚是一种促进固液分离的手段，是提高沉淀分离或磁力分离效率的一种预处理方法。对于钢铁废水，通过这样的预磁处理，沉淀效率可提高 40%～80%。

7.2.2 隔滤

隔滤法用于废水处理中的预处理，目的是去除废水中粗大的悬浮颗粒，以防止其损坏水泵、堵塞管道和管件。隔滤的实质是让废水通过有微细孔道的过滤介质而将悬浮物截留，然后用人工、机械或反冲法除去。根据悬浮颗粒的大小和性质，可以选用格栅、筛网、滤布、粒状滤料及微孔管等过滤介质。

隔滤

1. 格栅

格栅是用于去除污水中较大的悬浮物，以保证后续处理设备正常工作的一种装置。格栅通常由一组或多组平行金属栅条制成的框架组成，倾斜或直立地设置在进水渠道中，以拦截粗大的悬浮物。根据格栅上截留物的清除方法不同，可将格栅分为人工清理格栅和机械格栅两大类。

(1)人工清理格栅。人工清理格栅适用于处理量不大或所截留的污染物量较少的场合。此类格栅用直钢条制成，与水平面成 45°～60°角放置。栅条间距视废水中固体颗粒大小而定，废水从间隙中流过，固体颗粒被截留，然后由人工定期清除。

(2)机械格栅。机械格栅适用于大型污水处理厂或需要经常清除大量截留物的场合。格栅一般与水平面成 60°～70°角安置，有时也成 90°角安置。

机械格栅可分为两大类，一类是格栅固定不动，截留物用机械方法清除，如移动式伸缩臂机械格栅；另一类是活动格栅，如钢丝绳格栅和轮鼓式格栅。

2. 筛网

某些工业废水(如毛纺、化纤、造纸行业)中含有大量细小纤维状杂质，无法用格栅去除，也难用沉淀法达到处理目的，筛网则是一种能截留此类悬浮物的装置。

用于废水处理的筛网有振动筛网和水力筛网两种形式。

(1)振动筛网。污水流在振动筛网上进行水和悬浮物的分离，利用机械振动将倾斜的振动筛网上的截留物卸到固定筛网上再清除。

(2)水力筛网。筛网呈截顶圆锥状，中心轴呈水平状态。废水从圆锥筛网小端进入，在流动过程中，水中纤维状污染物和其他悬浮固体被筛网截留。由于筛网呈圆锥体，被截留的污染物则沿筛网的倾斜面卸到固定筛上再清除。

3. 过滤

过滤是以某种多孔物质作为介质来截留废水中的悬浮物而达到分离废水中固体杂质的目的。过滤的作用主要是去除水中的悬浮或胶态物质，特别是能有效去除沉淀法不能去除的微小固体悬浮物和细菌等，而且对生化需氧量（BOD_5）和化学需氧量（COD_{cr}）等也有一定程度的去除效果。

织物介质过滤是用滤布包括由棉、毛、麻、丝、化纤等纤维制成的织物及由玻璃丝、金属丝织成的网，使污水自上而下流经滤布截留水中悬浮物。当滤布上的截留物达到一定量后应及时清除，否则会影响过滤速度。

滤料过滤是用具有孔隙的粒状滤料层（如细砂等）将废水中的固体杂质等截留下来使废水得以澄清的处理过程。滤料的种类很多，如细砂、木炭、硅藻土等细小坚硬的颗粒状物质，多用于深度过滤。滤料过滤在过滤池中进行。过滤池的形式有很多种，其中以细砂为滤料的普通快滤池使用最为广泛。

4. 离心分离

废水中的悬浮物借助离心设备的高速旋转，在离心力作用下与水分离的过程叫作离心分离。由于在离心力场中悬浮物所受的离心力远大于它所受的重力，所以能获得很好的分离效果，远超过重力沉降法。含固体悬浮物的废水在离心设备中做快速旋转运动时，质量重的固体颗粒受到离心力作用被抛到外圈，与壁面碰撞而沉降，达到与废水分离的目的。

用于水处理中的离心分离设备有水力旋流器、旋流池和离心机等。水力旋流器又称为旋流分离器，它的离心力是由废水在水泵的压力或进出水的压力差作用下以切线方向进入设备快速旋转而产生的。根据产生水流旋转能量的来源，离心分离又可分为压力式水力旋流器和重力式水力旋流池两种。

任务7.3　水的化学处理方法

废水的化学处理是利用化学反应的原理及方法来分离回收废水中的污染物，或是改变它们的性质，使其无害化的一种处理方法。化学法处理的对象主要是废水中可溶解的无机物和难以生物降解的有机物或胶体物质。化学处理法中常用的有化学混凝法、中和法、化学沉淀法、氧化还原法、电解法和高级氧化法。

7.3.1　化学混凝法

化学混凝法简称混凝法，在废水处理中可以用于预处理、中间处理和深度处理的各个阶段。它除除浊、除色外，对高分子化合物、动植物纤维物质、部分有机物质、油类物质、微生物、某些表面活性物质、农药、重金属（汞、镉、铅）等重金属都有一定的清除作用，在废水处理中广泛应用。混凝法的优点是设备费用低，处理效果好，操作管理简单；缺点是要不断向废水中投加混凝剂，运行费用较高。

1. 混凝法的基本原理

废水中的微小悬浮物和胶体粒子很难用沉淀法去除，它们在水中能够长期保持分散的悬浮状态而不自然沉降，具有一定的稳定性。混凝法就是向水中加入混凝剂破坏这些细小粒子的稳定性，首先使其互相接触而聚集在一起，然后形成絮状物并下沉分离的处理方法。前者称为凝聚，后者称为絮凝，一般将这两个过程通称为混凝。

2. 胶体微粒的稳定性

水中胶体微粒的稳定性主要有三个原因，即微粒的布朗运动、胶体颗粒间的静电斥力和颗粒表面的溶剂化作用。胶体的稳定性实际上是上述三种原因的综合结果，但对不同类型的胶体，造成其稳定的主要因素又略有不同。

水中的胶体微粒可分为憎水胶体和亲水胶体两大类。憎水胶体是指与水分子间缺乏亲和力的胶体，如水中的黏土及某些无机混凝剂在水中形成的胶体等无机物质都属于憎水胶体；亲水胶体是与水分子能结合的胶体，其特有的极性基团能吸附大量的水分子。如蛋白质、淀粉及胶质等有机物质都属于亲水胶体。亲水胶体的一个特殊性质是它可以在吸水后自动分散为胶体溶液之后，又可通过脱水恢复成原来的物质，并可再次分散于水中形成胶体，故又称为可逆胶体。憎水胶体的分散需借外力作用，一旦脱水则不能重新自然地分散于水中，又称为不可逆胶体。

对亲水胶体而言，使其保持稳定性的主要原因是胶颗粒的水化作用。带电胶粒可吸引极性水分子形成一层水化膜，从而阻止了胶粒间的相互接触而保持其稳定性。废水中的胶粒具有一定的稳定性，要使它们凝聚成大的颗粒下沉，必须破坏其稳定性。向废水中投加混凝剂的混凝过程就是一个破坏胶体颗粒稳定性的过程。混凝是混合、反应、凝聚、絮凝等几种过程综合作用的结果，是一个非常复杂的过程。

废水的pH值，水温、杂质成分、性质、浓度、搅拌、混凝剂等都可能影响混凝效果。混凝剂可分为无机混凝剂、有机混凝剂和高分子混凝剂三类。国内多采用铝、铁盐类无机混凝剂。近年来，有机混凝剂和高分子混凝剂也有很大发展，其作用远比无机混凝剂优越。各种类型的混凝剂见表7-4。

表7-4　各种类型的混凝剂

无机	铝系	硫酸铝
		明矾
		聚合氯化铝（PAC）
		聚合硫酸铝（PAS）

续表

无机	铁系	三氯化铁
		硫酸亚铁
		硫酸铁
		聚合硫酸铁(PFS)
		聚合氯化铁
有机	人工合成	阳离子型：含氨基、亚氨基的聚合物
		阴离子型：水解聚丙烯酰胺(HPAM)
		非离子型：聚丙烯酰胺(PAM)，聚氧化乙烯(PEO)
		两性型
	天然	淀粉、动物胶、树胶、甲壳素等
		微生物絮凝剂

当单用混凝剂不能取得较好效果时，可以投加某种称为助凝剂的辅助药剂来调节、改善混凝条件，提高处理效果。助凝剂主要起以下几个作用：第一，通过投加酸性或碱性物质调整 pH 值；第二，投加活化硅胶、骨胶、聚丙烯酰胺(PAM)等改善絮凝体结构，利用高分子助凝剂的吸附架桥作用以增强絮凝体的密实性和沉降性能；第三，投加氯、臭氧等氧化剂，在采用硫酸亚铁($FeSO_4$)时，可将 Fe^{2+} 氧化为 Fe^{3+}，当废水中有机物过高时，也可使其氧化分解，破坏其干扰或使胶体脱稳，以提高混凝效果。常用的助凝剂有聚丙烯酰胺(PAM)、活化硅胶、骨胶、海藻酸钠、氯气、氧化钙等。

3. 混凝工艺过程及设备

混凝处理工艺为一个综合操作过程，包括药剂的制备、投加、混凝、絮凝、沉淀分离等过程。

投药方法有干投法和湿投法两种。干投法是把经过破碎易于溶解的药剂直接投入废水中，干投法占地面积小，但对药剂的粒度要求较严，投加量难以控制，对机械设备的要求较高，同时劳动条件也较差，目前较少应用；湿投法是将混凝剂和助凝剂配制成一定浓度的溶液，然后按处理水量大小定量添加。混凝剂的湿法投加包括药剂的配制、药剂的计量和药剂的投加三个过程。

混合的目的是使混凝剂迅速而均匀地分布在废水中，以有利于混凝和沉淀。混合要求速度尽可能快，并使水体产生强烈湍动，通常采用泵前或泵后混合和槽内混合。

经混合后的废水与药剂的均匀混合物进入反应池进行反应。反应池按由大到小的变流速设计：在较大的反应流速时，使水中胶体颗粒发生碰撞吸附；在较小的反应流速下，使碰撞吸附后的颗粒结成更大的絮凝体，以利于沉降。要使反应过程得以充分，必须使废水在池内有足够的停留时间。

7.3.2 中和法

工业废水中常含有一定量的酸性物质或碱性物质。浓度在 4% 以下的含酸废水和浓度在 2% 以下的含碱废水在没有找到有效的回收利用方法时，均应进行中和处理，将废水的 pH 值调整到工业废水允许排放的标准(pH 值为 6~9)后才能排放。

1. 基本原理

酸性废水和碱性废水的中和处理，都是中和反应。其离子方程式为

$$H^+ + OH^- \rightarrow H_2O$$

反应的终点，即达到等当点时，溶液的 pH 值随酸碱强弱不同而不同。强酸强碱中和，等当点时溶液的 pH 值等于 7；弱酸与强碱中和时，等当点时溶液的 pH 值大于 7；强酸与弱碱中和等当点溶液 pH 值小于 7。

从理论上讲，中和处理所需投加的中和剂量可以按化学反应方程式计算，但由于废水成分复杂，可能会有一些干扰因素。例如，酸性废水中若含有 Fe^{3+}、Cu^{2+} 等金属离子，用碱中和时，就会生成相应的氢氧化物沉淀，消耗部分碱。

$$Fe^{3+} + 3OH^- \rightarrow Fe(OH)_3$$
$$Cu^{2+} + 2OH^- \rightarrow Cu(OH)_2$$

所以，中和剂的投加量一般应通过试验得出中和曲线确定。

2. 均衡法

在均衡池中将酸性废水和碱性废水直接混合，使混合废水的 pH 值接近中性的过程称为均衡。所用的设备要根据废水排放的酸碱情况具体考虑。若酸、碱废水均为均匀排出，且所含酸、碱能相互平衡，可直接在管道内混合反应，不需设置中和池。若排出的酸、碱废水的浓度和流量经常变化，则应设置中和池以进行中和反应。

3. pH 值控制法

酸性废水可以投药中和，即将石灰、石灰石、电石渣、氢氧化钠(又称苛性钠)、纯碱(又称苏打)等碱性物质直接投入废水中，使废水得以中和。投药中和可处理任何性质、任何浓度的酸性废水。投药方法可分为干投和湿投两种，通常采用湿投。

酸性废水还可以通过反应器中和，即过滤中和，将酸性废水通过反应器中具有中和能力的碱性滤料层(如石灰石、大理石、白云石等)进行中和反应，在过滤的同时达到中和的目的。该法适用于处理较清洁的含盐酸、硝酸或低浓度的硫酸废水。

碱性废水可用酸性物质中和，常用的中和剂有硫酸、盐酸和酸性废气等。工业生产中排出的含酸废水也是一种良好的中和剂。碱性废水的中和处理设备与酸性废水中和处理设备基本相同，一般应设有投药装置、混合反应池，如反应中有沉淀产生，还应设置沉淀池。

7.3.3 化学沉淀法

利用某些化学物质作沉淀剂，使其与废水中的某些可溶性污染物发生化学反应，生成难溶于水的化合物从废水中沉淀出来的水处理方法称为化学沉淀法。该方法多用于去除废水中重金属离子及含硫、氰、氟、砷的有毒化合物。

1. 中和沉淀法

中和沉淀法是国内外处理重金属废水普遍采用的方法。在酸性重金属废水中加入中

和剂，使酸中和并使重金属离子生成金属氢氧化物沉淀然后分离去除。常用的中和沉淀剂有氢氧化钠、石灰、碳酸钠、碳酸钙、电石渣等。氢氧化钠具有组成均匀、易于储存和投加、反应迅速、污泥量少等优点，但其价格较高，限制了它的使用。石灰是目前最为广泛使用的中和剂，它的优点是来源广泛、价格低；其缺点是产生污泥量较大。

2. 硫化物沉淀法

硫化物沉淀法通常选用硫化钠作沉淀剂。由于金属离子与S^{2-}有很强的亲和力，形成金属硫化物的溶度积比相应的金属氢氧化物的溶度积小得多，因此对废水中的金属离子去除得更加彻底。该方法还具有沉淀物少，含水量低，沉淀物的处理和重金属回收容易等优点，但所用沉淀剂硫化钠(Na_2S)价格高，生成的沉淀颗粒细小难以沉淀还应注意避免造成硫化物的二次污染，此方法使用并不广泛。

3. 铁氧体共沉淀法

铁氧体共沉淀法是向废水中加入适量的硫酸亚铁($FeSO_4$)，加碱中和后再通入热空气，使金属离子形成铁氧体晶粒而沉淀析出的方法。铁氧体是具有铁离子、氧离子及其他金属离子所组成的一种复合氧化物沉淀，最常见的是磁性氧化铁（FeO和Fe_2O_3的混合物）和四氧化三铁（Fe_3O_4）。此种沉淀粒径大、密度大，具有磁性、易分离，如采用磁性分离，效果更佳。

7.3.4　氧化还原法

氧化还原法是利用氧化还原反应将废水中的有害物质转化为不溶解的或无毒的新物质，达到无害化的目的。

1. 氧化法

(1)空气氧化法。空气氧化法以空气为氧化剂，是一种简单而经济的处理方法。由于空气的氧化能力弱，故该方法主要用于处理含还原性较强物质的废水。例如，在处理炼油厂废水时，硫化物可以被氧化为危害性较轻的硫代硫酸盐和硫酸盐。

(2)氯氧化法。在自来水厂中常用氯氧化法做消毒处理，用于杀死水中的细菌。在工业废水的处理中，氯氧化法可以用来治理含氰、酚、硫化物的废水及染料废水等。氯氧化法常用的药剂有液氯、漂白粉、次氯酸钠、二氧化氯等。

(3)臭氧氧化法。臭氧是一种强氧化剂，在废水处理中可用于除臭、脱色、杀菌、除铁、除氰化物、除有机物等，特别是与紫外光的配合，效果更为明显。臭氧在水中分解为氧，不会造成二次污染，氧化产物毒性低。它可以用电和空气就地制取，使用方便，特别适用于处理低含量可氧化物质的废水，近年来在废水处理中应用广泛。但臭氧不稳定，水处理所用的臭氧必须在处理现场发生。

2. 还原法

采用一些还原剂使其与废水中污染物发生反应，把有毒物转变成低毒、微毒或无毒物质的方法称化学还原法。由于废水中某些金属离子在高价态时毒性较大，可用化学还原法将其还原为低价态，然后分离除去。目前此法多用于处理含六价铬和汞化合物的废水。

常用的还原剂有电极电位较低的金属，如铁、锌；带负电的离子，如亚硫酸根离子（SO_3^{2-}）；带正电的离子，如Fe^{2+}；含硫化氢（H_2S）、二氧化硫（SO_2）的工业废气等。

(1) 含铬废水的处理。电镀、制革、冶炼、化工等工业废水中的六价铬以CrO_4^{2-}或$Cr_2O_7^{2-}$形式存在。含六价铬的废水，可用硫酸亚铁、焦亚硫酸钠、二氧化硫、亚硫酸钠、亚硫酸氢钠等为还原剂将其还原为Cr^{3+}，通常在反应池中进行，反应过程中pH值不应大于4.5，最好pH值小于3。反应生成的Cr^{3+}可投加石灰或其他碱性物质使其生成$Cr(OH)_3$沉淀出来。

(2) 含汞废水的处理。氯碱、炸药、制药等工业废水中常含有剧毒的二价汞离子（Hg^{2+}），可以将其还原为汞（Hg）而分离与回收。常用的还原剂有活泼金属（铁、铝、锌等）、硼氢化钠、甲醛、联胺等。对废水中的有机汞可先将其氧化为无机汞再还原。金属还原法除汞时；析出的汞附在金属表面，可用干馏法加以回收。为了加快反应速度，增大金属与废水的接触，置换用的金属常制成粒状或粉状，放在过滤床中，让废水从中流过而发生反应。

7.3.5 电解法

电解法又称为电化学法，是废水中的电解质在直流电的作用下发生电化学反应的过程。电解过程在电解槽中进行，槽中与电源正极相连接的电极叫作阳极；与电源负极相连接的电极叫作阴极。接通直流电源之后，在电场力的作用下，废水中的正、负离子分别向两极移动，并在电极表面发生氧化还原反应，生成不溶于水的沉淀或气体从水中分离出来，从而降低了废水中有害物的浓度或使其转化为无毒或低毒物质。电解法主要适用于处理含重金属离子、含油废水的脱色，近年来也开始应用于工业有机废水的处理中。

1. 电极表面处理过程

废水中的可溶性污染物在电极表面得到或失去电子发生氧化还原反应，生成不溶性沉淀物、气体或转化为低毒无毒化合物的过程叫作电极表面处理过程。

2. 电极氧化还原过程

电极氧化还原过程采用的电极为可溶性电极。电极在电解过程中生成氧化或还原产物，与废水中的污染物发生氧化还原反应使废水得以净化。

3. 电解浮选和电解凝聚法

废水在电解过程中，若采用不溶性电极，电解时电极上析出大量小气泡，如水的电解可产生氢气（H_2）和氧（O_2），有机物和氯化物的电解氧化也会产生二氧化碳（CO_2）、氮气（N_2）、氯气（Cl_2）等气体，它们都会形成气泡从废水中逸出。这些气泡直径很小（小于60 μm），分散度高，对废水中的悬浮物、油类有很强的捕获能力和浮载力，可将它们夹带浮升至水面而除去，处理后的水质较好。

电解法处理废水是一种较为简单、经济、有效的方法。它适应性强，不受废水水质限制，适用范围广泛；处理效果好，既包括电极上和溶液中的氧化还原过程，又存在吸附、絮凝和气浮等多种物理化学过程，处理过程中污泥、浮渣少，一般不会产生二次污染；主要设备为直流电源和电解槽，操作易管理；除使用可溶性阳极需消耗一定量的铁或铝外，一般不需消耗其他材料和药品，只需消耗一些电力，运转费用低。

7.3.6 高级氧化法

高级氧化法泛指氧化过程中有大量羟基自由基参与的化学氧化过程。高级氧化法是运用电、光辐照结合催化剂或氧化剂，在反应中产生一系列高活性的自由基，再通过自由基与有机化合物之间的加成、取代、电子转移、断键等反应而使水体中的难降解有机物降解成低毒或无毒的小分子物质，甚至直接分解成为 CO_2 和 H_2O，接近完全矿化。该方法具有使用范围广、处理效率高、反应迅速、二次污染小等优点，使其在废水深度处理中有较好的应用。

高级氧化法主要包括湿式催化氧化法、超临界水氧化法、电催化氧化法、超声波氧化法、光催化氧化法等。

任务7.4 水的物理化学处理方法

利用物理和化学的一些基本原理及现在技术手段去除水中杂质的方法称为物理化学法。常用的有吸附、浮选、萃取、汽提、电渗析、反渗透、离子交换、蒸馏、蒸发、冷冻、结晶等。

7.4.1 吸附法

吸附法是利用多孔性固体吸附剂处理废水的方法。吸附剂有很强的吸附能力，可以把废水中的可溶性有机物或无机物吸附到它的表面去除，对废水中的细菌、病毒等微生物也有一定的去除作用。

吸附是发生在固-液(气)两相界面上的一种复杂的表面现象，它是一种非均相过程，一相是固体吸附剂，另一相是流体(液体或气体)。在

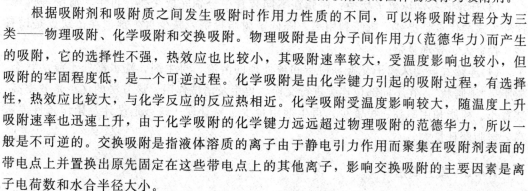

吸附法

吸附过程中，被吸附到表面上的物质称为吸附质；吸附吸附质的固体物质称为吸附剂。

根据吸附剂和吸附质之间发生吸附时作用力性质的不同，可以将吸附过程分为三类——物理吸附、化学吸附和交换吸附。物理吸附是由分子间作用力(范德华力)而产生的吸附，它的选择性不强，热效应也比较小，其吸附速率较大，受温度影响也较小，但吸附的牢固程度低，是一个可逆过程。化学吸附是由化学键力引起的吸附过程，有选择性，热效应比较大，与化学反应的反应热相近。化学吸附受温度影响较大，随温度上升吸附速率也迅速上升，由于化学吸附的化学键力远远超过物理吸附的范德华力，所以一般是不可逆的。交换吸附是指液体溶质的离子由于静电引力作用而聚集在吸附剂表面的带电点上并置换出原先固定在这些带电点上的其他离子，影响交换吸附的主要因素是离子电荷数和水合半径大小。

在废水处理中，常用的吸附剂有白土、硅藻土、硅胶、焦炭、矾土、活性炭、大孔径吸附树脂等。吸附剂再生是指吸附达到饱和后，采用特定的方法将被吸附物从吸附剂孔隙中清除，使之恢复活性，达到重复使用吸附剂目的的过程。吸附是一个复杂的表面

现象，影响因素也很多，主要有吸附剂的性质、废水中的污染物性质和吸附过程的操作条件三方面。

7.4.2 离子交换法

离子交换法是指利用离子交换剂分离废水中有害物质的方法。这是一种特殊的物理化学方法——在固体物质上吸附离子并进行离子交换，可以改变所处理液体的离子成分，但不改变交换前后废水中离子的总电荷数。离子交换法能有效去除废水中的重金属离子（如 Cu、Ni、Zn、Hg、Ag、Au 等）、磷酸、硝酸、有机物和放射性物质等。

离子交换剂是一种带有可交换离子(阳离子或阴离子)的不溶性固体物，由固体母体和交换基团两部分组成。交换基团内含有可游离交换的离子。离子交换反应就是这种可游离交换的离子与水中同性离子间的交换过程，它也是一种特殊的化学吸附过程。

离子交换剂是一种具有多孔性海绵状结构的物质，带有电荷，并与反离子相吸引。离子交换的反离子与溶液中符号相同的反离子在两相之间进行再分配，这就是离子交换动力学的一种扩散过程。但是离子交换剂又具有选择性，对某些离子具有更高的亲和性，所以，离子交换过程又与一般的扩散过程有所不同。

离子交换剂的种类很多，如用于硬水软化的沸石和磺化煤。英国人亚当斯(Adams)和霍姆斯(Holmes)首先合成了离子交换树脂，由于其具有稳定性高、交换容量大的特点而得到广泛应用。

离子交换的操作方式主要包括以下几种：

(1)间歇式：将交换剂与被处理溶液混合加以适当搅拌，使之达到交换平衡。这种方式设备简单，操作要求不严，常用于实验室及小批量废水处理中。

(2)连续式固定床：交换剂置于交换柱内不动，被处理液不断流过。此方法的优点是设备简单，操作方便，适用范围广，是常用的一种方式；缺点是交换剂利用率低，再生费用高，阻力损失大。

(3)连续式移动床离子交换：树脂在不同装置中分别完成交换、再生、清洗等过程。这种方式的优点是提高了树脂利用率，降低了树脂投资、减少再生剂消耗；缺点是设备多、投资大、管理复杂。

(4)连续式流动床离子交换：树脂和被处理的溶液、再生剂、洗水都处于流动状态。树脂呈"沸腾状"，在不同部位连续进行交换、再生及清洗作用。该方法的优点是效率高、装置小、树脂利用率高、投资少、再生剂用量少、易管理；缺点是设计及操作条件要求高，树脂磨耗量大。

7.4.3 膜分离法

膜分离法是利用特殊的薄膜对液体中的某些成分进行选择性透过的一类方法的总称。溶质透过膜的过程称为渗析，溶剂透过膜的过程称为渗透。膜可以是气相、液相或固相。废水处理中应用最广泛的膜常是固相。常用的膜分离法有反渗透法、电渗析法、超滤法、微孔过滤法、隔膜电解法和液膜分离法等。

1. 反渗透法

反渗透法是20世纪60年代发展起来的一项新型隔膜分离技术,最早用于海水淡化,后发展到软水制备、废水处理及化工、制药、食品工业中的分离、提纯、浓缩技术。因其具有设备简单、能耗低、相态不变、易于操作等优点而得到广泛应用。

2. 电渗析法

电渗析法是在直流电场作用下,以电位差为推动力,利用离子交换膜的选择透过性将电解质从溶液中分离出来的过程。电渗析法主要用于海水淡化、制取饮用水和工业纯水,目前也开始在重金属废水、放射性废水处理中得到应用。

3. 超滤法

超滤法是利用孔径在2~20 nm的半透膜,让流体以一定压力和流速通过膜的表面将流体中的高分子与低分子分开。超滤法与反渗透法相似,也是以压力差为推动力的膜分离过程,但两者的作用实质并不完全相同。超滤法的机理目前尚不完善,一般认为,超滤法是一种筛孔分离过程。超滤膜具有选择性表面层的主要因素是它具有一定大小的孔隙,比孔隙小的分子和粒子可以在压力差的作用下,从高压侧透过膜到低压侧,而大粒子则被膜阻拦,从而达到选择性分离的目的。

4. 微孔过滤法

微孔过滤法与反渗透法、超滤法类似,均属于以压力为推动力的膜分离过程,它所分离的组分直径一般为0.03~15 μm,操作静压差为0.01~0.2 MPa。微孔过滤的分离机理主要是筛分效应,利用筛网状过滤介质膜的"筛分"作用进行分离,与普通过滤类似,只是过滤的微粒较小,故又称为精密过滤。微孔过滤膜常用纤维素或工程塑料制成,是均一连续的高分子多孔体,孔隙率为70%~80%,可将液体中大于微孔直径的微粒全部阻拦。膜的质地薄,阻拦作用主要发生在膜的表面,极易被堵塞,因此,使用时必须对废水进行预过滤才能延长膜的使用寿命。

5. 隔膜电解法

隔膜电解法是将电渗透技术和电解技术组合起来的一种方法,利用一定性质的隔膜将电解装置的阳极和阴极隔开从而进行电解。根据所用膜的性质可分为非选择透过膜电解与选择透过膜电解。实际应用时要选择不同性质的隔膜有效隔离两个电极室,使两个电极的反应物不会混淆。利用阳极和阴极反应的特异性保证一极的生成物不会在另一极上遭到破坏;也可利用膜对离子的选择性透过,顺利完成电极反应,回收各电极的产物。

6. 液膜分离法

液膜分离法是20世纪60年代问世的一种膜分离技术,是将液体固定成膜状用于选择性分离。由于液膜分离技术具有分离速度快、效率高、设备简单等特点常用于湿法冶金、石油与化业工业、制药工业、环境保护等领域。

7.4.4 萃取、汽提和吹脱

萃取、汽提和吹脱都是在化工生产中的单元操作,是质量传递过程,目前也用于废水处理操作中。

1. 萃取法

萃取法也称为液-液萃取法，是利用与水不相溶解或极少溶解的特定溶剂(萃取剂)与废水充分混合接触，由于萃取剂对废水中的某些杂质有更高的亲和力而使它们重新分配转入溶剂，然后将溶剂与已脱除污染物的废水分离，从而达到净化废水和回收污染物两个目的。这里被萃取的污染物称为溶质，萃取后的萃取剂称为萃取液(萃取相)，残余液为萃余液(萃余相)。

萃取法主要由三个步骤所构成：使废水与萃取剂充分接触；将萃取液与萃余液分离；分离出萃取液中的污染物并回收萃取剂以重复利用。

废水处理中常用的萃取剂有：含氧萃取剂，如仲辛醇；含磷萃取剂，主要用于处理含重金属离子废水；含氮萃取剂，如三烷基胺，在酸性条件下能有效地萃取染料中间体(废水中的苯、萘与蒽醌系带磺酸基的染料中间体)，有较高的脱色效果；其他，如苯(萃取橡胶加工废水中的噻唑类化合物)、甲苯、轻油(处理含酚废水)等。

2. 汽提法

汽提法是利用易挥发性杂质在水溶液和水蒸气中的分配作用来去除或回收杂质，使废水达到净化目的的方法。这种方法常用于处理含挥发性物质的废水。汽提就是水蒸气蒸馏的过程。即将废水加热后送入汽提塔，塔底通入水蒸气，当废水的总蒸汽压(为挥发性物质的蒸汽压与水蒸气压的总和)超过外压时，废水便开始沸腾，加速了挥发性杂质由液相转入气相的过程，并随蒸汽一起逸出液面，然后加以回收，并使蒸汽得到再生以重复利用。

汽提法所用的设备为汽提塔，按构造形式不同有填料塔、筛板塔、浮阀塔等形式。

3. 吹脱法

吹脱也称为曝气，是通过改变与废水相平衡的气相组成，使废水中易挥发性污染物转入气相，达到脱除的目的。通常采用向废水中通入空气或烟道气的方法改变气相组成，使废水中的溶解气体[如硫化氢(H_2S)、氨气(NH_3)、氢氰酸(HCN)、二氧化碳(CO_2)、二氧化硫(SO_2)之类的污染物]随空气一起逸出而得以分离。这些气体排入大气易造成二次污染，因此必须采取相应的废气治理方法来处理这些气体。

吹脱设备有吹脱池和吹脱塔两种。吹脱池占地面积大且易污染大气，故对有毒气体的吹脱多采用塔式设备，如填料塔、筛板塔等；吹脱塔中废水自塔顶喷淋，空气自塔底进入，气-液两相逆流接触，使废水中气态污染物进入气相从塔顶吹出，然后加以处理。

任务7.5 水的生化处理方法

生化法是生物化学处理法的简称，通过微生物体内的生物化学作用氧化分解废水中的有机物和某些无机毒物(如氰化物、硫化物)，使之转化为稳定无毒物质的一种水处理方法。

1916年英国出现了第一座人工处理的曝气池，利用人工培养的微生物处理城市生活污水,开始了生化处理的新时代。由于生化法处理废水效率高、成本低、投资省、操作简单,因此在城市污水和工业废水的处理中都得到广泛应用。生化法的缺点是有时会产生污泥膨胀和上浮,影响处理效果;该方法对要处理水的水质也有一定要求,如废水成分、pH值、水温等,因而限制了它的使用范围;另外,生化法占地面积较大。属于生化处理法的有好氧生物处理法和厌氧生物处理法等。

7.5.1 好氧生物处理法

好氧生物处理法利用需氧细菌处理废水中有机物,在酶的作用下进行生化反应,将有机物中的碳(C)、氮(N)、磷(P)、硫(S)等元素转化或氧化为二氧化碳(CO_2)、氨气(NH_3)、亚硝酸盐或硝酸盐、磷酸盐、硫酸盐等,同时,部分有机物合成为新的原生质,为细菌生长、繁殖提供营养物质。

好氧生物处理法不产生带臭味的物质,所需时间短,大多数有机物均能处理。在废水中有机物浓度不高,供氧速率能满足生物氧化的需要时,常采用好氧生物处理法。

1. 活性污泥法

活性污泥法是用好氧生物处理废水的重要方法。它利用悬浮在废水中人工培养的微生物群体——活性污泥,对废水中的有机物和某些无机毒素产生吸附、氧化分解而使废水得到净化。

活性污泥有巨大的表面积,且表面含有多糖类黏性物质,对废水中的有机物有很强的吸附作用,与废水混合时,能迅速吸附废水中的有机物。这一过程速率较快,一般10~45 min即可完成,生化需氧量(BOD)去除率可达90%,也常称为吸附阶段。被吸附的有机物由于酶的作用,在水中氧较充分的条件下进行生物化学作用,将部分有机物氧化分解为简单的无机物 CO_2、H_2O、NH_3、PO_4^{3-}、SO_4^{2-} 等,并放出细菌生长所需的能量,而将另一部分有机物转化为生物体所必需的营养物,合成新的原生质。于是,细菌不断长大,并分裂出更多的细菌,加速了有机物的氧化分解过程,这时活性污泥量则不断增大。随着活性污泥量的增加,有机物大量消耗,水中营养物质大大减少,这时部分细菌的原生质也可能进行氧化作用放出能量进入内源呼吸。这一过程比吸附过程要慢得多,常称为稳定阶段或氧化阶段。在稳定阶段内,无论是有机物的氧化分解或是原生质的合成都将消耗被活性污泥所吸附的有机物,使水中的有机物得以去除。最后,由氧化过程中所合成的菌体有机体发生凝聚和沉淀,从水中分离出来,使废水得以净化。

活性污泥法处理废水的基本流程如图 7-1 所示。

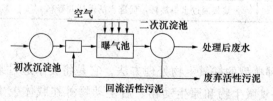

图 7-1 活性污泥法处理废水的基本流程

(1)初次沉淀。在初次沉淀池内进行，主要除去泥砂及大颗粒的悬浮物，根据废水的特性不同，有时也可以省去这一步骤。

(2)混合。利用一定的设备或手段将活性污泥和待处理废水均匀混合。

(3)曝气。这是活性污泥法的核心步骤，通过一定的设备向曝气池内分散空气或纯氧，为生物的氧化作用提供充足的氧气并使混合液得到搅拌。活性污泥处于悬浮状态，有利于微生物与废水中的有机物、溶解氧充分接触和反应。

(4)二次沉淀。在二次沉淀池内对活性污泥和已处理的废水进行液-固分离。下层为分离出的活性污泥大部分送回曝气池，称为回流污泥，其余作为废弃物排出；上层清水则为已处理好的废水，排出沉淀池。

性能良好的活性污泥应松散(有利吸附和氧化有机物)并具有良好的凝聚沉淀性能(利于处理后的清水分离)，通常用污泥浓度、沉降比(SV)、污泥指数(SVI)、污泥泥龄、区域沉淀速度(ZSV)等评价活性污泥的优劣，以便控制系统的正常运行。

活性污泥法是利用好氧性微生物来处理废水，没有充足的溶解氧，好氧性微生物则不能正常生长、繁殖和发挥氧化分解作用。因此，在整个处理过程中，必须提供充足的氧气并使活性污泥处于悬浮状态以满足微生物生长反应的需求，使微生物、有机物和氧气充分接触，相互作用，以提高处理效果。为了达到上述目的，必须以一定的方法和设备使空气中的氧(或纯氧)溶解于混合液并提供适宜的搅拌，这一过程称为曝气。曝气在本质上是气-液两相间的质量传递过程，增大气-液两相的接触面积和混合液的流动程度都有利于氧溶解速率的提高。

在活性污泥法中，常用的曝气设备主要有淹没式曝气器和表面曝气器两大类(表7-5)。

表7-5 废水的曝气设备

设备		特点	用途
淹没式曝气器	鼓风式 细气泡系统	用多孔扩散板或扩散管产生气泡	各种活性污泥法
	中气泡系统	用穿孔管和布包管产生气泡	各种活性污泥法
	大气泡系统	用孔口、喷射器或喷嘴产生气泡	各种活性污泥法
淹没式曝气器	叶轮分布器	由叶轮及压缩空气注入系统组成	各种活性污泥法
	管式静态混合器	竖管中设挡板，以使底部进入空气与水混合	曝气塘及活性污泥法
	射流式	压缩空气及混合液，在射流设备中混合	各种活性污泥法
表面曝气器	低速叶轮曝气器	用大直径叶轮在空气中搅起水滴在水中卷入空气	常规活性污泥法及曝气塘
	高速浮式曝气器	用小直径叶桨在空气中搅起水滴在水中卷入空气	曝气塘
	转刷曝气器	桨板通过水中旋转，促进水的循环并曝气	氧化沟、渠道曝气及曝气池

2. 生物膜法

生物膜法也是一种典型的好氧生物处理方法。它是将废水通过某些载体(如碎石、炉渣或塑料蜂窝等)，好氧微生物和原生动物、后生动物等在载体上生长繁殖形成生物膜，吸附和氧化分解有机物，使污水得以净化。

根据装置的不同，生物膜法可分为生物滤池、生物转盘、生物接触氧化法和生物流化床。

(1)生物滤池。生物滤池按其结构可分为普通生物滤池和塔式生物滤池两种,它们都是由滤床、布水设备和排水系统三部分组成。进入生物滤池的污水,一般经过预处理以去除悬浮物、油脂等易堵塞滤料的物质,并对pH值、氮、磷等加以调整。

普通生物滤池又称为滴滤池,其滤床是生物滤池的主体部分,由滤池和滤料两部分组成。滤池有方形、矩形、圆形等,多用砖石砌成或用混凝土浇筑而成,滤料一般采用碎石、卵石、炉渣、焦炭等,粒径要选择合适,以满足表面积和空隙率的要求,一般为30～50 mm,总厚为1.3～1.8 m。

塔式生物滤池为新型高负荷生物滤池,其处理废水的原理与普通生物滤池相同。其在平面上呈圆形、方形或矩形,直径为1～4 m,径高比为1∶6～1∶8,高可达20 m以上。池壁多用塑料或钢材制作,塔身如填料塔可分几层,可用自然通风或人工通风,塔内滤料多采用塑料滤料,如环氧树脂固化的玻璃布、纸蜂窝、塑料波纹板等,滤料层中上几层滤料去除废水中大部分有机物,下几层主要进行硝化作用,进一步改善水质。

(2)生物转盘。生物转盘也称为旋转式生物反应器,其工作原理与生物滤池相同,只是构造形式不同,由盘片、反应槽、转轴和驱动装置组成。

生物转盘由一组固定在同一轴上的数十片间距很近的等直径圆盘组成。其圆盘的一半浸没在废水中,当圆盘缓缓转动时,废水中微生物便吸附在圆盘表面,生长繁殖,形成生物膜,生物膜与废水接触吸附其中的有机物;当圆盘离开水时,生物膜从空气中吸取氧,在酶的作用下使有机物氧化分解,同时使生物膜再生,恢复了吸附氧化分解有机物的能力。这样,圆盘每转一周,生物膜就完成一次吸附—氧化—再生过程,随着转盘的不断转动,生物膜逐渐变厚衰老并在水流的剪切力下脱落,随污水一起排进沉淀池。转盘的转动也使处理槽中的污水不断被搅动充氧,使脱落的生物膜在槽中呈悬浮状态,继续起净化作用,因此,生物转盘还兼有活性污泥池的功能。

生物转盘的优点是污泥颗粒大、易分离、操作简单、占地面积小、易控制和调整、适应负荷变化能力强、出水水质好;其缺点是投资大,处理易挥发有毒废水时,对大气污染严重。

(3)生物接触氧化法又称为浸没式生物滤池。在曝气池中设置填料,作为生物膜的载体,利用生物膜和悬浮活性污泥的联合作用来净化污水,因而它兼具生物滤池和活性污泥法两者的优点。其主体是接触氧化池,主要组成部分有池体、填料和布水布气装置。池体可为钢结构或钢筋混凝土结构,内置填料。目前,常用的填料有聚氯乙烯塑料、聚丙烯塑料、环氧玻璃钢等制成的蜂窝状和波纹板填料。

生物接触氧化法的生物膜上生物量很大,可形成一个密集而稳定的生态系统,因而有较高的净化效果,不但能有效去除有机物,还可用于脱氮和脱磷。该法抗冲击负荷能力强,污泥生成量小,不需污泥回流,易管理,无产生污泥膨胀的危害,出水水质稳定,是一种很有发展前途的处理方法。

(4)生物流化床。生物流化床的结构原理类似于化工生产中的流化床反应器。床内的流化介质通常选用具有较大比表面积的砂粒、焦炭粒、活性炭粒等,这些颗粒表面生长有生物膜。当待处理废水自下而上通过床层时,这些颗粒便悬浮在床内,使废水在流化床内与均匀分散的生物膜相接触而得以净化。

生物流化床内可维持较高的微生物浓度(比活性污泥法高 10~20 倍),因此生化反应速度较快,废水在床内停留时间短,废水负荷高。流化介质有较大的比表面积,对废水中的污染物、微生物和酶都有较强的吸附作用,使表面形成适于微生物生长的场所,可使水中一些难降解的有机物长期停留而降解。吸附作用和吸附平衡,也会对废水的浓度变化起缓冲作用,使系统能抵抗负荷变动冲击而保持稳定的工作。

生物流化床综合了流化机理、生物化学机理和吸附机理,过程较为复杂,它兼顾了活性污泥法均匀接触条件所形成的高效率和生物膜法承受负荷变动冲击的双重优点。

7.5.2 厌氧生物处理法

厌氧生物处理是利用厌氧细菌处理废水中有机物的一种无害化处理。这一过程分两个阶段,第一阶段称为产酸阶段,复杂的高分子有机化合物在产酸细菌作用下降解成低分子的中间产物,如有机酸(蚁酸、醋酸、丁酸、氨基酸)、醇类、氨、硫化物和二氧化碳等无机物并放出能量;第二阶段称为碱性分解阶段或产气阶段,甲烷细菌利用产酸菌产生的有机酸、醇等为营养源,产生甲烷、二氧化碳、氨、氢等气体,其中甲烷占 50%以上,pH 值上升可达 7 以上。

厌氧生物处理法不需供氧,运转费用低,并能回收一定量甲烷(CH_4);但厌氧生化反应速度慢,反应时间长,有硫化氢(H_2S)产生与废水中的亚铁离子(Fe^{2+})生成硫化亚铁(FeS),使处理后的水又黑又臭。一般来说,高浓度的有机废水($BOD_5 = 200$ mg/L)可采用厌氧生物处理法处理。

厌氧生物处理主要有厌氧化法、厌氧接触法和厌氧生物过滤法等。

1. 厌氧消化法

厌氧消化法主要用于生活污泥及高浓度废水的处理,在消化池内进行。消化池一般为密闭的圆柱形池,废水定期进入池中,消化后的污泥从池底排出,处理后的废水从上部排出,产生的沼气从顶部排出。消化池的直径从几米到三四十米不等,池底为圆锥形以利于污泥排出,顶部有密封良好的盖子,以减少池面蒸发及防止有害气体逸出并可保证池内厌氧条件、收集沼气、保持池内温度。

传统消化池不加搅拌,池水一般为三层,上层为浮渣,中层为水流,下层为污泥。污泥在池底进行厌氧消化,这种消化池不能调节温度,微生物和有机物不能充分接触,因此消化速率很低。

高速消化池克服了传统消化池的缺点,这类消化池装有加热设备和搅拌装置,给微生物的活动提供了适宜的条件,提高了消化速率。

2. 厌氧接触法

厌氧接触法与活性污泥法的形式相近,废水进入消化池与回流厌氧污泥混合,经厌氧处理后进入沉淀池,清水自上部排出,污泥部分回流到消化池。该法生化需氧量(BOD)去除率可达 90%以上,但负荷能力不大,主要用于食品工业(如肉类加工厂)废水处理。

3. 厌氧生物过滤法

厌氧生物过滤法即厌氧生物滤池法。生物滤池构造类似一般生物滤池，废水自下而上流过惰性填料层，借助在填料空隙中截留的微生物而维持较高的固体停留时间（可达100 d 以上），因而有很高的处理效果，且能在高容积负荷下运行。该法的主要缺点是滤料易堵塞，尤其在池的下部生物膜浓度大的区域。但对含碳氢化合物废水，由于厌氧处理所产生的生物污泥量不多，很少会产生堵塞现象。

7.5.3 污泥的处理与处置

生物化学法是目前世界上最经济、有效的水处理方法，因而得到广泛使用。但是，在生化法处理过程中，常产生大量的污泥和沉渣。一般污水厂产生的污泥量是处理水量的 0.3%～0.5%（体积）。仅上海市 1986 年城市污水和工业废水处理厂产生的污泥量就高达 132 万吨，20 世纪末达到 1 050 万吨。污泥的成分相当复杂，不仅含有氮、磷、钾有机物等植物营养成分，以及各类微生物和无机物，还含有重金属离子、病原微生物、寄生虫卵等有毒有害物质，必须加以妥善处理。

污泥主要来自以下几个处理过程：

(1)初沉池或沉砂池中收集的砂、碎玻璃等较重物体。一般这些物体可不用进一步处理直接填埋。

(2)初沉污泥。初沉池底排出污泥有机物约占 70%，极易变成厌氧状态产生臭味。

(3)生物处理系统中的二沉污泥。二沉池排出的污泥含有大量微生物和其他惰性物质，有机物约占 90%，不及时处理也会变成厌氧状态产生臭味。

(4)三级处理污泥。其性质依处理工艺而定，如采用化学除磷产生的污泥就不易处理。

目前，污泥处理和处置方法应用较多的是焚烧法和厌氧消化法。焚烧法要消耗大量燃料。厌氧消化法虽可使能耗大大降低，产生的沼气还可用以补偿能源消耗，但消化时间长，占地面积大，冬季还需补充燃料以保温，还不能处理含有抑制消化毒物的某些工业废水的污泥。处置所有经处理或未经处理的污泥都是一个相当困难的问题，目前可行的处置方案有土地处置或综合利用。

任务 7.6 水处理工程系统和废水处理处置

7.6.1 给水与排水工程系统

水处理工程系统是环境保护与市政工程的重要组成部分之一。它一般包括给水工程系统(取水系统、水处理系统、输配水系统)和排水工程系统(废水收集系统、废水处理系统)。

1. 给水工程系统

给水工程系统的任务是从水源取水，根据用户对水质的要求适当净化处理后，输送到各用水点。

2. 排水工程系统

将污水、废水和城市降水系统有组织地排除与处理的工程设施称为排水系统。排水系统通常由管道系统(或称排水管网)和污水处理系统(统称污水处理厂)组成。管道系统的任务是收集和输送废水,把废水从发源地送到污水处理厂或排放口,包括排水设备、检查井、管渠和水泵站等工程设施。污水处理系统的任务是处理或利用废水,包括各种处理构筑物。由于生活污水、工业废水及降水的来源和特性不同,排水工程系统构成也有所差别。

7.6.2 再生水系统

再生水的水源主要来自经过处理的工业废水、城市集中污水处理厂二级处理出水及建筑和住宅小区生活污水三个部分。根据不同的再生水水源,可以将污水回用分为工业废水回用系统、城市污水回用系统及建筑和住宅小区污水回用系统三个系统。

不同的工业所产生的废水性质有很大的差异,同一行业不同的工艺所产生的废水水质也不同,因此,不同工业废水要达到污染排放标准所采取的处理流程也有很大的差异。在工业废水的回用中,最大的回用对象是循环冷却水,其他也包括洗涤用水、锅炉用水、工艺用水及厂内杂用水等。不同的回用对象对水质的要求不同,需要采取的深度处理流程也不同。

城市污水回用于农业,必须将污水处理达标才能灌溉,对于旱作作物和蔬菜,常规二级处理加消毒可以满足要求;对于水作作物,由于其对氮、磷的要求高,需要采用强化二级处理脱氮除磷,或采用常规二级处理加过滤等深度处理才能达标,也可以与清水同时混灌降低氮、磷含量。城市污水再生回用于工业主要是用作工业冷却水,包括直接冷却水和循环冷却水,其他也可用作洗涤用水、锅炉用水、工艺用水和产品用水等。再生水回灌地下,对水质要求比较严格,对不同的回灌方式,其水质要求也有差别。城市污水回用还包括市政杂用和景观用水。

建筑或住宅小区的排水系统可分为分流系统和合流系统。分流系统即杂排水和粪便污水分流排放系统,其中杂排水包括冷却排水、泳池排水、沐浴排水、盥洗排水及洗衣排水等。合流系统即杂排水和粪便污水混合排放系统。由于杂排水的水质较好,故要达到再生水水质标准所需要的工艺流程也相对比较简单,一般采用物化处理技术即可。相对于杂排水水质,合流系统排水水质中的有机污染要严重得多,故达到中水回用水质标准所需要的工艺流程也相对较为复杂,一般需要物化处理和生物处理技术相结合才能达到要求。

7.6.3 废水的最终处置

城市污水和工业废水无论如何重复利用或循环回用,终究有相当大量的废水要排入天然水体中,使用水量与排水量形成平衡关系,这就是废水的最终处置。

废水最终处置的途径,原则上是就近排放于天然水体中,包括江、河、湖(水库)与海。作为地下水补给源,如土地处理系统中的快速渗滤,也是最终处置途径之一。

废水最终处置的基本要求是根据污水受纳水体的功能、水质标准与纳污能力（水环境容量），确定污水处理水平与排放标准，并慎重考虑适当的排放口地点以及对下游水体功能的影响。污水向受纳水体中排放必须保证不降低该水体总体功能与水质标准。有的城市就近的水体环境容量较小，即使实施污水的二级处理，仍不能保持水体功能与水质标准，如此则需考虑向较远的大容量水体转输，或采取高级（深度）污水处理，或降低就近水体功能。

思考题

1. 按照废水的处理原理不同，可将处理方法分为哪几种？
2. 沉淀有哪几种类型？各有何特点？
3. 离心分离法处理废水的基本原理是什么？常用的离心分离设备有哪些种类？
4. 中和处理适用于污水处理中的哪些情况？
5. 臭氧氧化法处理废水有何优点？它在哪些方面已得到应用？试举例说明。
6. 简述化学沉淀法的基本原理。
7. 废水的电化学处理法可分为哪几类？
8. 反渗透法与超滤法各有什么特点？举例说明各自的应用。

项目 8　大气污染控制工程技术

知识目标

1. 掌握干法除尘、湿法除尘、过滤除尘和静电除尘等固体颗粒污染物去除方法；
2. 熟悉粉尘排放浓度达标的判断标准；
3. 掌握吸收法、吸附法、冷凝法、催化转化法和燃烧法等气态污染物净化方法；
4. 了解掌握固体颗粒污染物净化设备、气态污染物治理设备和废气净化配套设备操作要领及注意事项。

能力目标

1. 能够判断粉尘排放浓度是否达标；
2. 能够运用吸收法、吸附法、冷凝法、催化转化法和燃烧法净化气态污染物；
3. 能够根据各类除尘设备的工艺要求，安装、调试、运行和维护固体颗粒污染物净化设备、气态污染物治理设备和废气净化配套设备；
4. 能根据污染物状况，查阅相关技术资料，进行初步的污染治理工程设计。

素质目标

1. 培养学生树立以水资源保护、维护生态安全为己任的强烈责任感；
2. 培养学生运用基础知识与技能勇于探索和积极创新的工作意识；
3. 培养学生在实践训练中团结协作的精神；
4. 培养学生运用辩证方法分析和解决问题的能力。

任务 8.1　颗粒污染物控制技术

8.1.1　颗粒污染物除尘方法

从废气中将颗粒分离出来并加以捕集、回收的过程称为除尘。颗粒污染物除尘的方法很多，按其作用原理，可分为机械除尘、过滤除尘、静电除尘和湿法除尘四类。

1. 机械除尘

机械除尘采用机械力（重力、离心力等）将气体中所含尘粒沉降，如重力除尘、惯性除尘、离心除尘等。常用的设备有重力沉降室、惯性除尘器和旋风除尘器。

2. 过滤除尘

过滤除尘是指使含尘气体通过具有很多毛细孔的过滤介质将污染物颗粒截留下来的除尘方法，如填充层过滤、布袋过滤等。常用的设备有颗粒层除尘器和袋式除尘器。

3. 静电除尘

静电除尘是指使含尘气体通过高压电场，在电场力的作用下使其得到净化的过程。

常用的设备有干式静电除尘器和湿式静电除尘器。

4. 湿法除尘

湿法除尘是用水或其他液体湿润尘粒，捕集粉尘和雾滴的除尘方法，如气体洗涤、泡沫除尘等。常用的设备有喷雾塔、填料塔、泡沫除尘器、文丘里洗涤器等。

选择何种方式除尘，主要从气体中所含颗粒污染物粒子大小和数量及操作费用等方面考虑。一般来说，粗大粒子（数十微米以上）多采用干法除尘中的重力及惯性除尘，细粒子（数微米）选用离心除尘，更小的粒子则采用过滤除尘或静电除尘较好。从降低费用和提高除尘效率两个方面考虑，采用湿法除尘较好，但必须考虑水源是否充足及除尘后的废水处理，防止产生二次污染。

8.1.2 除尘效率

气体中颗粒污染物的去除可通过各种各样的除尘装置实现。除尘装置的最主要性能之一就是除尘效率的大小，可以用总除尘效率或分级除尘率表示。

1. 总除尘效率

除尘装置的总效率是指由除尘装置除下的粉尘量与未经除尘前含尘气体中所含粉尘量的百分比，通常用符号 $\eta(\%)$ 表示。

如图 8-1 所示，在装置入口处设进入装置的含尘气体量为 $Q_i(\mathrm{m}^3/\mathrm{s})$，粉尘流入量为 $S_i(\mathrm{g/s})$，含尘气体的浓度为 $C_i(\mathrm{g/m}^3)$；在装置出口处，净化后的气体流量为 $Q_0(\mathrm{m}^3/\mathrm{s})$，随净化气排出的粉尘量为 $S_0(\mathrm{g/s})$，净化后气体中含尘浓度为 $C_0(\mathrm{g/m}^3)$。

由总除尘效率的定义可得：

$$\eta = \frac{S_i - S_0}{S_i} \times 100\% \tag{8-1}$$

式（8-1）又可写为

$$\eta = \left(1 - \frac{S_0}{S_i}\right) \times 100\% \tag{8-2}$$

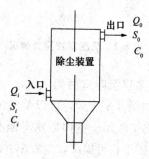

图 8-1 除尘效率

如以含尘浓度和含尘气体流量表示，由于 $S_0 = C_0 Q_0$，$S_i = C_i Q_i$，代入式（8-1）则有

$$\eta = \left(1 - \frac{C_0 Q_0}{C_i Q_i}\right) \times 100\% \tag{8-3}$$

如果装置严密不漏风时，$Q_i = Q_o$，则式(8-3)可简化为

$$\eta = \left(1 - \frac{C_0}{C_i}\right) \times 100\% \tag{8-4}$$

若含尘气体通过除尘装置后收集下来的粉尘量为 S_0(g/s)，则 $S_i = S_0 + S_c$，代入式(8-1)，则有

$$\eta = \frac{S_c}{S_0 + S_c} \times 100\% \tag{8-5}$$

实验室以人工方法供给粉尘，研究装置的除尘效率时，多用式(8-1)和式(8-5)来计算 η 值。对于正在运行的装置采样试验时，用式(8-3)或式(8-4)较为方便。

2. 分级效率

除尘装置的分级效率是指在某一粒径(或粒径范围)下的除尘效率。即进入除尘装置某一粒径 d_p 或粒径范围 d_p 至 $d_p + \Delta d_p$ 的粉尘，经除尘装置后收集下的质量流量为 ΔS_c。与该粒径的粉尘随含尘气体进入装置时质量流量 ΔS_i 之比，用 η_d(%)表示。其表达式为

$$\eta_d = \frac{\Delta S_c}{\Delta S_i} \times 100\% \tag{8-6}$$

8.1.3 重力沉降

重力沉降是利用含尘气体中颗粒本身的重力自然沉降，从气流中分离出来的过程。由于尘粒沉淀速度较慢，只适于分离粒径较大的尘粒。

假定粉尘颗粒是一个表面光滑的球形颗粒在静止的流体介质中做下沉运动，这时颗粒将受到重力 F_g、浮力 F_b 和阻力 F_d 三个力的共同作用，如图 8-2 所示。

图 8-2 沉淀颗粒受力情况

重力沉降室有单层沉降室和多层沉降室两类。

(1)单层沉降室的结构形式如图 8-3 所示，可以是空气式的，或是在室内装有挡板。

(2)多层沉降室的结构如图 8-4 所示。室内以水平隔板均匀分成若干层，隔板间距为 40~100 mm。多层沉降室沉降高度小，可提高收尘效率并减小设备占地面积，但出灰不便。

重力沉降室设备简单，阻力小，操作费用低，可在广泛的温度、压力条件下操作，但体积庞大，分离效率低，一般只有 40%~70%，只适用于分离粒径在 75 μm 以上的粗大尘粒，一般多做预除尘器使用。

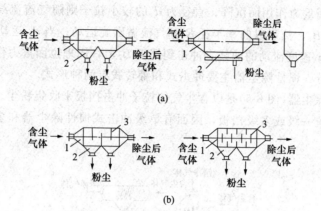

图 8-3 单层沉降室的主要结构形式
(a)空气式沉降室；(b)装有挡板的沉降室
1—壳体；2—灰斗；3—挡板

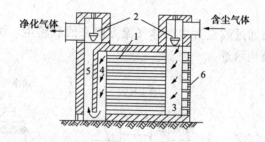

图 8-4 多层沉降室结构图
1—隔板；2—调节闸阀；3—气体分配道；4—气体集聚道；5—气道；6—清灰口

8.1.4 惯性除尘

惯性除尘是利用气流方向急剧改变时，尘粒因惯性力作用而从气体中分离出来的一种除尘方法。

具体原理如图 8-5 所示。含尘气体以 u_1 的速度沿与挡板 B_1 成垂直的方向进入装置，在 T_1 点直径为 d_1 的较大粒径的粒子由于惯性力作用继续向前运动并与挡板 B_1 碰撞使速

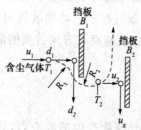

图 8-5 惯性除尘器分离原理示意

度变为零,然后因重力作用而沉降;直径为 d_2 的较小粒子则随气流流线(虚线)先以曲率半径 R_1 绕过挡板 B_1,然后以曲率半径 R_2 随气流做回旋运动;当 d_2 运动到 T_2 点时,由于惯性作用脱离以 u_2 速度流动的曲线,冲击到挡板 B_2 上,同理也因重力作用而沉降。

按其构造来分,惯性除尘器主要冲击式和翻转式有两种形式。

冲击式惯性除尘器(图 8-6)是以含尘气体粒子冲击挡板来收集粉尘。此类除尘器在气流运动方向上放置一级或多级挡板,因而有单级冲击式惯性除尘器和多级冲击式惯性除尘器之分。

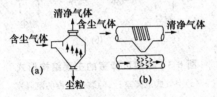

图 8-6 冲击式惯性除尘器结构示意
(a)单级型;(b)多级型

反转式惯性除尘器通过改变含尘气体气流方向来回收粉尘。图 8-7 所示为常见的几种反转式惯性除尘器结构示意。

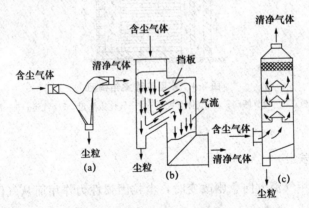

图 8-7 反转式惯性除尘器结构

惯性除尘器可直接安装在风道上处理高温含尘气体。一般多用于高效除尘器的前级除尘,先除去较粗尘粒或炽热状态的粒子。此类装置可除去粒径为 $20\sim30~\mu m$ 的尘粒。含尘气体在冲击或方向转变前的速度越高,方向转变的曲率半径越小,除尘效率则越高,但阻力也随之增大。

8.1.5 离心除尘

离心除尘是利用旋转的含尘气流所产生的离心力,将颗粒污染物从气体中分离出来的过程。

当含尘气体带着固体颗粒旋转时,由于颗粒密度大于气体,固体颗粒就会在离心力的作用下沿切线方向被甩出，使颗粒在径向与流体发生相对运动而飞离中心。若颗粒所在位置上是一团与周围介质相同的气体，旋转时不会将这团流体甩出，可见这个位置周围的流体对固体颗粒有一个指向中心的作用力，刚好等于同体积流体维持圆周运动时所需的向心力。同时，颗粒在径向与流体有相对运动时，也一定会受到阻力的作用。因此，固体颗粒在径向受到离心力、向心力和阻力三个力的作用。

离心力除尘器是应用较广泛的除尘设备，可作为锅炉消烟除尘和多级除尘、预除尘的设备。离心除尘器主要有旋风除尘器和旋流除尘器两类。

普通旋风除尘器由进气管、筒体、锥体及排气管组成(图8-8)。气流运动状况如图8-8所示：含尘气体由上部进气管，沿切线方向进入，受器壁约束自上而下做螺旋形运动；含尘气体在旋转过程中产生离心力，使得固体颗粒被甩向器壁与气流分离，再沿器壁落到锥底的排灰口，气流进入锥体之后，因圆锥体的收缩而向除尘器的轴线靠近，切向速度提高，当气体达到锥体下部某一位置时，就会以同样的旋转方向自下而上继续做螺旋运动；净化气体经上部的排气管排出。通常把下行螺旋形气流称外旋流，上行的螺旋形气流称内旋流。

图8-8 旋风除尘器工作原理示意

旋风除尘器的优点是结构简单、造价低；没有传动机构和运动部件，易维修；操作条件范围广，可用于高温含尘气体的净化；可回收有价值的粉尘；分离效率高。但是旋风除尘器阻力损失比较大，对于粒径小于 5 μm 的粉尘粒子，捕集效率不高。对于粒径在 200 μm 以上的粗大颗粒，最好先用重力沉降法除去，以减少颗粒对除尘器的磨损。另外，旋风除尘器也不适于处理黏性和含湿量高的粉尘及腐蚀性粉尘。

旋流除尘器是一种离心式除尘器，它的结构和工作原理如图8-9所示。

含尘气体从下部进入，经叶片导流器产生向上的旋流；同时，向上运动的气流还受到由切向布置下斜喷嘴喷出的二次空气旋流作用。由于二次空气的旋流方向与含尘气流的旋流方向相同，增大了含尘气体的旋流速度，增强了对尘粒的分离能力，起到对已分离出的尘粒向下裹携的作用，使尘粒迅速经尘粒导流板进入贮灰器中；裹携尘粒后的二次空气流在除尘器的下部反转向上，混入净化后的含尘气中，从除尘器顶部排出。

旋流除尘器具有二次气体导入装置，使进入除尘器的气体的旋流增强，提高了除尘效果。

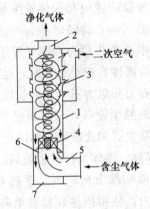

图 8-9 旋流除尘器的结构和工作原理

1—外壳体；2—排气管；3—二次空气喷嘴；4—叶片导流器；5—进气管；6—尘粒导流板；7—贮灰器

8.1.6 过滤除尘

过滤除尘是用多孔过滤介质分离捕集气体中固体或液体粒子的处理方法。此类方法多用于工业原料气的精制、固体粉尘的回收、工业排放尾气或烟气中粉尘粒子的清除等。

过滤除尘的滤尘过程比较复杂，它是多种沉降过程联合作用的结果，包括惯性碰撞、扩散、重力沉降、筛滤和静电吸引等过程。

根据除尘装置所采用的过滤方式的不同，过滤除尘器主要有袋式除尘器和颗粒层除尘器两种。

袋式除尘器是让含尘气体通过用棉、毛或人造纤维等制成的过滤袋来滤去粉尘的分离装置。它的优点有：除尘效率高（一般可达 99% 以上）；适用范围广，可处理不同类型的颗粒染物；操作弹性大，入口气体含尘量有较大变化时对除尘效率影响也很小；结构简单，运行可靠等，因而得到广泛应用。

袋式除尘器应用受到滤布的耐高温、耐腐蚀性能的限制，使用温度一般为 250～300 ℃。黏结性强和吸湿性强的尘粒，有可能在滤袋上黏结，堵塞滤袋的孔隙，破坏除尘器的正常操作，这类含尘气体的处理也不适宜用袋式除尘器。

袋式除尘器的种类很多，图 8-10 所示为一种使用较为普遍的机械清灰袋式除尘器结构简图。

除尘器的壳体内悬吊着一定数量开口朝下的布袋（柔性滤料），下端的袋口固定在花板上，花板与壳体组成了一个密封的袋室。壳体下部设有排灰装置，定期排出从布装内清下的粉尘。含尘气体从下部经花板进入悬挂布袋的内部，尘粒被过滤而捕集下来，干净的气体则穿过布袋从壳体上方的出口管排出。

过滤开始时，滤布是"清洁"的，这时捕尘作用主要靠滤布的纤维，由于此时滤布的空隙率较大，故除尘效率不高。过滤进行一段时间以后，滤布所捕集的粉尘量增加，一部分粉尘嵌入滤料内部，另一部分覆盖在表面形成粉尘层，这时含尘气体过滤主要依靠粉尘层进行，使除尘效率大大提高。随着粉尘层的增厚，阻力损失也将增加。当粉尘积

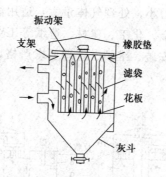

图 8-10 机械清灰袋式除尘器

厚到一定程度之后，通过机械振动装置振动布袋将积灰清除，使其落入料斗排出。滤布上只留下薄薄的一层尘粒，恢复原有的过滤性能。

颗粒层除尘器是以硅砂、砾石、矿渣、焦炭等粒状颗粒物作为滤料，去除含尘气体中粉尘粒子的一种内滤式除尘装置。它适用于净化高温、易腐蚀、易燃、易爆的含尘气体，除尘效率高，可同时除去气体中的 SO_2 等多种气态污染物。颗粒层除尘器的缺点是阻力损失大，且不适于过滤黏性大的粉尘。

图 8-11(a)所示的是一种目前广泛使用的耙式颗粒层除尘器。含尘气体由总管沿切线方向进入下部的旋风筒，通过离心分离作用清除粗颗粒，通过插入管进入过滤室中，自上而下经过过滤床层进行最终净化；净化后的气体由净气体室经阀门引入净气体总管排出；分离出的粉尘由下部卸灰阀排出。

当过滤进行一段时间之后，颗粒层阻力达一定值，则应开始清除过滤层灰尘，恢复其过滤能力。清灰的过程如图 8-11(b)所示。阀门将干净气体总管关闭，打开反吹风风口，使气流经干净气体室自下而上通过滤床层，剥落滤料上凝聚的粉尘并将其带走，通过插入管进入下部旋风管，使粉尘沉降，气流再返回到含尘气体总管，进入到与之并联的其他正在工作的颗粒层除尘器中净化。耙子的作用是打碎颗粒层中生成的气泡和尘饼，并使颗粒松动，有利于粉尘与颗粒的分离，另外可将床层表面耙松耙平，以便过滤时气流均匀通过。

8.1.7 静电除尘

静电除尘是利用静电力的作用分离气体中固体与液体粒子的气体净化过程。

静电除尘器可分为平板式和管式两大类。前者是丝状放电极（负极）悬置于一组平行板之间，平行板与正极相连，为集尘极；后者是将丝状放电极悬置在一个管状的阳极中。实际生产中所使用的静电除尘器是多组平行板或管子的组合体，如图 8-12 所示。

静电除尘器的电源输入电压为单相交流 380 V，额定输出电压为 60 kV 或 72 kV，额定输出电流为 0.1~1.5 A。

静电除尘器具有优异的除尘性能，几乎可以捕集一切细微粉尘及雾状液滴，其捕集粒径范围在 0.01~100 μm。当粉尘粒径大于 0.1 μm 时，除尘效率可达 99% 以上。除此之外，它还具有节省能源，阻力小，处理气体量大，适用温度范围广（最高可达 500 ℃）等优点。因此，在火电厂、冶金、化工、建材、造纸等工业部门获得广泛应用。静电除尘器的主要缺点是造价偏高，安装、维护、管理要求严格，需要高压变电及整流控制设备，占地面积大等。

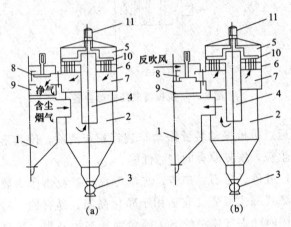

图 8-11　耙式颗粒层除尘器

1—含尘气体总管；2—旋风筒；3—卸灰阀；4—插入管；5—过滤室；6—过滤床层；
7—干净气体室；8—换向阀门；9—干净气体总管；10—耙子；11—电机

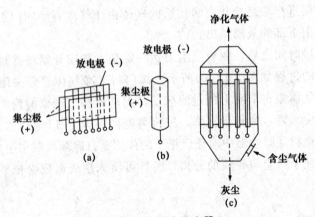

图 8-12　静电除尘器

(a)板式；(b)管式；(c)管式除尘器结构

8.1.8　湿法除尘

湿法除尘是利用喷淋液体，通过液滴、液膜或鼓泡等方式洗涤含尘气体，使气体得以净化的方法。这种除尘方法的优点是除尘效率较高，适用于处理高温、高湿、易燃、易爆的含尘气体，对雾滴也有很好的去除效果。在除尘的同时还能去除部分气态污染物，因而，广泛应用于工业生产各部门的空气污染控制和气体净化过程中。它的缺点是能耗大、废水和泥浆需要处理；洗涤水有一定的腐蚀性；在寒冷地区使用可能发生冻结现象。

常用的湿法除尘设备有以下四种:

(1)喷淋式洗涤器。喷淋式洗涤器是一种塔式设备,顶部设有喷水器(也有在塔身中下部装置喷淋器),液气比一般为 $4\sim 5$ L/1 000 m³。其结构如图 8-13 所示。

喷头一般在塔的横截面上均匀分布,含尘气体由下方进入与喷头洒下的水滴逆向。相遇而被捕集,净化气由上方排出,浊水由下方排出。这类设备适用于清除粒径为 $5\sim 100$ μm 的粉尘粒子,压力损失 $100\sim 800$ Pa。

(2)填料洗涤器。填料洗涤器是在除尘器中填充不同形式的填料,并在填料表面喷洒洗涤水,形成覆盖在填料表面的液膜以捕集粉尘粒子。这种洗涤器特别适用于伴有气体冷却和吸取气体中有些有害气体的除尘过程。图 8-14 所示为逆流填料洗涤器的结构简图。该除尘器采用的空塔气速为 $1.0\sim 2.0$ m/s,耗用水量为 $1.3\sim 3.6$ L/m³。

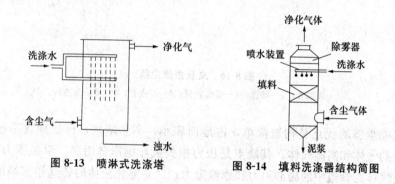

图 8-13 喷淋式洗涤塔　　图 8-14 填料洗涤器结构简图

(3)泡沫除尘器。泡沫除尘器是由金属外壳和内装多层金属筛板组成的,有溢流式和无溢流式两种。

图 8-15 所示为一种有溢流装置的泡沫除尘器。

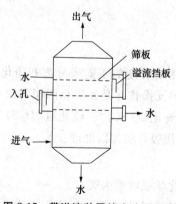

图 8-15 带溢流装置的泡沫除尘器

泡沫除尘器的效率取决于尘粒的多少及物理性质、泡沫层高度、塔板数。增加塔板数可以提高除尘效率,但板数过多,增加的效率并不明显,反而使阻力损失增大,一般用三层塔板即可保证全部除净 5 μm 以上的微粒。

(4)文丘里除尘器。文丘里除尘器是一种结构简单,除尘效率高,用途广的湿式除尘设备。它在除尘的同时，还可达到冷却的目的。

文丘里除尘器的结构如图 8-16 所示，由文丘里管、喷水装置和旋风分离器三部分组成。当待处理气体经过文丘里管的喉管时，产生高速气流，与从喉管中喷入的水相撞，使水雾化并充分混合，尘粒和液滴相互撞击、润湿并结成大的颗粒进入旋风分离器内被除去。

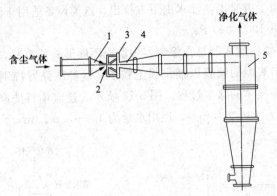

图 8-16 文丘里除尘器
1—收缩管；2—喉管；3—喷水装置；4—扩张管；5—雾沫分离器

文丘里除尘器的优点是构造简单，占地面积小，不易堵塞，可处理含易燃、易黏着、易潮解粉尘的气体和高温气体；其缺点是压力损失大，操作费用高。引起压力降的原因有两条，一是气体在管道中的局部阻力和摩擦阻力；二是雾化液体时传递给雾滴的动能损失。后者所占比重极大。

任务 8.2　气态污染物控制技术

8.2.1　吸收法

吸收法是利用气体在液体中溶解度的不同来分离和净化气体混合物的一种操作过程。它在化工生产中是一个重要的单元操作，是发生在两相间的质量传递过程。吸收法也常用于气态污染物的处理，如含二氧化硫（SO_2）、硫化氢（H_2S）、氮氧化合物（NO_x）、氟化氢（HF）等污染物的工业废气都可用吸收法加以处理。

1. 吸收法分类

吸收法可分为物理吸收和化学吸收两大类。

(1) 物理吸收。吸收时所溶解的气体与吸收液不发生明显的化学反应，仅仅是被吸收的气体组分溶于液体的过程。例如，用水吸收醇类和酮类物质，用洗油吸收烃类蒸气等过程都属于物理吸收过程。

(2) 化学吸收。被吸收的气体组分与吸收液发生明显化学反应的吸收过程称为化学吸收。由于废气中的气态污染物含量一般都很低，因此它们的处理多采用化学吸收法。例如，用碱液吸收烟气中的 SO_2，用水吸收 NO_x 等都属于化学吸收过程。

2. 吸收液

在吸收法操作中，选择合适的吸收液至关重要，在对气态污染物处理中，往往成为处理效果好坏的关键。吸收液的选择主要从以下几个方面考虑：

(1)溶解度。吸收液对有害组分要有较大的溶解度，以提高吸收速率，减少吸收剂用量。

(2)选择性。吸收液对混合气体中有害组分溶解度应尽可能大，对其余组分则应尽可能小。

(3)挥发性。吸收液挥发性要低，以减少吸收液的损失。

(4)黏度。操作温度下吸收液黏度要低，以改善吸收塔内流动状况，提高吸收速率。

(5)吸收液应尽可能无毒、难燃、不发泡、冰点低、价廉易得并具有化学稳定性。

(6)吸收液在使用中应有利于有害组分的回收。

对易溶于水的气体通常用水做吸收液，酸性气体可用碱性吸收液，轻烃类气体多用洗油为吸收液。

(1)水。用于吸收易溶的有害气体。水价廉易得，比较经济。水吸收效率与吸收温度有关，一般随温度的增高，吸收效率下降。当废气中有害物质含量很低，水吸收的效率不高时，应选用其他吸收液。

(2)碱性吸收液。可用于吸收能和碱起化学反应的有害气体，如 SO_2、NO_x、H_2S、HCl、Cl_2 等。常用的碱吸收液有氢氧化钠、氢氧化钙、氨水等。用碱性吸收液吸收属于化学吸收，吸收效率一般比较高。

(3)酸性吸收液。可以增加有害气体在稀酸中的溶解度或是发生化学反应。例如，一氧化氮(NO)和二氧化氮(NO_2)气体在稀硝酸中的溶解度比在水中大得多，浓硫酸也可以吸收NO气体。

(4)有机吸收液。一般用于有机废气的吸收，如洗油吸收苯和沥青烟。聚乙醇醚、冷甲醇、二乙醇胺等均可作为有机吸收液，能除去部分有害酸性气体，如 H_2S、CO 等。

3. 吸收设备

处理有害气态污染物的吸收设备多数为气液相接触吸收器。一个好的吸收设备应具有处理能力大、操作稳定可靠、阻力损失小、吸收效率高、结构简单、投资省等优点。目前，在工业上常用的吸收设备有表面吸收器、板式塔、喷洒塔、文丘里塔等。

(1)表面吸收器。表面吸收器的种类很多，如水平液面的表面吸收器、液膜吸收器、填料吸收器等。

列管式液膜吸收器结构如图 8-17 所示，吸收液自上部进入吸收器，均匀分配到各个管口，然后沿列管的内壁形成液膜自上而下流动，与从管内流过自下而上处理气体接触发生吸收作用。净化后气体从顶部排出，吸收液从底部排出可进一步处理。管束外可用冷水在管间流动以除去吸收过程所放出的热量。

填料塔(图 8-18)是气态污染物处理中应普遍的设备之一。塔内装有两层填料，液体通过连蓬式喷洒器使填料层润湿，形成液膜与自下而上的气体逆流接触，使气态污染物被吸收。

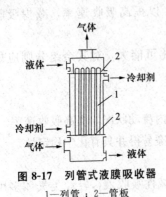

图 8-17　列管式液膜吸收器

1—列管；2—管板

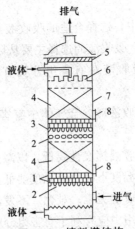

图 8-18　填料塔结构

1—大填料和中等填料砌层；2—液体再分布器；3—填料支承；
4—填料；5—除雾层；6—液体分布器；7—外壳；8—入孔

塔内的填料性能对吸收效果有较大的影响，对填料的选择应从以下几个方面考虑。

①单位体积填料的表面积应尽可能大；

②填料层要有较大的空隙率，以降低填料层的阻力；

③填料应质量轻，机械强度大，制造容易，价格低廉。

(2)板式塔。板式塔的基本结构是在塔内设置若干层某种形式的塔板，气-液两相在塔板上进行逐级的多次接触，使气态污染物被吸收而除去。

每块塔板上均有若干升气管；管上覆盖有泡罩，泡罩下缘浸没在液体之中。气体自升气管进入泡罩下面的空间并穿过液层鼓泡通过使气态污染物被吸收。塔板上的液体可经过降液管自上块塔板流入下块塔板。

4. 吸收法的应用

吸收法对工业废气中所含的 SO_2、NO_x、HF、HCl、Cl_2 及胺类、醛类、硫醇等污染物的脱除都有较好效果。其中以对 SO_2 和 NO_x 的脱除应用较为广泛。

下面介绍几种用吸收法治理烟道气中 SO_2 的处理方法。

吸收法在气态污染治理中的应用

(1)氨-酸法。氨-酸法是较为成熟的一种处理方法，早在 20 世纪 30 年代就应用于硫酸生产中的尾气处理。该法设备简单，操作方便，脱硫费用低，除获得高浓度的 SO_2 外，还可以副产化肥。

氨—酸法典型的工艺流程(图 8-19)就是含 SO_2 的烟道气进入吸收塔的下部，含氨母液或氨水由循环泵打至吸收塔顶喷淋，气液逆流接触，使 SO_2 被吸收；吸收液由塔底流入循环槽，在槽内补充氨气和水，以维持碱度，使吸收液部分再生，并保持吸收液中具有稳定的 $(NH_4)_2SO_3$(亚硫酸铵)/NH_4HSO_3(亚硫酸氢铵)比值，然后通过循环泵进行循环净化后的烟气经吸收塔顶除雾器除雾后从烟囱排入大气。

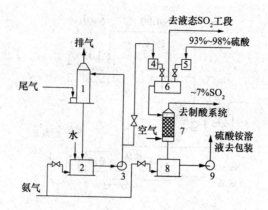

图 8-19 氨-酸法回收硫酸尾气工艺流程
1—吸收塔；2—循环槽；3—循环泵；4—母液高位槽；5—硫酸高位槽；
6—混合槽；7—分解塔；8—中和槽；9—硫酸铵溶液泵

当吸收液中 NH_4HSO_3 含量达到一定值时，则应抽出一部分送往母液高位槽，并与硫酸高位槽中的浓硫酸一起送入混合槽，经折流挡板的作用均匀混合后，再送入分解塔。在混合槽内吸收液与硫酸作用可分解出 100% SO_2 气体，送往液态 SO_2 二段制取液态 SO_2。在分解塔中吸收液继续被硫酸分解产生 SO_2，通过分解塔底部的空气将其吹出，得 7%左右的 SO_2 气体，可送去制酸。分解塔底部出来的母液进入中和槽，通过氨中和过量的硫酸可制得硫酸铵溶液。

(2) 钠碱法。钠碱法采用碳酸钠或氢氧化钠吸收烟气中的 SO_2，吸收后的产物为亚硫酸钠(Na_2SO_3)、亚硫酸氢钠($NaHSO_3$)和硫酸钠(Na_2SO_4)。钠碱法又可分为亚硫酸钠法、钠盐循环法、钠盐-酸分解法等。

亚硫酸钠法的工艺流程(图 8-20)就是含 SO_2 废气经吸收塔被自上而下的吸收液吸收，再经塔上部的捕雾器捕雾后排放。吸收液自塔底送至循环槽循环使用，部分吸收液被泵送去中和槽用碳酸钠(Na_2CO_3)或氢氧化钠(NaOH)中和；中和液用过滤机过滤，弃去废渣，清液至浓缩罐浓缩结晶，在离心机甩干，离心液循环使用，亚硫酸钠(Na_2SO_3)结晶经干燥机干燥后作为成品。

吸收塔可选用湍球塔，操作时空塔气速不超过 5 m/s，其优点是不易堵塞，生产能力大，造价低，吸收率可达 90%～95%。

(3) 海水脱硫。天然海水中含有大量可溶性盐，其中最主要的是氯化钠和硫酸盐及可溶性碳酸盐。海水通常呈碱性，从而使其具有吸收 SO_2 的能力。国外有些公司利用海水的这一特性开发出海水脱硫工艺。过去海水脱硫工艺主要用于冶金行业及炼油厂，近年来也开始在火电厂烟气脱硫上应用。挪威是采用该技术较为成功的国家，它们的烟气脱硫全部采用海水脱硫工艺。

吸收法在 NO_x 的脱除中使用较为广泛，吸收液为水、碱或盐的水溶液、浓硫酸和稀硝酸，如有氨—碱溶液两级吸收法和亚硫酸铵吸收法。

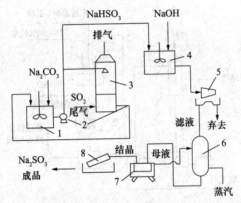

图 8-20 亚硫酸钠法回收烟气中的 SO_2 工艺流程

1—循环槽；2—泵；3—吸收塔；4—中和槽；5—过滤机；6—浓缩罐；7—离心机；8—干燥机

8.2.2 吸附法

吸附法是一种复杂的固体表面现象。它利用多孔性固体吸附剂处理气态（或液态）混合物，使其中的一种或几种组分在固体表面未平衡的分子引力或化学键力的作用下被吸附在固体表面，从而达到分离的目的。吸附作为一种单元操作应用于化学工业的各个领域。目前，吸附操作在净化有毒有害气体方面也得到了广泛应用，成为处理气态污染物的重要方法之一。

1. 吸附剂

常用的气体吸附剂有硅胶、活性氧化铝（Al_2O_3）、分子筛、沸石、活性炭、焦炭等，其中应用最为广泛的是活性炭。这些吸附剂在大气污染治理中的应用见表 8-1。

表 8-1 用吸附法可除去的污染物

吸附剂	污染物
活性炭	苯、甲苯、二甲苯、丙酮、乙醇、乙醚、煤油、汽油、光气、醋酸乙酯、苯乙烯、氯乙烯、恶臭物质、H_2S、Cl_2、CO、SO_2、NO、二氧化碳（CS_2）、四氯化碳（CCl_4）、三氯甲烷（$CHCl_3$）、二氯甲烷（CH_2Cl_2）
浸渍活性炭	烯烃、胺、酸雾、碱雾、硫醇、SO_2、Cl_2、H_2S、HF、HCl、NH_3、HCHO、CO
活性氧化铝	H_2S、SO_2、C_nH_m、HF
浸渍活性氧化铝	HCHO、HCl、酸雾
硅胶	NO、SO_2、C_nH_m
分子筛	NO、SO_2、CO、CS_2、H_2S、NH_3、C_nH_m
焦炭粉粒	沥青烟

根据要处理的气态污染物性质选择合适的吸附剂，必要时可以先通过小试确定吸附剂的种类及操作条件。活性炭是最常用的吸附剂，可用于有机气体的吸附，如苯、甲苯、二氯乙烷等；合成分子筛可用于无机气体如 SO_2、NO_x 的吸附。

2. 吸附设备

用吸附法净化气体污染物的设备(图 8-21)与废水处理中的设备类似,可分为固定床、移动床、流化床三类。

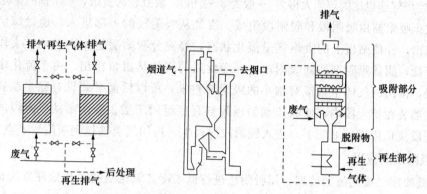

图 8-21　固定床、移动床、流动床吸附装置

(1)固定床吸附器。固定床吸附器是应用较多的一种吸附设备,有立式、卧式两种形式,内设吸附层可以是单层、双层或四层。

固定床的操作是间歇操作过程,吸附操作进行一段时间以后,吸附剂逐渐趋于饱和,吸附能力下降,这时则应对其进行再生。对于低浓度废气的处理,吸附周期较长,可以不设再生系统,将吸附剂定期取出再生即可,这样做较为经济。如果吸附周期较短(如小于 3 个月),一般应设置再生系统。

一般在一个系统中设置 2~3 台吸附器,轮流进行吸附和再生。在此类流程中,气流由两个吸附器分别交替进行吸附操作起到连续净化作用。当其中一台吸附器进行吸附操作时,另一台则进行吸附剂的再生。但对每一台吸附器而言,吸附过程仍然是间歇的。这种流程可以充分利用吸附剂的使用寿命,降低操作费用,增大处理气体能力,并可回收有用物质。

固定床的再生方式有多种,如用清洁气体或溶剂冲洗床层、加热床层、降低系统压力进行真空脱附等。最常用的方法是通入水蒸气将吸附质赶走,但再生后必须向床层通入清洁干燥气体 5~10 min,以使其保持干燥。

固定床的优点是结构简单、工艺成熟、性能可靠、吸附剂磨损小;缺点是间歇操作,并需不断的周期性轮换,吸附剂用量多,导热性能差,再生时加热升温困难,吸附热也难以导出。

(2)移动床吸附器。移动床吸附器是气-固两相均以恒定速度通过的设备,气体与吸附剂保持连续接触。一般采用逆流操作,也可采用错流操作。再生后的活性炭从顶部连续送入吸附器,与横向流过的废气接触,吸附了有毒污染物后流入脱附器,与热砂混合被加热再生,然后流过筛分机与砂子分开进入冷却器冷却后再经提升装置送回吸附器重复使用。砂子由皮带机送到提升管被燃烧炉来的热废气加热并送往脱附器的顶部。

移动床吸附器的优点是操作连续进行、处理能力大,适用于稳定、连续、量大的气体净化。它的缺点是吸附剂磨损大,动力消耗也大。

(3)流化床吸附器。流化床吸附器为塔式设备，内设若干层筛板，吸附剂在筛板上呈沸腾状态，故称为流化床。流化床吸附器的特点是气-固两相达到充分接触，吸附速度快、处理能大，特别适于连续性、大气流量的污染源治理。与固定床相比，流化床所用的吸附剂粒度较小，空塔气速也比固定床大得多（一般为3~4倍），装置较为复杂，吸附剂的损耗也较大。

流化床吸附器由吸附段和脱附段组成。废气从吸附段的下部进入，通过每层筛板上的筛孔流出，并使筛板上的吸附剂呈流化状态，经充分吸附后进入上部的扩大段，在这里气速降低，固体吸附剂回到吸附段，而净化后的气体从出口排出。由于流化床内吸附剂的磨损，排出的气体中常带有细小的吸附剂粉末，所以后面必须设有除尘装置。有时也将除尘器装在扩大段内，使收集到的吸附剂直接返回床层。吸附剂从吸附段的上部加入，经每段流化床溢流堰流下，进入脱附段内再生，再用气流输送到吸附段，重复使用。

3. 吸附法的应用

(1)低浓度二氧化硫的治理。用吸附法进行低浓度二氧化硫的净化处理方法也有很多种。用活性炭作吸附剂来脱除废气中的SO_2可在常温下进行，过程简单，再生时无副反应，是废气处理中常用的一种方法。活性炭对气体SO_2的吸附能力不高，但有氧存在时，吸附能力有所提高。这是因为在氧气存在时，高活性吸附表面起着催化氧化作用，将SO_2氧化为SO_3，若有H_2O存在，则形成硫酸（H_2SO_4）而被活性炭的微孔所吸附。

这种方法的关键是如何将被活性炭微孔所吸附的硫酸取出，以使活性炭得以再生。再生方法不同，则有不同的活性炭脱硫工艺过程。

热再生法是用惰性气体将热量带给活性炭，再生后的SO_2引出可制成其他产品要消耗部分活性炭，约为除去SO_2质量的10%。为了解决这一问题，降低操作费用，也可用焦炭代替活性炭。

洗涤再生法是用水洗涤活性炭所吸附的硫酸，所需水量很大，只能得到浓度为5%~15%的稀酸，用途极少，要将其浓缩到92%~98%，还要经过较复杂的过程和消耗大量的热能。

还有还原再生法，即用一定方式将活性炭上的硫酸还原成二氧化硫（SO_2）或硫化氢（H_2S）甚至硫从活性炭中挥发出来，它们都是浓缩产品，便于利用。

(2)有机废气的吸附净化。许多化工生产过程中会使用各种易挥发的有机溶剂作溶剂或萃取剂，产生对人体有害的有机蒸气，必须设法将其净化和回收。

活性炭吸附法是目前较好的净化和回收有机废气的方法，既能达到净化目的，又可回收有用的物质，降低生产和处理成本。该法工艺简单，效率高，对生产波动的适应性强，回收费用低，特别是对低浓度范围的废气更为适用。活性炭对有机蒸气具有选择性的吸附作用。活性炭可从废气中回收的有机溶剂很多，如汽油或石油醚之类的烃类；甲醇、乙醇、丙醇、丁醇及其他醇类；二氯乙烷、二氯丙烷；脂类、酮类、芳香烃类等。

(3)脱除氮的氧化物。氮的氧化物NO_x也是工业生产所排出的废气中一种主要污染物。例如，硝酸生产尾气中NO_x的含量则高达$1\,000$~$3\,000$ μg/L。

吸附法脱除氮氧化物的吸附剂主要有活性炭、硅胶、分子筛等。这些吸附剂是将NO氧化为NO_2的形式吸附，活性炭对NO_x的吸附容量低，多采用硅胶或分子筛。利用分子筛作吸附剂净化氮氧化物是吸附法中有前途的一种方法。

（4）除臭。活性炭、硅胶、离子交换树脂、活性白土等吸附剂均可除去气体中的臭气成分。特别是活性炭，对除氨、胺、醛外的大多数臭气均能很好地吸附。使用这一方法除臭时，首先必须根据臭气成分选择适当的吸附剂并确定合适的接触时间，以提高吸附效率。对高温、含水和粉尘的废气，还要经过冷却、除尘、脱水等预处理过程。

8.2.3 冷凝法

冷凝法是采用降低系统温度或提高系统压力的方法使气态污染物冷凝并从废气中分离出来的过程。它尤其适用于处理含较高浓度（一般在 10 000 μg/L 以上）、有回收价值的有机气态污染物的气体。单纯的冷凝法往往不能达到规定的分离要求，故此方法常作为吸附、燃烧等净化高浓度废气的前处理过程。

1. 基本原理

气态污染物在不同的压力和不同的温度下具有不同的饱和蒸汽压，因此，降低温度和加大压力可以使某些气态污染物凝结成液体，从而达到净化或回收的目的。在一定压力下，某气体物质开始冷凝出现第一滴液滴时的温度称为露点温度。只要将系统温度降低到某气态污染物的露点之下，就会使其冷凝而得到分离。

2. 冷凝设备

冷凝的设备可分为接触冷凝器和表面冷凝器两种。使用接触冷凝器时，被冷凝的污染物和冷却水混在一起，不易分离，易造成二次污染，多用于不回收有机物的场合。它的优点是有利于传热，防腐问题易解决。常见的几种接触冷凝器结构如图 8-22 所示。

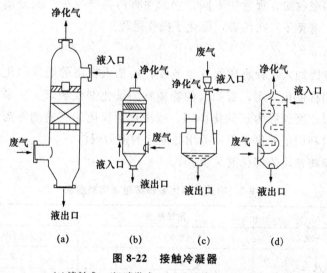

图 8-22 接触冷凝器
(a)填料式；(b)喷淋式；(c)文氏管式；(d)塔板式

3. 冷凝法的应用

（1）含汞蒸气的净化。汞在常温下即可蒸发。0 ℃时汞蒸气的饱和浓度为 2.174 mg/m³，是国家大气排放限值(0.01 mg/m³)的200多倍,20 ℃时则达1 300多倍。当生产过程中大量使用汞时,产生高浓度的含汞蒸汽,可用冷凝法净化回收,按原理不同可有常压冷凝和加压冷凝两种。由于汞易挥发,单靠冷凝法并不能使处理后的气体达到排放标准,冷凝法常作为吸附法或吸收法的前处理过程。采用先冷凝后吸附的二级净化流程处理含汞废水,经处理后尾气含汞浓度可达到排放标准。当冷凝温度为20~30 ℃时,净化效率可达到98%以上。

(2)烟气冷凝净化法。烟气冷凝净化法是通过一组冷凝洗涤器将烟气冷却至露点温度以下进行净化。

锅炉出口烟气(约为250 ℃)经静电除尘器除尘后再经热回收器可回收热水或加热助燃空气,然后进入混合式冷凝洗涤器;烟气在其前段的微型文氏管式聚冷器中被聚冷至露点温度以下(30~40 ℃)产生冷凝,冷凝水同时吸收各种酸性污染物(大量 HCl、部分 SO_x、NO_x)及除去重金属蒸汽(如 Cd、Hg);在后段洗涤塔中,烟气直接与呈微粒状的可溶性溶剂雾化层接触,使酸性有机污染物及重金属被进一步分离,凝聚液通过板式热交换器冷却至保持低于烟气的露点温度;在洗涤塔上部的填料层,用碱液循环和 pH 值控制进行深度脱硫,烟气最后经塔顶高效除雾器脱除微液滴后由引风机引入烟囱排出。

由于冷凝和吸收的双重作用,烟气冷凝净化法对气态污染物去除率很高,操作简单,所有设备内无活动部件,易于保养维修,对工艺参数适应性强,投资和运行费用低。

8.2.4 催化转化法

催化转化法是使待处理气态污染物通过催化剂床层,在催化剂的作用下发生催化反应,使之转化为无害物质或易于处理和回收利用物质的方法。

催化转化法与吸收法、吸附法不同,它无须将污染物与主气流分离,直接将有害物转化为无害物质,避免了二次污染,简化了操作过程。

1. 催化剂

化学反应速度因加入某种物质而发生改变,所加入物质的质量和化学性质在反应前后没有改变的作用称催化作用,所加入的物质称为催化剂或触媒。如果由于催化剂的加入能加快化学反应速度则称为正催化作用,减慢化学反应速度的则称为负催化作用。气态污染物的净化只利用正催化作用,所用的催化剂多为固体。

净化气态污染物常用的催化剂见表8-2。

表8-2 净化气态污染物常用催化剂组成

用途	活性物质	载体
烟气脱硫 $SO_2 \rightarrow SO_3$	V_2O_5 6%~12%	硅藻土(助催化剂 K_2SO_4)
硝酸尾气脱硝 $NO_2 \rightarrow N_2$	Pt,Pd 0.5%	Al_2O_3-SiO_2
	$CuCrO_2$	Al_2O_3-MgO
碳氢化合物净化 $CO+HC \rightarrow CO_2+H_2O$	Pt、Pd	Ni、NiO、Al_2O_3
	CuO、Cr_2O_3、Mn_2O_3 稀土金属氧化物	Al_2O_3

续表

用途	活性物质	载体
汽车尾气净化	Pt 0.1%	硅铝小球、蜂窝陶瓷
	碱土、稀土和过渡金属氧化物	Al_2O_3

工业用催化剂一般应根据不同的使用要求制成不同的形状,如颗粒状(包括球形、圆柱形、条形等)、片状、粉状、网状和蜂窝状等。

2. 催化转化设备

治理气态污染物的催化转化设备目前主要有两大类,即固定床反应器和流化床反应器。实际使用中以固定床反应器较为广泛。固定床反应器的结构形式主要分为绝热式和挨热式两类,以适应不同的传热要求和传染方式。

单层绝热反应器外形一般为圆筒状,内设栅板,以支承催化剂床层。待处理气体自上部进入,均匀通过催化床层,然后由下部排出。单段绝热反应器结构简单,阻力损失小,反应器内体积得到充分利用,但床层温度不均匀,易造成局部过热,只适用于反应热效应小、低浓度气体的处理。

多段绝热反应器在反应器内设置多层栅板,每层板上都设置催化剂,相当于几个单段绝热反应器的串联,适用于中等热效应的反应。在相邻两床层之间可以通过热交换将热量引出(或加入),以控制各床层温度在适宜的范围之内。热交换的方式有两种:一是间接换热,即通过设在段间的热交换器进行换热;二是直接换热,即在段间通入冷气流,与前一段反应后的热气流直接混合而使气温降低,这一过程也称冷激。

管式固定床反应器结构类似列管式热交换器,管内装催化剂,管间通热载体,它适用于床温分布要求严格,反应热特别大的情况。

3. 催化转化法的应用

(1)催化氧化法脱除 SO_2。催化氧化法脱除 SO_2 是以 V_2O_5 为催化剂,将 SO_2 转化为 SO_3 并进一步制成硫酸。

该法已广泛应用于硫酸尾气处理和利用有色冶炼烟气制酸上。待处理烟气经除尘器除尘后进入固定床催化反应器,使其中的 SO_2 转化为 SO_3,然后经节能器和空气预热器使混合气温度下降并回收热量,再经吸收塔吸收 SO_3 生成 H_2SO_4,最后经除雾器除去酸雾后,经烟囱排放。

(2)催化还原法脱除 NO_x。催化还原法去除 NO_x 是利用还原剂在一定的温度和催化剂作用下将 NO_x 还原为无害的 N_2 和 H_2O。催化还原法去除 NO_x 通常有两类方法:一类是以 H_2、CH_4 等气体作还原剂,与废气中的 NO_x 和 O_2 同时发生反应,称非选择性催化还原法,所用催化剂活性组分通常为铂(Pt);另一类是以 NH_3、H_2S、CO 等为还原剂,它们有选择地只与 NO_x 反应,而不与 O_2 反应,所用催化剂为铂(Pt)或铜(Cu)、铬(Cr)、铁(Fe)、钒(V)、钼(Mo)、钴(Co)、镍(Ni)等金属的氧化物,称为选择性催化还原法。

(3)催化燃烧法净化有机废气。催化燃烧法净化有机废气是利用催化剂在低温下将有机物完全氧化使之脱除。由于不少恶臭物质也属有机物(如二甲基胺、甲硫醇、二甲基硫、苯乙烯等），因此该法也同样可用于恶臭气体的治理。

8.2.5 燃烧法

燃烧法是利用燃烧过程将废气中可燃性气体、有机蒸气、微细的尘粒等转变为无害或易除去物质的方法。它的特点是可以处理污染物浓度很低的废气，净化度高，还可消烟、除臭。该法工艺简单、操作方便，在石油化工、有机涂料工业、垃圾处理场等含有有机污染物的废气治理上得到广泛应用。燃烧法可分为直接燃烧法、热力燃烧法和催化燃烧法。

1. 直接燃烧法

直接燃烧法是将废气直接点火，在炉内或露天燃烧。该法所处理的废气必须含有足够量可以自身燃烧的可燃性废气，这就要求可燃物的浓度必须高于最低发火极限。对于烃类混合物，这一极限的发热量为 $1\,923\ kJ/m^3$。为了使燃烧能正常进行，直接燃烧法要求废气发热量要高于此极限值，应在 $3\,344\sim3\,720\ kJ/m^3$ 以上。直接燃烧法可用于处理高浓度的 H_2S、HCN、CO、有机蒸气废气等。

浓度高于最低发火极限的废气可在一般的炉窑中直接燃烧并回收热能。在石油工业和石油化学工业中常用的一种直接火焰燃烧器，是一种将生产中所产生的可燃性废气引到离地面一定高度的大气中进行明火燃烧的装置，也称为"火炬"。

火炬的优点是结构简单、成本低、安全，尤其适用于生产波动大、间歇排放废气的情况；缺点是会把一定数量的污染物扩散到大气中，因为很难彻底燃烧，同时大风也会使部分污染物扩散到大气中。为了燃烧完全，可在靠近点火处喷射水蒸气，以促进湍动和抽入过量空气，并改善碳氧接触。另外，采用火焰燃烧无法回收热能，这也是它的主要缺点。

2. 热力燃烧法

热力燃烧也称为焚烧，利用燃料燃烧产生的热量将废气加热至高温，使其中所含的污染物分解、氧化。此法必须保证燃烧完全，否则形成的燃烧中间产物危害可能更大。因此，必须有充足的氧、足够高的温度、适当的停留时间和高度的湍动，以保证高温燃气与废气的充分混合。

热力燃烧由三个步骤组成：利用辅助燃料的燃烧进行预热；废气与辅助燃料产生的高温气体混合，使之达到反应温度；废气在反应温度下充分燃烧使污染物氧化、分解。

热力燃烧法的优点是可除去有机物及细微颗粒物，设备结构简单，占用空间小；缺点是操作费用高，有回火及发生火灾的可能。

3. 催化燃烧法

直接燃烧法和热力燃烧法虽能达到净化气体的目的，但必须在 $700\sim1\,100\ ℃$ 的高温下进行，才能使燃烧进行完全。催化燃烧法则是在催化剂存在下使燃烧在较低温度下进行，一般在 $200\sim400\ ℃$ 即可，这样可使燃烧过程所需热量自给或只需少量补充。

催化燃烧法只适用于污染物浓度较低的废气，这是由于催化剂使用温度是有限制的（一般低于 $800\ ℃$）。若污染物浓度过高，反应中放出的大量热很可能烧毁催化剂，一般要求通过催化剂床层时的温升以 $55\sim110\ ℃$ 为宜。

含油漆溶剂的气体、化工厂的恶臭气体都可用催化燃烧法。但不能处理含有机氯化物或含硫化合物的废气，因为它们会形成有毒的 HCl 和 SO_3 气体，同时也使催化剂中毒；也不适于处理含高沸点或高分子化合物的气体，会产生产物不完全氧化而堵塞催化剂表面的情况。

催化燃烧的优点是操作温度低，燃料消耗少，保温要求也不严格；缺点是催化剂较贵，需要再生、处理系统的投资也较高。

上述三类燃烧法的特点和区别见表 8-3。

表 8-3 各类燃烧法的特点

种类	直接燃烧	热力燃烧	催化燃烧
燃烧温度	自热至 1 100 ℃ 进行氧化反应	预热至 600~800 ℃ 进行氧化反应	预热至 200~400 ℃ 进行催化氧化反应
燃烧状态	在高温下滞留短时间，生成明亮火焰	在高温下停留一定时间，不生成火焰	与催化剂接触不生成火焰
特点	不需预热，能回收废气中热能，只用于高于最低发火极限的气体	预热耗能高，燃烧不完全时产生恶臭，可用于各种气体燃烧	预热耗能小，催化剂贵，不能用于使催化剂中毒气体的处理

8.2.6 生物净化法

气态污染物的生物净化法是利用微生物的生命活动过程把废气中的污染物转化为少害甚至无害物质的处理方法。生物净化法过程适用范围广泛、处理设备简单、处理费用低，因而在废气治理中得到广泛应用，特别适用于有机废气的净化过程。生物净化法的缺点是不能回收污染物质，也不适用于高浓度气态污染物的处理。

根据处理过程中微生物的种类不同，生物净化法可分为需氧生物氧化和厌氧生物氧化两大类，它们的处理原理与废水的生化处理法相同。

根据微生物在处理过程中的存在形式不同，气态污染物的生物净化法主要分为生物吸收法和生物过滤法。

1. 生物吸收法

生物吸收法是先把气态污染物用吸收剂吸收，使之从气相转移到液相，然后再对吸收液进行生物化学处理的办法。生物吸收法的工作原理：待处理废气从吸收器底部通入，与水逆流接触，气态污染物被水（或生物悬浮液）吸收，净化后的气体从顶部排出；含污染物的吸收液从吸收器的底部流出，送入生物反应器经微生物的生物化学作用使之再生，然后循环使用。

2. 生物过滤法

生物过滤法是利用附着在固体过滤材料表面的微生物的作用来处理污染物的方法。它常用于有臭味废气的处理。

采用生物过滤法处理废气必须满足以下几个条件：

(1) 废气中所含的污染物必须能被过滤材料所吸附；

(2) 被吸附的污染物可被微生物所降解，使之转化为低毒或无毒物质；

(3)生物转化的产物不会影响主要的生物转化过程。

8.2.7 膜分离法

膜分离法是指使含气态污染物的废气在一定的压力梯度作用下透过特定的薄膜,利用不同气体透过薄膜的速度不同,将气态污染物分离除去的方法。选择不同结构的膜,就可分离不同的气态污染物。

1. 气体分离膜

气体分离膜有固体膜和液体膜两种。液膜技术是近期发展起来的,它可以分离废气中 SO_2、NO_x、H_2S 及 CO_2 等,但还没进入工业规模的运行阶段。目前,在工业部门应用的主要还是固体膜。

固体膜的种类很多,按膜孔隙大小差别可分为多孔膜(如烧结玻璃、醋酸纤维膜)、非多孔膜(如均质醋酸纤维、硅氧烷橡胶、聚碳酸酯);按膜的结构分可分为均质膜和复合膜,复合膜是由多孔质体与非多孔质体组成的多层复合体;按膜的制作材料可分为无机膜和高分子膜;按膜的形状可分为平板式膜、管式膜、中空纤维式膜、卷式膜等。

2. 膜分离设备

常用的膜分离设备有两类,即中空纤维膜气体分离器和平板型膜气体分离器。

(1)中空纤维膜气体分离器的结构基本上模仿热交换器,主要由外壳、中空纤维、纤维两头的管板和防止漏气的垫圈组成。这种装置可用于合成氨尾气中的氢气回收,尾气送入外壳,易渗透组分经过纤维膜壁透入中心而流出,难渗透组分则从外壳出口流出。

(2)平板型膜气体分离器形式与废水处理中的螺旋卷式反渗透处理器相似。这种分离器使用范围广泛,可用于分离 H_2、CO_2、H_2S、碳氢化合物、O_2 等。

任务 8.3 城市污染控制技术

8.3.1 汽车尾气

汽车是一种现代化交通工具,但又是一种流动污染源。汽车排放大量的污染物是造成大气污染的主要原因。世界上许多城市都遭受汽车排放污染的严重危害。

汽车及其他机动车发动机排气中所排出的污染物主要有 NO_x(1 000~2 000 μg/L)、CO(约 5%)、碳氢化合物(1 000 μg/L 以上)等,可用催化氧化法(一段净化法)或催化氧化还原法(二段净化法)加以脱除。

一段净化法的流程为:发动机排出的含 CO 和碳氢化合物的尾气与补入的二次空气混合进入催化反应器,在催化剂的作用下,使 CO 和碳氢化合物被氧化为 CO_2 和 H_2O,净化后气体排入大气,该流程不能除去 NO_x。

二段净化法的流程为:发动机排出的尾气先通过一段催化反应器(还原反应器),在催化剂的作用下,利用尾气中含有的 CO 为还原剂将 NO_x 还原为 N_2,从一段反应器出来的气体再进入二段催化反应器(氧化反应器),并由空气泵供给足量的空气,使排气中的

CO 和碳氢化合物在催化剂的作用下氧化成 CO_2 和 H_2O。为了减少 NO_2 的生成,可使部分净化后的气体循环入汽车发动机,其余净化气排出。

当采用的催化剂可同时脱除 NO_x、CO 和碳氢化合物时,上述流程也可采用一段转化法。

8.3.2 室内空气

室内环境空气污染(简称室内空气污染)是指由于人类的活动造成住宅、学校、办公室、商场、宾(旅)馆、各类饭店、咖啡馆、酒吧、公共建筑物(含各种现代办公大楼),以及各种公众聚集场所(影剧院、图书馆、交通工具等)内化学和生物等因素的影响,引起对人体的不舒适或人体健康产生了伤害(如急性伤害、慢性伤害及潜在的伤害)。

现代家居环境空气污染物来源广、种类多、危害大。国内外研究一致表明,室内空气污染的严重程度是室外空气的 2~3 倍,在某些情况下甚至可高达百倍。室内空气污染控制措施包括源控制、通风、空气净化和生态效应四个方面。

(1)源控制是从建筑设计和环境设计入手,推行环保设计,有效减少室内污染源的数量,使用不含污染或低污染的材料,合理装修,减少污染;还有改变生活习惯,控制吸烟和改进烹饪方式,减少油烟产生。

(2)通风是借助自然作用力(自然通风)或机械作用力(机械通风)将不符合卫生标准的污浊空气排至室外或空气净化系统,同时,将新鲜的空气或经过净化的空气送入室内。只要室外污染物浓度低于室内污染物浓度,加强通风换气是改善室内空气质量既简单又有效的方法。新建和新装修的住宅尤其要加强通风。

(3)室内空气净化是指借助特定的净化设备收集室内空气污染物,将其净化后循环到室内或排至室外。

近年来,国内外开发出多种室内空气净化技术,具体如下:

①光催化氧化技术。采用光催化剂(如二氧化钛— TiO_2),在能量较低的光源(如荧光黑光灯)照射下,大多数气相有机污染物几乎能被完全氧化成无机物,反应速度快,光利用率高,对人体无伤害,是目前治理室内空气污染研究的热点。

②等离子、负离子净化技术。该技术多用于对颗粒物及细菌的去除,若要去除有机污染物,则需与其他技术联合运用。

③臭氧净化技术。该技术基于臭氧的氧化性将室内有机污染物氧化去除,但臭氧本身对人体有害,也不能将所有有机污染物彻底氧化,会产生一定的二次污染,所以应用臭氧净化时会有一定的负面作用。

④活性炭和 HEPA 滤网(High-efficiency Particulate Arrestance,又称为高效微粒过滤网)过滤技术。通过滤网的吸附过滤作用将空气中的香烟烟雾微粒、花粉、灰尘等微粒去除,在各种室内空气净化器中应用普遍。

⑤分子络合技术。分子络合技术将有毒气体通入水中,使气体中的污染物与水中的络合剂反应,促使分子络合后溶于水,达到空气净化目的。

由于室内空气污染物的种类繁多,治理难度大。以上介绍的各种方法在特定环境下都有其特点,在去除效果和去除污染物种类上存在局限性,因此,应用组合技术去除室内空气污染物是室内空气净化的发展趋势。

(4)生态效应是采用生态学原理,利用花草植物长期和持续地净化室内空气污染物。例如,吊兰、常青藤对吸收甲醛、乙醛十分有效,芦荟、菊花可减少居室内苯的污染,雏菊、万年青可以有效消除三氟乙烯的污染,月季、蔷薇可吸收硫化氢、苯、苯酚、乙醚等有害气体等。但室内也不能摆放太多的盆栽植物,因为植物在晚上也需要呼吸,会减少室内的氧气并增加二氧化碳。

思考题

1. 颗粒污染物的去除方法及设备主要有哪些?
2. 吸收液的选择应从哪些方面考虑?
3. 填料吸收塔中填料的选择应从哪些方面考虑?
4. 氨—酸法脱硫工艺由哪几个步骤组成?
5. 吸收法脱除 NO 常用的方法有哪几种?它们在原理上有何异同?
6. 试比较固定床吸附器、移动床吸附器和流化床吸附器的优点、缺点。
7. 采用吸附法处理气态污染物时,在工艺过程的设计上应注意什么?
8. 燃烧法可分为哪几类?各有什么特点?

项目9　固体废物的处理处置及其利用

知识目标
1. 掌握固体废弃物的来源、分类、特点、污染控制途径、处理处置技术；
2. 掌握固体废弃物处理与处置技术原理、设备及场地构造；
3. 掌握固体废弃物处理与处置的方法、原理以及资源化技术。

能力目标
1. 能对固体废弃物的处理处置技术及设备进行全面掌握；
2. 能辨析污染源状况，选取科学合理的处理技术、方法及技术手段；
3. 能根据处理设备情况，掌握设备操作要领及注意事项；
4. 能根据污染物状况，查阅相关技术资料，进行初步的污染治理工程设计。

素质目标
1. 培养学生以树立环境保护、维护生态安全为己任的强烈责任感；
2. 培养学生运用基础知识与技能勇于探索和积极创新的工作意识；
3. 培养学生在实践训练中团结协作的精神；
4. 培养学生运用辩证方法分析和解决问题的能力。

任务9.1　城市垃圾处理

随着城市社会生活的日益发展，城市化进程的不断加快和城市扩建等导致的垃圾排放量会越来越大，因此，政府和公众对于自身生活质量的垃圾处理问题的关注度也日益提高。

9.1.1　城市垃圾的收集、储存与运输

1. 城市垃圾的就地管理

城市垃圾的就地管理是一项重要而复杂的工作，如管理不善，不仅影响城市环境与景观，而且会成为某些传染病的传播源。城市垃圾分散地产生于城市生活的各个环节中，必须及时收集、运送到指定的临时储存地点，进而转运至远离城市的加工、处置地点。因此，建立合理的垃圾就地管理与储存体制是十分重要的。

(1)居民区垃圾的就地管理。根据各国住房条件与卫生设施的不同，垃圾就地管理方式不尽相同。就我国而言，目前城市住宅楼房已不设置垃圾通道，垃圾由住户自行袋装或分类收存，定期送至临时垃圾储存点，由小型收集运输车辆定期运送至储存站或转运站。

近些年，国外设计的现代化居民楼使用了与楼内垃圾通道相连的地下气动垃圾输送

系统，可将某区域所有楼内垃圾即时、直接地由地下输送管道传输至中心储存站，动力系统可以采用气动或真空抽吸。此外，经济发达国家还提倡家庭垃圾分类袋装与压实，以便于收集与运送。

(2)商业区与公共建筑内垃圾的管理。商业区与公共建筑内产生的垃圾量大而集中，必须设专职清洁人员及时清理并运送至就近的储存点。国外提倡公共建筑与商业区内部垃圾采用预破碎与压实处理。

(3)开放区域垃圾的管理。对于街道、公园及各类娱乐场所，定点设置具有艺术造型的分类收集垃圾筒，方便行人、游客投放垃圾，由清洁人员即时清理场地与筒内垃圾，定期运送至临时储存站。

2. 城市垃圾临时储存站

垃圾临时储存站包括储存容器与适宜的地点，需要考虑环境美学与后续收集系统的要求。

(1)储存容器。根据环境卫生与美学要求，垃圾储存容器以带有封盖为宜。容器结构材料视垃圾性质而定，通常采用铁皮、塑料、陶瓷、木材与钢筋混凝土等制作，表面加以美化。容器结构尺寸、形状与每一储存站设置的容器数，视服务区人口、垃圾产率、收集系统特点而定。容器分为大型与小型两种。大型容器每站1～2个，多为自动吊装倾倒型；小型容器每站设置多个，于僻静路边排放。

(2)储存站地址选择。储存站地点选择应遵循三个原则：方便住户垃圾运送；方便收集装运；考虑环境卫生与美学的要求，以僻静的街区或胡同边为宜。

(3)垃圾就地拣选与加工。在储存站进行人工预拣选，进一步回收有用材料是十分必要的，并进行适当的破碎、压实等作业，以减少运输体积。

3. 城市垃圾的收集

在城市垃圾管理系统总费用中(包括收集、转运与最终处置三个环节)，收集过程的费用占60%～80%。因此，妥善规划垃圾收集系统，对改进城市垃圾管理、降低费用十分重要。

(1)居民区生活垃圾收集。居民区生活垃圾收集方式有路边收集、小巷收集与庭院收集三种。路边收集是在道路边设垃圾储存容器，收集车沿街收集装运。这种方式最为方便，费用较低，是大多数国家采用的方式；小巷是城市规划的基础部分，为方便居民垃圾就近存放，形成小巷服务方式，即由专职清洁人员将巷内装满垃圾的容器定期运至附近路边装车；庭院服务适用于集居庭院与别墅住宅，由清洁人员定期运送垃圾容器至路边装运。

(2)商业区与公共建筑垃圾收集。商业区与公共建筑产生的垃圾，可以采用路边或小巷收集方式，也可以采用大容积活动型或固定型容器，配备固定压实器。

(3)城市垃圾收集系统。现有城市垃圾收集系统操作方式分为拖运容器系统与定点容器系统两类。

①拖运容器收集系统是将储存站已装满垃圾的容器，用运输车直接拖运至处理中心或转运站，卸空后的容器运回原站或其他站。这种收集方式适用于垃圾产率较高的区域，优点是可以减少人工装、卸车时间，可以采取不同容积的容器，以适于不同类型垃圾的

装运；缺点是大型容器人工装载时易导致较低的容积效率，需建造站台与装载坡道，以便压实。在远距离运送可压缩性废物时，容积利用率是影响操作费用的主要因素。

②定点容器收集系统是在储存站设置固定的小型容器若干个，收集卡车沿规定路线逐站收集，可采用人工或机械将容器中垃圾倾入车斗内。收集车通常装有压实装置，待垃圾装满压实后，运送至处理中心或转运站。这种系统比较灵活、方便，车辆可大可小，但装卸工作卫生条件稍差。

(4)收集系统分析。收集系统分析是在不同收集系统操作运行模式的基础上，建立操作运行数学模型，确定收集车辆与劳力因素，以便实施有效的经济管理。

(5)收集路线规划。收集路线是指收集车辆在服务区内，沿街按收集站逐站收集过程的运行路线，不包括满载车向转运站或处理中心运送的往返路程。为了区别，可将收集路线称为"小路线"，运载往返路线称为"大路线"。由于每收集路线上包括几十乃至几百个储存站，因此，正确规划行驶路线可以经济有效地利用能源、劳力与设备，从而节约费用。目前尚无确定的规划方法适用于所有情况，通常采用试差法，目的是使收集车辆如何通过一系列的"单行"或"双行"线，沿收集站街道行驶，在满足全部垃圾收集的条件下，使整体行驶距离与空载运程最短。

4. 城市垃圾的转运

城市垃圾的转运是垃圾管理系统中的过渡环节，在某些条件下，可同处理加工中心合而为一。转运是将收集的垃圾运送至一个特定集中点，通过专门装置，再由大型运输车转运至加工处理中心或最终处置地点。因此，转运环节应设置一套专门装、卸车装备与大型运输车辆。

垃圾收集系统采用小型车辆居多。经验证明，用小型车辆分散地直接将垃圾运送至远距离处置站，在经济上往往是不合理的，应考虑设置转运站方案。

转运站设计应重点考虑下述各要素：

(1)转运站类型选择。根据操作规模与方式，大致有以下三种类型转运站可供选择。

①直接排料型：收集车直接将垃圾倾入料斗，固定压实器将斗内垃圾压入拖运车活动车厢内。转运站台总体结构分为上下两层，收集车停于上层卸料，转运车在下层，料斗接于拖运车厢尾端。这种转运操作适于小型转运站使用。

②储存码头：收集车将垃圾卸于储料码头，码头储存量一般为 0.5～1 d 垃圾产量，由铲车、推土机或抓斗将堆放的垃圾送入传送料斗，经传送带，经过加工、分选，回收有用物料后，再装车起运。转运码头与操作方式如图 9-1 所示。这种转运操作适用于大、中规模转运站使用。

③直接排料与储存结合型：此类型是上述两类型转运站的组合，满足更多不同需求。

(2)转运站操作容量。转运站操作容量可分为大、中、小三种规模。日装运量小于 100 t 者为小型站，日装运量 100～500 t 者为中型站，日装运量大于 500 t 者为大型站。操作容量设计，是以收集车辆在转运站卸车等候时间最短为准则。经验证明，用单位时间负荷操作极限值设计转运站操作容量是不合理的，必须根据收集车在站内停留时间、转运车容量、设置的车辆数、垃圾总产量、储料场容量等多种因素综合分析而确定。

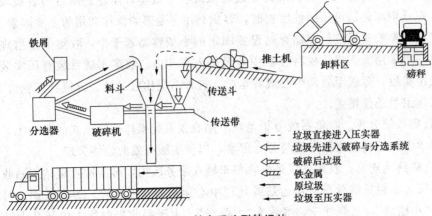

图 9-1　储存码头型转运站

(3) 转运站的设备与建筑物。转运站的设备配置取决于其实际功能。直接排料型配有现场清理的推料机或抓斗机、装料斗与压实器。储料型转运站多数配置加工、分选系统，装料斗、固定压实器与推料机是必不可少的装备。设备数量视操作规模而定。大、中型转运站多设置磅秤室，以便积累必要的工程数据。

转运站建筑包括转运站码头与装、卸料站，从环境卫生角度考虑，应建带通风系统的厂房。其他辅助建筑包括车库、维修车间、调度办公室及生活设施。

(4) 转运站地址优选。转运站地址选择应考虑四项因素：距收集路线终点最近（最经济距离）；易与主干公路相通；考虑环境景观因素，使转运站公众与环境目标最小；建设与运输费用最小。

(5) 运输方式。根据转运站所在地区的运输环境、最终处置站的距离与垃圾处置方式等因素，确定垃圾运输方式。内陆运输大多采用公路运输，除非运距过于遥远，用汽车运输已非最经济的情况下，才考虑采用铁路运输。水路运输仅适用于沿海城市的特殊情况下采用。采用公路汽车运输，应满足下列条件：运输费用最小；运输过程垃圾容器应密封；车辆设计应符合公路运输要求，质量荷载低于允许限度；卸车方法简易可靠。

9.1.2　城市垃圾的处理技术

1. 城市垃圾的压实

压实是为减少固体废物表观体积，提高运输与管理效率的一种操作技术。城市垃圾是由不同颗粒与颗粒间孔隙组成的集合体，自然堆放时，其表观体积是由垃圾颗粒有效体积与孔隙占有体积之和。当实施压实操作时，随压力的增大，孔隙率减少，表观体积随之减小，密度增大。因此，压实的实质可以看作是在消耗一定能量的同时，垃圾各颗粒间相互挤压、变形或破碎，从而达到重新组合的效果。在压实过程中，某些可塑性物质受到压力变形，解除压力后不能恢复原状；而有些弹性废物，在解除压力后几秒钟内，体积膨胀 20%，几分钟后达到 50%。

压实机械可分为固定式与移动式两种。定点使用的压实器称为固定式压实器，如用于收集或转运站装车的压实器;带有行驶轮或可在轨道上行驶的压实器称为移动式压实器,常用于废物处置场所。

2. 城市垃圾的破碎

城市垃圾破碎的目的是为减小其粒度,使之质地均匀,从而降低孔隙率和增大密度。有关研究表明,经破碎的城市垃圾比未经破碎时密度增加25%~60%,且易于压实,垃圾破碎还可减少臭味,防止鼠类繁殖,破坏蚊蝇滋生条件,减少火灾发生概率等。垃圾破碎对城市垃圾的大规模运输、物料回收、最终处置及提高城市垃圾管理水平,具有重要的意义。

用于城市垃圾的破碎机械大致有冲击磨切型、剪切粉碎型与挤压破碎型三种类型。每种类型还包括多种不同的结构形式,各种形式破碎机械的应用范围也不尽相同。

3. 城市垃圾的分选

城市垃圾分选的目的是将各种有用资源采用人工或机械方法分门别类地分离,回用于不同的生产中。

手工拣选法适用于废物产源地、收集站、处理中心、转运站或处置场。无须预处理的物品,特别是对危险性或有毒有害物品,必须通过人工拣选。我国人口众多、居住与生活条件差异较大,生活垃圾有一定特点,就地人工拣选尤为适宜。

机械分选主要用于机械化垃圾堆肥场、焚烧厂和垃圾资源化工厂。在垃圾分选前,多数需进行预处理,至少需经过破碎处理。机械设备的选择,视被分选物质的种类与性质而定,可分为风力分选、磁选、筛选、浮选、淘汰分选、静电分选等。

4. 固体废物的脱水与干燥

固体废物脱水,常见于城市污水与工业废水处理厂产生的污泥处理,以及类似于污泥含水率的其他固体废物的处理。凡含水率超过90%的固体废物,必须先脱水、减容,以便包装、运输与资源利用。脱水方法有机械脱水与自然干化脱水两类。

(1)机械脱水。机械脱水包括过滤脱水与离心脱水。

①过滤脱水。过滤脱水是以过滤介质两边的压力差为推动力,使水分被强制通过过滤介质,固体颗粒被截留,从而达到固、液分离的目的。过滤时,滤液必须克服过滤介质和滤饼的阻力。过滤法用的设备有真空过滤机、带式压滤机。

a. 真空过滤是在负压条件下,强制水分通过过滤介质的脱水过程。常用的真空过滤机为转鼓式。其工作原理与操作系统如图9-2所示。

真空过滤是连续性操作,效率高,操作稳定,易于维修,适于各类污泥脱水,脱水的泥渣含水率为75%~80%;缺点是运行费用高,需用建筑面积较大,开放性操作,气味较大。

压滤是在外加一定压力下,强制水分通过过滤介质,以达到固、液分离的目的。压滤机可分为间歇型与连续型两种。典型间歇型压滤机为板框压滤机;连续型压滤机为带式压滤机。

板框压滤机结构如图9-3所示,由滤板与滤框相间排列组成,滤框两侧用滤布包夹,两端用夹板固定,板与框均开有沟槽与孔相连,形成导管。其具体操作方法:过滤时,

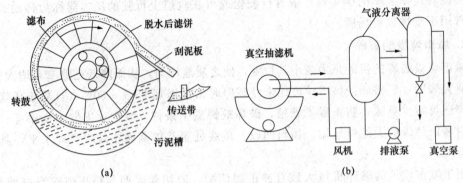

图 9-2 转鼓式真空过滤脱水机
(a)工作原理;(b)操作系统

用污泥泵将泥浆输入导管压入机内,分别导入各滤框空腔内,借助输入的侧压力,滤液通过滤布沿滤板沟槽汇集于排液管排出,滤饼留在框内,完成一次操作后,拆开过滤机,卸出滤饼。

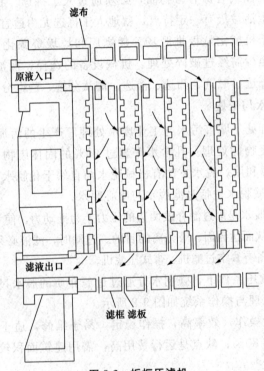

图 9-3 板框压滤机

板框压滤机的优点是结构简单,可在污泥含水率较大的范围内应用,适应性好;滤饼含水率与滤出液含悬浮物量均相对较低;滤布寿命较长,因而得到广泛应用。其缺点是操作比较烦琐。

b. 带式压滤机结构如图 9-4 所示,由上下两组压辊与同向运动的带状传动滤布组成,泥浆由双带间通过，经上下压辊挤压，滤液透过滤布排出，滤饼随传动滤布卸入料斗。这种压滤机为连续性操作，适用于真空过滤难于脱水的各种污泥，效率较高，生产能力大，占地面积较小，滤饼含水率可达70%～80%。

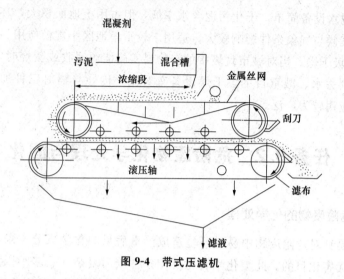

图 9-4　带式压滤机

②离心脱水。离心脱水是利用高速旋转产生的离心力，将密度大于水的固体颗粒与水分离的过程。常用的离心分离机为转筒式，图 9-5 所示为卧式螺旋转筒离心机结构。这种离心机主体部件由螺旋输送器与转筒组成，转轴为变径空心轴，泥浆由空心轴腔输入，流经空心轴扩大段，由侧孔流入转筒，在高速旋转中，泥渣被甩至筒壁压实成饼，水层则浮于泥饼内表面由尾端排放口流出，泥饼由锥体端部出口排出。

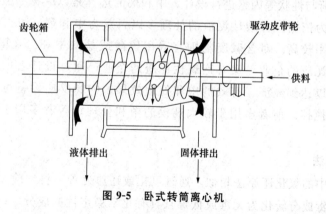

图 9-5　卧式转筒离心机

离心脱水机具有操作简便、设备紧凑、运行条件良好、脱水效率高等优点，适用于各种不同性质的泥浆脱水，脱水后泥渣含水率可降低至70%左右；缺点是能耗较大。

(2) 自然干化脱水。自然干化脱水是小型城市污水处理厂污泥脱水常用的方法，是利用自然蒸发、底部滤料和土壤过滤脱水的一种传统方法。脱水的场地称为污泥干化场或晒泥场。干化场四周建有土或板体围堤，中间用土堤或隔板隔成等面积若干区段（一般不少于三块)。为便于起运脱水污泥,一般每区段宽不大于 10 m,长为 6~30 m。渗滤水经排水管汇集排出。污泥人流口设有散泥板,使污泥能均匀地分布于每一区段面积上,并防止冲刷滤层。

自然干化脱水设备简单,干化污泥含水率低,但占用土地面积大,环境卫生条件差,受季节、当地气候与气象条件影响较大,适用于较干旱地区小规模应用。

(3)城市垃圾干燥。当对城市垃圾中的轻物料实施能源回收或焚烧时,需预先进行干燥处理,以达到去水、减重目的。干燥设备有对流、传导与辐射三种加热方式。其中,对流加热方式应用较为广泛。

任务 9.2　危险废物化学处理与固化

9.2.1　危险废物的化学处理

化学处理是针对危险废物中易对环境造成严重后果的化学成分,采用化学转化的方法,使之达到无害化目的。此类化学转化反应条件较为复杂,受多种因素影响,化学处理仅限于对单一成分或几种化学性质相近的混合成分进行处理。对于不同成分的混合物,采用化学处理方法往往达不到预期效果。

1. 中和法

中和法是处理酸性或碱性废水常用的方法。化工、冶金、电镀与金属表面处理等工业中产生的酸、碱性泥渣也采用中和法处理。中和法处理工艺与设备根据废物的酸、碱性质、含量、负荷与性状等因素进行设计。中和剂的选择是以废物的酸、碱强度,药剂来源与处理费用为依据。对酸性泥渣的处理多以石灰为中和剂,也可以选用氢氧化钠或碳酸钠,但费用较高。对含碱废物则宜采用硫酸或盐酸中和。在同一城市或地区,往往既有产酸性泥渣的企业,又有产碱性泥渣的企业,通过设计者的调查与协调,使之互为中和剂,以达到经济、有效的中和处理效果。中和反应设备可以采用罐式机械搅拌或池式人工搅拌。前者多用于较大规模的中和处理;后者多用于间断的、小规模处理。

2. 化学还原法

与废水处理中的氧化还原法相似,通过氧化或还原处理,将危险废物中可以发生价态变化的某些有毒成分转化为无毒或低毒且具有化学稳定性的成分。以国内对含铬废渣的还原处理为例进行说明。

(1)铬渣干式还原处理。以一氧化碳与硫酸亚铁为还原剂的干式还原处理,是将铬渣与适量煤炭或锯末、稻壳混合,在 700~800 ℃密封条件下焙烧。此过程中产生大量一氧化碳(CO)与氢(H_2),以此为还原剂,使铬渣中的 $Cr(Ⅵ)$ 还原为 $Cr(Ⅲ)$,并在密封条件下水淬,然后投加适量硫酸亚铁与硫酸,以巩固还原效果。铬渣经干法还原处理后,具有较好的化学稳定性,用标准浸出实验法,$Cr(Ⅵ)$ 平均浸出浓度低于国家最高允许标准。

在此处理过程中,每处理 10 000 吨铬渣,各种原料耗量分别为煤 2 200 吨,硫酸亚铁 220 吨,浓硫酸 50 吨。

(2)铬渣湿式还原法。铬渣湿式还原法是先将铬渣湿磨、过筛,获得约 100 目的粉末,用碳酸钠溶液浸取,通过复分解反应,使其中铬酸钙与铬铝酸钙转化为水溶性铬酸钠而被浸出,由浸出液中回收铬酸钠产品;余渣再用硫化钠溶液处理,使剩余的 Cr(Ⅵ) 还原为 Cr(Ⅲ),加硫酸中和,最后投加硫酸亚铁,使过量硫离子(S^{2-})转化为硫化亚铁(FeS);经沉淀后的铬渣,已为无毒渣。铬渣湿法还原效果较好,处理后余渣中 Cr(Ⅵ) 浸出浓度为 0.3~1.1 mg/L。此方法处理 10 000 吨铬渣,消耗碳酸钠 400 吨、硫化钠 350 吨、硫酸亚铁 350 吨、硫酸 200 吨,可以回收铬酸钠 200 吨。

9.2.2 危险废物的固化处理

固化处理是利用物理或化学方法,将危险废物固定或包容于惰性固体基质内,使之呈现化学稳定性或密封性的一种无害化处理方法。固化后的产物,应具有良好的机械性能、抗渗透、抗浸出、抗干、抗湿、抗冻及抗融等特性。

根据固化基质,可分为水泥固化、石灰固化、热塑性材料固化、有机聚合物固化、自胶结固化与玻璃固化六种类型。下面介绍几种常用的固化方法。

1. 水泥固化

水泥固化是以水泥为固化基质,利用水泥与水反应后可形成坚固块体的特征,将危险废物包容其中,从而减小表面积,降低渗透性,使之能在较为安全的条件下运输与处置。

水泥固化法是较为成熟的方法,在原子能工业固体与液体废物处理中,已得到广泛应用,对含重金属污泥、含汞泥渣、含砷泥渣等危险废物也有所应用。此方法具有工艺设备简单、操作方便、材料来源广泛、费用相对较低、产品机械强度较高等优点;主要缺点是产品体积比原废物增大 0.5~1.0 倍,致使最终处置费用增大。

2. 石灰固化

石灰固化是以石灰为固化基质,以活性硅酸盐类为添加剂的一种固定危险废物的方法,其工艺与设备与水泥固化相似。各项工艺参数应通过试验确定。添加剂主要采用粉煤灰与水泥窑灰,为提高强度,也可添加其他类型添加剂。

石灰固化法适用于各种含重金属泥渣,并已应用于烟道气脱硫废物(如钙基 SO_x)的固化中。这种固化法除有水泥固化的缺点外,其抗浸出性较差,易受酸性水溶液侵蚀。

3. 沥青固化

沥青固化属于热塑性材料固化。用热塑性材料作为固化基质的种类较多,除沥青外,还有聚乙烯、石蜡、聚氯乙烯等。在常温下,此类材料为较坚硬的固体;在较高温度下,有可塑性与流动性,利用此特性,可对危险废物进行固化处理。在工程上,沥青固化应用较为普遍。

4. 玻璃固化

玻璃固化方法的基质为玻璃原料。首先将待固化的废物在高温下煅烧,使之形成氧化物,然后再与熔融玻璃料混合,在 1 000 ℃烧结,冷却后形成十分坚固且稳定的玻璃体。玻璃固化主要适用于含高放射性废物的处理,部分国家已达到工业应用规模。

任务9.3　固体废物资源化利用

9.3.1　固体废物资源化的意义与资源化系统

城市垃圾与各类工业固体废物中均含有各种不同的有用物质,甚至本身就是某些行业生产中可以直接利用的原料,经过适当的技术处理,可以回收多种有用资源。因此,实施固体废物资源化,不仅具有环境意义,而且对社会经济的发展也具有十分重要的意义。我国实施的"经济可持续发展战略"与建设"资源节约型与环境友好型社会",其主要目的就是要求在发展经济过程中,最大限度地减少资源与能源的消耗,使资源与能源得到充分、有效的利用;最大限度地减少废物的排放量,使废物中有用资源能得到最大限度地回收与综合利用,从而取得最大的经济效益。

以城市垃圾资源化(图 9-6)为例说明综合利用整体系统。

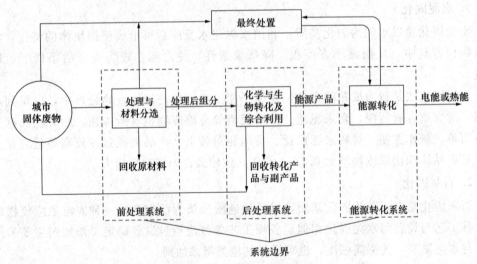

图 9-6　城市垃圾资源化系统

由图 9-6 可见,全系统关联着三个子系统。前处理系统,是城市垃圾的相关处理技术组成的垃圾加工、分选过程,从中直接回收有用原材料,减少废物量的子系统。后处理系统是将前处理系统中的重组分分离、回收后,使剩余的轻组分通过化学或生物过程,使之转化为新能源或化学与生物转化产品的子系统。以上两子系统是城市垃圾资源化系统中的主体,能源转化系统属于辅助系统,是将后处理系统中得到的能源产品,进一步转化为可以直接利用的能源。对于再无任何可利用价值的最终剩余废物,进行最终处置,回归于自然界。

9.3.2 材料回收系统

城市垃圾中含有的废纸、废橡胶、塑料、玻璃、纺织品、废钢铁及非铁金属等固体废物,都是有用的原材料,通过适当的组合处理工艺,可以一一得到加工、分选与回收。这种由单元技术组合处理工艺形成对城市垃圾加工、分选的工程系统,称为材料回收系统。

回收系统流程,可以归纳为如图9-7所示的三种类型。图9-7(a)、图9-7(b)两系统属于常规简易材料回收系统,工艺过程大同小异,除适用于人工可拣选的废物外,以回收钢铁金属为主。图9-7(c)系统属于多种物料回收系统,适用于含可回收物料种类较多的城市垃圾。

我国对城市垃圾中有用材料的回收,仍以社区与街头废品收购点为主,对家庭产生的主要有用废品,如纸张、塑料、饮品瓶罐与其他有回用价值的废旧物资,采取商业性收购方式,定期运送至废品收购站统一回收利用。近年来各重点城市推行家庭与街巷垃圾分类收集,进一步提高了有用废物的回收率。

9.3.3 生物转化产品的回收

城市垃圾中含有多种可生物降解性有机物,除食品废物占有较大比率外,废纸类与庭院废物也具有生物与化学转化性质。经过处理与物料分选回收,此类有机物进一步富集于轻组分之中,有利于生物转化处理。通过生物转化过程,可获得腐殖肥料、沼气或其他生物化学转化产品,如饲料蛋白、乙醇和糖类等。生物转化工艺主要包括堆肥化和厌氧生物发酵技术。

生物转化产品的回收

1. 城市垃圾堆肥化

利用城市垃圾实施肥堆化处理,是一种古老而备受国内外重视的生物转化方法。此方法既对垃圾实施了稳定化与无害化处理,又同时实现了资源化,既经济又简单,通常称为"天然处理过程"。堆肥技术日臻完善,全国大约有7%的城市垃圾实施了堆肥处理,但堆肥产品的出路需要进一步拓宽。

垃圾堆肥化是在一定的人工控制条件下,通过生物化学作用,使垃圾中的有机成分分解转化为比较稳定的腐殖肥料过程,其实质是一种发酵过程。根据发酵过程中微生物对氧的需求关系,又可分为厌氧(气)与好氧(气)两种堆肥方式。

厌氧堆肥是将垃圾在与空气隔绝的条件下堆积发酵,其机制与污水处理厂污泥厌氧消化过程相似,分为酸性发酵与碱性发酵两个阶段。由于厌氧堆肥所需时间较长,一般需要10个月以上,且环境条件恶劣,仅适用于小规模或农家堆肥,是我国农村传统的堆肥方法。

好氧堆肥过程是在有氧条件下,通过好氧微生物作用,使垃圾中有机物发生一系列放热分解反应,最终转化为简单而稳定的腐殖质。由于好氧分解速度较快,一般5~6周即可完成,且环境条件较好,适用于大规模生产。

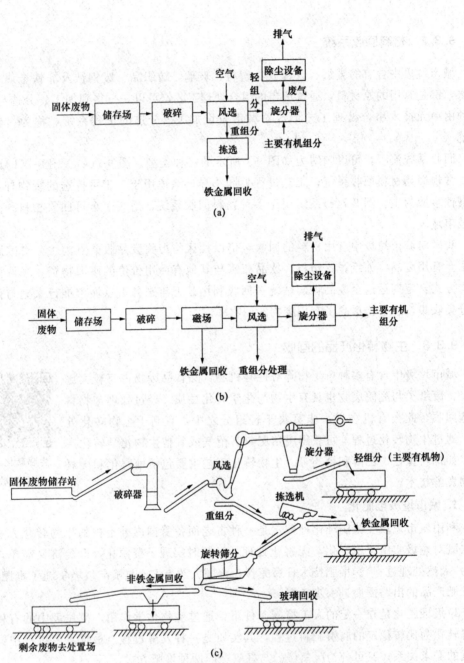

图 9-7 城市垃圾材料回收系统流程

城市垃圾堆肥产品具有改良土壤结构、增大土壤容水量、减少无机氮的流失、促进难溶磷转化为易溶性、增加土壤缓冲能力、提高化学肥料的效力等多种功效，适量施用可促进农作物生长，提高产量，是一种廉价、优质的土壤改良肥料。

2. 城市垃圾厌氧消化处理

通过厌气细菌的生物转化作用，将城市垃圾中大部分可生物降解的有机质转化为能源产品——沼气，是城市垃圾又一资源化途径。

城市垃圾厌氧消化处理工艺流程如图 9-8 所示，与城市污水处理厂污泥厌氧消化处理基本相似。

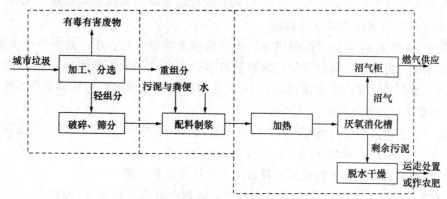

图 9-8　城市垃圾厌氧消化工艺流程

垃圾中有机质部分被厌氧分解生成沼气，部分转化为低分子有机质。不可生物降解的有机质，基本上不被分解。反应产生的气体基本成分为甲烷与二氧化碳（CH_4 约占 60%，CO_2 约占 40%），并含少量 NH_3 与 H_2S 气体。在我国农村，采用农、畜废料与粪便建造村镇与家庭用小型沼气池，供家庭生活用气，已得到发展，并积累了一定经验。

3. 生物化学处理新技术在固体废物资源化中的应用

除两种常规生物处理技术应用于城市垃圾处理与资源化工程外，新开发的生物化学技术已应用于某些单一性工业废渣与城市垃圾的处理，并可回收专项转化产品。例如，利用生物酶催化作用，催化水解含纤维素的固体废物，并回收饲料葡萄糖、精制葡萄糖乃至单细胞蛋白与酒精等产品。城市垃圾中含有比例较高的纤维素物质，若将其单独回收，用此技术处理，可以获得更大的经济与环境效益。

生物化学新技术可用于不同类型固体废物处理，如用特殊菌种发酵处理废酒糟，回收饲料蛋白与单细胞蛋白等。生物技术在固体废物处理与资源化中有广泛的应用前景。

9.3.4　城市垃圾焚烧与热产品的回收

1. 城市垃圾焚烧技术

城市垃圾中含有较多的可燃物质，应用焚烧技术处理，回收热资源是城市垃圾资源化的又一重要途径。通过焚烧处理，可减少垃圾体积的 80%～95%，使最终产物成为化学稳定性的无害化灰渣，比较彻底地消灭各类病原体，消除腐化源，同时可提供再生清洁能源。可以认为，城市垃圾焚烧与能源回收处理是垃圾处理中具有环境与经济效益的技术之一。由于具有一系列的优点，垃圾焚烧处理受到各国的重视。

早期垃圾焚烧主要采取露天方式，由于烟尘严重污染大气环境，英、美等主要工业化国家于19世末，首先发展了垃圾集中焚烧处理系统。至20世纪初，欧洲许多国家和美国相继建立了现代化垃圾焚烧炉系统，并逐步将焚烧炉应用于工、矿企业固体废物的焚烧与能源回收领域。目前，全球已建垃圾焚烧热电联供系统2 000余座，主要集中于欧洲西部的国家及美国与日本等。日本97%的城市垃圾采用焚烧发电处理，美国与德国均超过40%的垃圾采用焚烧发电处理。

我国于20世纪80年代开始研究适于国情的城市垃圾焚烧技术，并用于中小规模的垃圾焚烧系统。近年来，随着我国垃圾焚烧技术研究与应用的不断深化，各大中城市均大力推进了垃圾焚烧发电工程建设。自1988年深圳建成我国第一座垃圾焚烧发电系统，至2022年我国垃圾焚烧发电厂930座。

城市垃圾能否采用焚烧处理，主要取决于其可燃性与热值。城市垃圾起燃点在260～370 ℃，热值在9 300～18 600 kJ/kg，具备焚烧与热源回收条件。

焚烧炉有多种类型，下面介绍四种常用于垃圾焚烧的炉型：

(1)标准焚烧炉。标准焚烧炉属于小型炉，适用于日处理垃圾45吨以下。一般焚烧厂可设置多套，每2~8套为一组。这种炉型可以焚烧不经预处理加工的垃圾，需要投配适量辅助燃料，如天然气等。焚烧后剩余灰渣体积小于原垃圾体积的10%，质量减少65%~70%。若合建热回收锅炉，热回收率可达到60%~65%。这种焚烧炉可以在居民小区附近分散兴建。

(2)层燃式(多膛)焚烧炉。这种炉型是工业中常见的燃烧炉型，适用于各类固体废物的焚烧。炉中心有一可转动烟囱，带有多层旋转型炉心，每排炉箅占一层炉膛，炉箅上有螺旋推料板。物料在每层燃烧旋转一周后，由推料板通过排料口流至下一层继续燃烧，直到最后一层燃尽，将灰渣排出。多膛焚烧炉可分为三个操作区：顶部进料膛作为烘干脱水区，温度在300~550 ℃；中部为燃烧区，温度达到760~980 ℃；最下层为灰渣冷却带，温度降为260~540 ℃。此种炉燃烧效率较高，非常适用于城市垃圾与污水处理厂污泥混合料的焚烧。

(3)水墙式锅炉。水墙式锅炉燃烧室内设有循环水列管炉壁，端部与封闭管板相连，管内循环水可以直接加热成蒸汽回用，也可以作为热水回用。这种炉在焚烧垃圾时，不需引入过量助燃空气即可有效控制燃烧温度。当垃圾中含有过多聚氯乙烯塑料废物时，因燃烧过程产生大量氯化物，易导致列管腐蚀。

(4)流化床焚烧炉。流化床焚烧炉为圆锥形，热空气由炉底吸入，使炉箅上铺设的砂(或耐热材料颗粒)层形成流态床，待燃废物与辅助燃料由上部喷入燃烧室后，在流化床中迅速燃烧，燃烧热可迅速被燃烧床吸收。砂床与喷入燃料之间的热传递为连续过程，燃烧床温度低于其他炉型为760~870 ℃，砂床热容量高于常规炉2~3个数量级。废物燃料在炉内停留时间较长，直到其体积与质量减至最小为止。流化床内气流速度为1.5~2.5m/s，砂层厚度为0.5~3.0m，反应器直径一般为15 m左右。这种炉适用于细小颗粒固体废物的焚烧，不适用于含有易熔或易结渣珠的废物，运行费用较高。

2. 固体废物热解处理

(1)热解过程与产物。大多数有机化合物有热不稳定性特征,若将其置于缺氧、高温条件下,在分解与缩合的共同作用下,大分子有机质发生裂解转化为相对分子质量较轻的气态、液态与固态组分,有机物在这种条件下的化学转化过程称为"热解"。热解是比较成熟的化工工艺过程,如工业生产中的煤气工程。焚烧是在高电极电位条件下的氧化放热分解反应过程,而热解则是在低电极电位下的吸热分解反应过程,因此,热解也称为"干馏"。

(2)热解工艺与设备。热解工艺设备主体为纵向气化热解炉(图9-9),废物由顶部料斗落入炉膛,氧气由底部注入燃烧区,与热解产生的炭渣反应。由氧与炭渣反应生成的热气流上升,与下落的物料接触,在炉体中部的热解区内,有机物被热裂解(600~800℃),产生混合气体;气体上升过程与下落废物流逆向接触,使之预干燥与升温;由炉体排出的气体含有水蒸气、凝油雾与粉尘等杂质,经净化器与冷凝器处理,即获得燃气。该系统中有机物转化率约为70%。

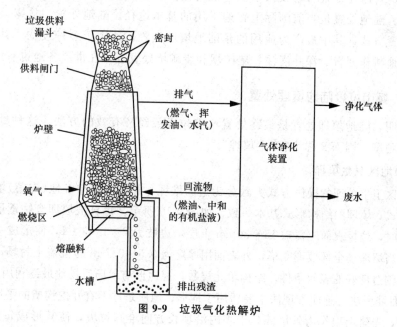

图 9-9 垃圾气化热解炉

3. 热转化产品与能源的利用

城市垃圾与其他固体废物的焚烧、热解或厌氧消化处理过程产生的热转化产品,可以通过不同途径加以利用。例如,焚烧炉产生的蒸汽可以并入城市热力管网,沼气、燃气与燃料油可作为民用与工业燃料。但由于此类处理厂大都远离城市与居民区,直接利用此类产品多有不便,因此,将其产物再进一步转化为易于输送的能源更有利于应用。例如,将城市垃圾热转化系统与电站合建,生产电能,并入电网,是最经济的利用方法。当前绝大多数垃圾焚烧炉均与发电站合建。

任务9.4 固体废物的最终处置

9.4.1 最终处置的含义与途径

城市垃圾与各行业固体废物实施综合利用与资源回收后,仍有大量无任何利用价值的剩余部分,包括各类危险废物在内,需要以终态形式回归于自然环境中。为防止对环境造成污染,根据排放的环境条件,采取适当而必要的防护措施,以达到被处置废物与环境生态系统最大限度的隔绝,称为固体废物"最终处置"或"无害化处置"。对于危险废物,则需要采用更加安全的防护处置措施,称为"安全处置"。

固体废物最终处置途径可归纳为陆地处置与海洋处置两种。某些工业化国家对固体废物尤其是危险废物,早期多采用海洋处置。由于海洋保护法的制订及其在国际上的影响不断扩大,对海洋处置引起较大争议,使用范围已逐步缩小。我国对任何废物均不主张海洋处置。陆地处置是当前国际上普遍采用的基本途径。陆地处置,从露天堆存已发展了多种处置方式,其中最广为应用的是陆地填埋处置,适用于多种废物。其他处置方法还包括土地耕作处置、深井灌注、尾矿坝和废矿坑处置等,在世界各地也有应用。

9.4.2 城市垃圾陆地填埋处置

经验证明,陆地填埋处置是最终处置城市垃圾最经济有效的方法。这种处置方法基于环境卫生角度,因而又称为"卫生填埋"。

1. 干燥地区卫生填埋

干燥地区卫生填埋的操作方式大致分为地面堆埋、开槽填埋与谷地(沟壑)填埋。无论采用何种方式,填埋的结构形式基本一致,如图9-10所示。每日被填埋废物逐层压实,每日操作结束时,垃圾表面应覆盖15~30 cm土层,边坡为2∶1~3∶1,使形成一个规整的菱形单元。当填埋场全部填埋完毕,外表面用厚度为0.5~0.7 m的覆盖土封场,为最终场地开发利用创造良好的表面条件。结构单元层数,视地形与封场后场地最终利用目的而定。

(1)地面堆埋法。地面堆埋法主要适用于地形、地质条件不宜开挖沟槽的平原地区。填埋场起始端,先建土坝作为外屏障,于坝内沿坝长方向堆卸垃圾,使其形成每层厚0.4~0.8 m连续层叠的条形堆,并逐层压实。每天完成条堆高度为1.8~3.0 m,最后覆盖15~30 cm土层,形成地面堆埋单元,覆盖土由邻近适宜地区采集。每一单元长度,视场地条件与操作规模而定,通常为2.4~6.0 m。如此堆埋操作,直至完成填埋场的最终高度,最后进行封场。

(2)开槽填埋法。开槽填埋法适用于地面有足够深度的可采土壤且地下水位较深的地区。填埋初期,先挖掘一段足够一日填埋量的条形槽,将开挖土方于槽边筑成条形土堤作为储备覆盖土,垃圾向槽中卸入,展成薄层压实,连续操作至预期高度,日覆盖土由相邻沟槽开挖的土方获得。典型填埋场沟槽开挖长度在30~120 m,深度为1~2 m,宽度为4.5~7.5 m。图9-11所示为典型开槽卫生填埋场操作方式。

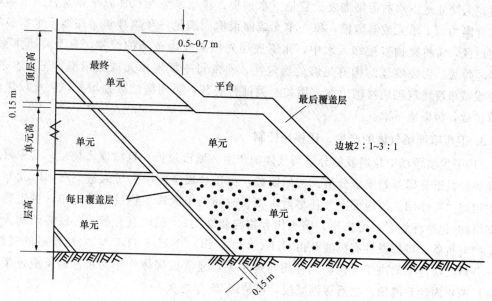

图 9-10 垃圾填埋场基本结构形式

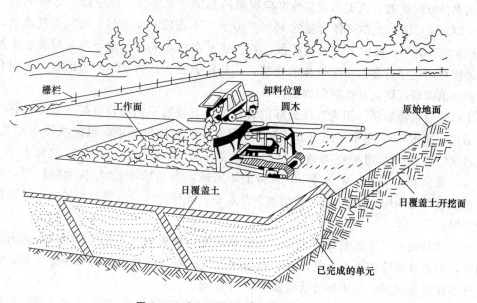

图 9-11 典型开槽卫生填埋场操作方式

（3）谷地（沟壑）填埋法。有天然或人为谷地与沟壑可利用的地区，可以采用这种填埋法。垃圾卸料位置与压实方式视地形、覆盖土性质、水文地质条件与通路而定。若谷底较为平整，第一层填埋可采用开槽式操作，上面各层则用地面堆埋法操作。填埋场完成时，封场高度应稍高于谷口上沿，以免积水。

2. 潮湿地区卫生填埋场

沼泽、潮汐洼地、水塘、采土与采石场，都可作为湿地卫生填埋场。设计此类填埋场时，为防止地下水的污染需要设置地下水抽提、排泄系统与气体收集系统。湿地填埋通常分隔为若干单元或储留槽，每一单元或储留槽应满足一年填埋量。在地下水水位较高的地区，常将废物直接卸入水中，水下底层先填充较为清洁的废物，直至高出水面，再填埋垃圾。为使填埋结构有足够的稳定性，通常每一填埋单元或储留槽，先用木条、石块或城市废建筑砌块衬砌边坡，用黏土类铺衬底部，再用清洁废物填充，防止垃圾渗沥液扩散，污染地下水。

3. 卫生填埋场气体的产生、迁移与控制

（1）卫生填埋场中垃圾发酵分解与气体的产生。城市垃圾一旦填埋入场后，其中可生物降解有机组分即开始发酵分解。初始阶段，由于垃圾空隙中夹带大量空气，因此好氧微生物起主要作用。待内部空气耗尽后，将长时间处于厌氧生物反应环境中，可生物降解有机物（包括纤维素、蛋白质、碳水化合物与脂肪类），经厌氧分解后，最终产物为较稳定的有机质、可挥发性有机酸及由 CH_4、CO_2、CO、NH_3、H_2S 与 N_2 所组成的气体。上述分解反应速率取决于有机物的性质与含水率，通常以气体产率为指标的反应速率在封场后两年内达到峰值，之后逐渐减缓，可持续 25 年之久。

（2）卫生填埋场中气体的迁移与控制。填埋场产生的气体随时间的延续不断增加，并沿土壤向各方向扩散。据美国对某典型填埋场的测定结果可知，距边沿 120 m 的侧向土壤中，CO_2 与 CH_4 占孔隙气体含量的 40%。由于 CH_4 密度小于空气，易向大气逸散；而 CO_2 密度大于空气，易向下部土壤扩散，直达地下水位，并溶于地下水，导致 pH 值下降，硬度与矿化度升高。对于气体的迁移，CH_4 易于控制，而 CO_2 较为困难。下面介绍两种控制填埋场气体迁移扩散的方法。

①透气通道控制法：用透气性良好的材料，在填埋场不同部位设排气通道，有三种结构形式，如图 9-12 所示。图 9-12(a) 类结构为单元型排气通道，根据填埋单元宽度，设置透气性通道。采用矿砾为透气材料，宽度一般为 18～60 m，厚度建议为 0.3～0.45 m。通道在不均匀沉降条件下，保持上下贯通。图 9-12(b) 类结构为栅栏型，透气通道设于填埋场四周。图 9-12(c) 类结构为井点型，此种排气井点常与埋入坡下砂砾沟道联合使用。

通气井结构与尺寸如图 9-13 所示。通常情况下，排出的气体在井口燃烧，若有回收价值时，则各井点管口用水平管连接，由抽气加压机将气体抽提、输入净化装置，收集后的气体作发电燃料。气体集气系统如图 9-14 所示。

②密封法控制气体迁移：利用不透气性材料在填埋场底部与四周铺衬全封闭型防渗层，同时控制气体与渗滤液的迁移。其结构形式如图 9-15 所示。图 9-15(a) 适用于无气体回收系统的填埋场；图 9-15(b) 适用于建有气体收集系统的填埋场。最经济的防渗材料为压实黏土衬层，厚度为 0.15～1.20 m。改良性沥青或沥青混凝土以及压实土喷涂混凝土等也可作为防渗层材料。柔性薄膜不透性材料，如聚氯乙烯、丁烯橡胶、高密度聚乙烯土工膜等是当前最受青睐的卫生填埋场防渗层材料。

当前国内外对所有卫生填埋场，均要求底部与四周做密封衬层处理，以防止污染地下水。

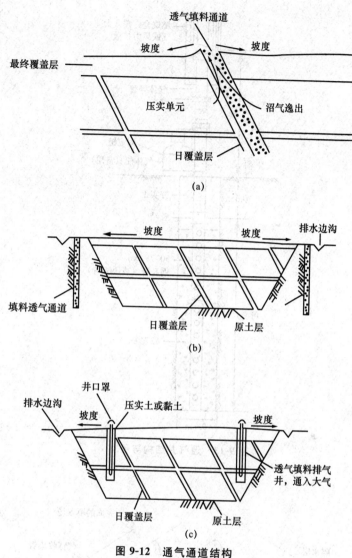

图 9-12 通气通道结构
(a)单元型；(b)栅栏型；(c)井点型

4. 卫生填埋场中渗滤液的产生与迁移控制

(1)渗滤液的产生与性质。卫生填埋场渗滤液来源于被填埋垃圾生物降解的自身产物，以及外部地表径流水和地下水通过垃圾层时携带其中可溶性与悬浮性污染物而下渗的液体。渗滤液的性质十分复杂，且浓度甚高，如不加以控制，势必严重污染地下水。

(2)渗滤液向地下水的迁移。渗滤液在填埋场底部集聚，透过底部向下部土壤纵向迁移或侧向扩散。纵向迁移是填埋场污染地下水的主要途径。若填埋场底部为黏土层，渗滤液纵向迁移渗透率可用达西定律(Darcy's Law)公式估算。黏土单位面积渗透率等于黏土层渗透系数。若防渗层采用夯实黏土，为减轻浸沥液对地下水的污染，尽量采用渗透系数最小的黏土或胶质黏土。

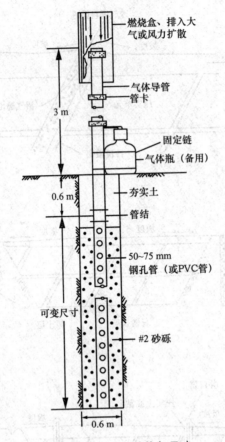

图 9-13 通气井结构与尺寸

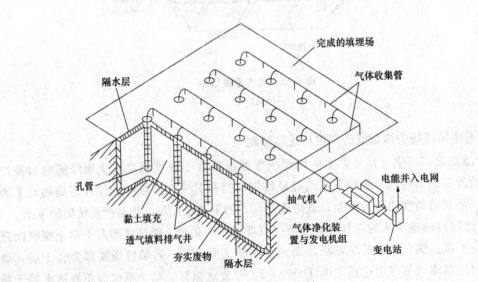

图 9-14 气体收集系统

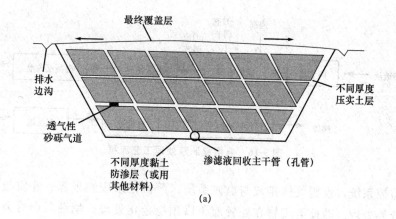

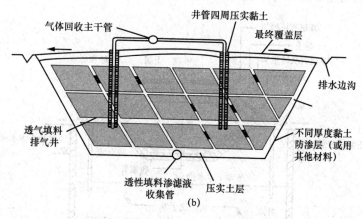

图 9-15 不透气性材料防渗层结构

(3) 垃圾填埋场渗滤液的控制措施。垃圾填埋场渗滤液是高污染废液,必须严密控制其向地下水迁移,因此,预设防渗层是十分必要的。防渗层结构和材料与密封法气体迁移控制防渗层一致。为能将集聚于防渗层上部的渗滤液及时抽走,必须在防渗层上部设置收集管道系统与抽提泵站相连,连续地将渗滤液输送到处理系统中。封场后的顶部覆盖土,应由中心向四周坡降,场外地面沟通排水系统,以便疏导地表径流水。

(4) 渗滤液处理工艺。由于垃圾填埋场渗滤液中含极高浓度的有机质与氨氮(NH_3-N),单纯采用生物处理不能有效地脱氮,需预先用物理或化学法脱氮,至适宜的碳氮比,再采用经典生物脱氮工艺,如改进的 A/O(厌氧好氧)工艺或 A^2/O(厌氧—缺氧—好氧)工艺处理。图 9-16 所示为典型的浸沥液处理工艺流程。

9.4.3 危险废物安全填埋

危险废物对生态与环境有很大的危害性,因此,其填埋场结构与安全措施较垃圾卫生填埋场更加严格。填埋场选址必须在远离城市的安全地带。安全填埋场结构:需要更加严密的人工或天然不渗透性材料作为防渗层,填埋场最底层应位于最高地下水水位以上,必须铺设地下水水位控制设施;采取必要的措施控制地表径流水;配置完整的渗滤

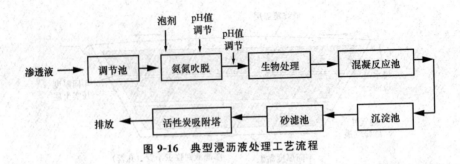

图 9-16 典型浸沥液处理工艺流程

液收集与监控系统；设置气体排放与监测系统；严格记录废物来源、性质与处置量，并加以适当分类处理。若此类废物在处置前予以预稳定化处理，填埋后会更为安全。典型安全填埋场结构如图 9-17 所示。这种填埋方法几乎可处理任何种类的危险废物。

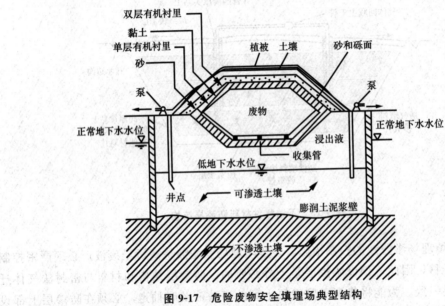

图 9-17 危险废物安全填埋场典型结构

思考题

1. 城市垃圾的压实处理机械有哪几种？
2. 为什么要对城市垃圾进行破碎处理？城市垃圾处理常用的破碎机械有哪些？
3. 城市垃圾的主要分选方法有哪些？
4. 固体废物的脱水与干燥方法有哪些？
5. 简述危险废物常用固化方法。
6. 简述好氧堆肥工艺过程。
7. 简述焚烧与热解的差异。
8. 简述垃圾填埋场渗滤液的控制措施。

项目 10 土壤污染修复技术

知识目标

1. 掌握污染场地土壤修复的基本含义；
2. 掌握土壤修复技术修复的核心方法；
3. 熟悉污染场地土壤修复的技术原理、优点、缺点及应用范围；
4. 掌握不同类型污染场地土壤修复方案的设计。

能力目标

1. 能够识别污染场地土壤的污染源；
2. 能够进行污染场地土壤修复技术的筛选；
3. 能够编制污染场地土壤修复方案；
4. 能够收集并分析污染场地土壤资料。

素质目标

1. 培养学生认真学习、严谨工作的态度；
2. 培养学生自主学习、勇于探索的精神；
3. 培养学生对各种问题能以多角度探寻解决的素养；
4. 培养学生良好的科学态度和创新精神。

任务 10.1 土壤物理化学修复技术

土壤物理化学修复技术包括土壤气相抽提技术，土壤淋洗技术，电动力学修复技术，化学氧化技术，溶剂萃取技术，固化/稳定化技术，热脱附技术，水泥窑协同处置技术及其他修复技术。

10.1.1 土壤气相抽提技术

土壤气相抽提(SVE)也被称作土壤真空抽取或土壤通风，是一种有效处理土壤不饱和区挥发性有机物(VOCs)的原位修复技术。早期 SVE 主要用于非水相液体(NAPLs)污染物的去除，也陆续应用于挥发性农药污染的土壤体系，近年来主要应用于苯系物和汽油类污染的土壤修复。

SVE 技术的主要优点之一是体系设计相对简单。SVE 优越于其他(如生物处理或土壤冲洗等)技术，它不需要复杂的设计或特殊的设备，就能达到体系最佳的效率及污染物的去除效果。SVE 系统的设计基于气相流通路径与污染区域交叉点的相互作用过程，其运行以提高污染物的去除效率及减少费用为原则。SVE 系统中的关键组成部分为抽提系统，抽提体系的选择常见方法有竖井、沟壕或水平井、开挖土堆。其中，竖井应用最广泛,具有影响半径大、流场均匀和易于复合等特点,适用于处理污染至地表以下较深部位的情况。工程应用中根据污染源性质及现场状况可确定抽提装置的数目、尺寸、形状及分布,并对抽气流量及真空度等操作条件加以控制。

SVE技术通过机械作用使气流穿过土壤多孔介质并携带出土壤中挥发性或半挥发性有机污染物。该法较适用于由汽油、JP-4型石油、煤油或柴油等挥发性较强的石油类污染物所造成的土壤污染。SVE技术受土壤均匀性和透气性及污染物类型限制。

SVE技术不适合去除重油、重金属、多氯联苯(PCBs)、二噁英等污染物。有机质含量高或非常干的土壤对VOCs的吸附能力很强,从而导致SVE的去除效率降低。从原位SVE系统排放的废气需要进一步处理,以消除对公众和周边环境的影响。

SVE的适应性常受到土壤种类和结构,污染物的挥发性等因素限制,人们不断改进,研究出了如下几种强化技术。

(1)空气喷射修复技术(Air Sparging, AS):主要用于地下水修复、土壤修复,又称为土壤曝气。

(2)双相抽提修复技术(Dual-phase Extractiont, DPE):主要原理是联合修复受到污染的土壤和该土壤受到污染的地下水,对整体污染地区修复的一种技术。

(3)直接钻入修复技术原理是安装取污井和注入井,直接钻孔抽取土壤中的污染物。

(4)热强化修复技术也称为土壤原位加热技术。热效应能加快土壤中挥发性有机物的气化挥发,从而减少土壤中重油类和轻油类的含量,减轻土壤毒性,特别适合在突然性燃油泄漏时采用。

(5)风力和水力压裂修复技术适用于低渗透性土壤,并且修复后可改善土壤的通透性。

10.1.2 土壤淋洗技术

土壤淋洗技术是指将能够促进土壤中污染物溶解或迁移作用的溶剂注入或渗透到污染土层中,使其穿过污染土壤并与污染物发生解吸、螯合、溶解或络合等物理化学反应,最终形成迁移态的化合物,再利用抽提井或其他手段把包含有污染物的液体从土层中抽提出来,然后进行处理。土壤淋洗主要包括向土壤中施加淋洗液、下层淋出液收集及淋出液处理三阶段。在使用淋洗修复技术前,应充分了解土壤性状、主要污染物等基本情况,针对不同的污染物选用不同的淋洗剂和淋洗方法,进行可处理性试验,才能取得最佳的淋洗效果,并尽量减少对土壤理化性状和微生物群落结构的破坏。

土壤淋洗法按处理土壤的位置可分为原位土壤淋洗和异位土壤淋洗;按淋洗液可分为清水淋洗、无机溶液淋洗、有机溶液淋洗和有机溶剂淋洗;按机理可分为物理淋洗和化学淋洗;按运行方式可分为单级淋洗和多级淋洗。

(1)原位淋洗技术。原位土壤淋洗通过注射井等向土壤施加淋洗剂,使其向下渗透,穿过污染物并与之相互作用。在此过程中,淋洗剂从土壤中去除污染物,并与污染物结合,通过脱附、溶解或络合等作用,最终形成可迁移态化合物。含有污染物的溶液可以用提取井等方式收集、存储,进一步处理,以便再次用于处理被污染的土壤。从污染土壤性质来看，适用于多孔隙、易渗透的土壤；从污染物性质来看，适用于重金属、具有低辛烷/水分配系数的有机化合物、羟基类化合物、低分子量醇类和羟基酸类等污染物。

(2) 异位淋洗技术。异位土壤淋洗指挖掘出污染土壤，通过筛分去除超大的组分并把土壤分为粗料和细料，然后用淋洗剂清洗、去除污染物，再处理含有污染物的淋出液，并将洁净的土壤回填或运到其他地点。由于污染物不能强烈地吸附于砂质土上，所以砂质土只需要初步淋洗；而污染物容易吸附于土壤的细质地部分，所以壤土和黏土通常需要进一步修复处理。在固液分离过程及淋洗液的处理过程中，污染物或被降解破坏或被分离，最后把处理后土壤置于恰当的位置。

土壤淋洗技术能够处理地下水水位以上较深层次的重金属污染，也可用于处理有机物污染的土壤。土壤淋洗技术最适用于多孔隙、易渗透的土壤，最好用于沙地或砂砾土壤和沉积土等，一般来说渗透系数大于 10^{-3} cm/s 的土壤处理效果较好。质地较细的土壤需要多次淋洗才能达到处理要求。一般来说，当土壤中黏土含量达到 25%～30% 时，不考虑采用该技术。

淋洗技术有以下缺点：可能会破坏土壤理化性质，使大量土壤养分流失，并破坏土壤微团聚体结构；低渗透性、高土壤含水率、复杂的污染混合物，以及较高的污染物浓度会使处理过程较为困难；淋洗技术容易造成污染范围扩散并产生二次污染。

10.1.3 电动力学修复技术

电动力学修复技术的基本原理类似电池，是在土壤或液相系统中插入电极，在两端加上低压直流电场，在直流电的作用下，发生土壤孔隙水和带电离子的迁移，水溶的或者吸附在土壤颗粒表层的污染物根据各自所带电荷的不同而向不同的电极方向运动，使污染物富集在电极区得到集中处理或分离，定期将电极抽出处理去除污染物。电动力学修复技术可以用于抽提地下水和土壤中的重金属离子，也可对土壤中的有机物进行去除。

电动力学修复技术可以适用于其他修复技术难以实现的污染场地，可以去除可交换态、碳酸盐和以金属氧化物形态存在的重金属，不能去除以有机态、残留态存在的重金属。有研究发现土壤中以水溶态和可交换态存在的重金属较易被电动修复，去除率可达 90%，而以硫化物、有机结合态和残渣态存在的重金属较难去除，去除率约为 30%。

电动力学修复是指在污染土壤中插入电极对，并通以直流电，使重金属在电场作用下通过电渗析向电极室运输，然后通过收集系统收集做进一步的集中处理。电动力学修复技术只适用于污染范围小的区域，但是受污染物溶解和脱附的影响，且不适于酸性条件。该项技术虽然在经济上是可行的，但是由于土壤环境的复杂性，常会出现与预期结果相反的情况，从而限制了其运用。

10.1.4 化学氧化技术

化学氧化法已经在废水处理中应用了数十年，可以有效去除难降解有机污染物，逐渐应用于土壤和地下水修复中。

化学氧化技术主要是通过掺进土壤中的化学氧化剂与污染物所产生的氧化反应，使污染物快速降解或转化为低毒、低移动性产物的一项修复技术。

根据工艺的不同,化学氧化技术可分为原位化学氧化和异位化学氧化。

(1)原位化学氧化。原位化学氧化设备由药剂制备/储存系统、药剂注入井(孔)、药剂注入系统(注入和搅拌)、监测系统等组成。其中,药剂注入系统包括药剂储存罐、药剂注入泵、药剂混合设备、药剂流量计、压力表等组成。药剂通过注入井注入污染区,注入井的数量和深度根据污染区的大小和污染程度进行设计。在注入井的周边及污染区的外围还应设计监测井,对污染区的污染物及药剂的分布和运移,进行修复过程中及修复后的效果监测。通过设置抽水井,可促进地下水循环以增强混合,有助于快速处理污染范围较大的区域。

(2)异位化学氧化。异位化学氧化技术是向污染土壤添加氧化剂或还原剂,通过氧化或还原作用,使土壤中的污染物转化为无毒或相对毒性较小的物质。常见的氧化剂包括高锰酸盐、过氧化氢、芬顿试剂、过硫酸盐和臭氧。

采用化学氧化技术修复有机污染土壤时,针对土壤和污染物特性,首先快速判断化学氧化技术处理目标污染土壤的可行性,然后通过实验室试验,研究各种影响因子,评价化学氧化的技术和经济可行性,进而考察各种设计参数的可靠性,最后要充分考虑试运行、调试、运营、监理、监控指标、应急预案等。

(1)原位化学氧化技术。原位化学氧化技术能够有效处理的有机污染物包括:挥发性有机物如二氯乙烯(DCE)、三氯乙烯(TCE)、四氯乙烯(PCE)等氯化溶剂,以及苯、甲苯、乙苯和二甲苯等苯系物(BTEX);半挥发性有机化学物质,如农药多环芳烃(PAHs)和多氯联苯(PCBs)等。对含有不饱和碳键的化合物(如石蜡、氯代芳香族化合物)的处理十分高效且有助于生物修复作用。

(2)异位化学氧化技术。异位化学氧化技术可处理石油烃、BTEX(苯、甲苯、乙苯、二甲苯)、酚类、甲基叔丁基醚(Methyl Tert-butyl Ether,MTBE)、含氯有机溶剂、多环芳烃、农药等大部分有机物。异位化学氧化不适用于重金属污染土壤的修复,对于吸附性强、水溶性差的有机污染物应考虑必要的增溶、脱附方式。

化学氧化技术
改进技术工艺

10.1.5 溶剂萃取技术

溶剂萃取是一种利用溶剂来分离和去除污泥、沉积物、土壤中危险性有机污染物的修复技术,这些危险性有机污染物包括多氯联苯(PCBs)、多环芳烃(PAHs)、二噁英、石油产品、润滑油等。这些污染物通常都不溶于水,会牢固地吸附在土壤、沉积物和污泥中,从而使用一般方法难以将其去除。对于溶剂萃取中所用的溶剂,则可以有效地溶解并去除相应的污染物。

溶剂萃取系统构成包括污染土壤收集与杂物分离系统、溶剂萃取系统、油水分离系统、污染物收集系统、萃取剂回用系统、废水处理系统等。

溶剂浸提修复技术是一种利用溶剂将有害化学物质从污染介质中提取出来或去除的修复技术。化学物质如多氯联苯(PCBs)、油脂类等是不溶于水的,而倾向于吸附或粘贴在土壤上,处理起来有难度。溶剂浸提技术能够克服这些技术瓶颈,使土壤中多氯联苯(PCBs)与油脂类污染物的处理成为现实。溶剂浸提技术的设备组件运输方便,可以根据土壤的体积调节系统容量,一般在污染地点就地开展,是一种土壤异位处理技术。

10.1.6 固化/稳定化技术

固化/稳定化技术(Solidification/Stabilization,S/S)是将污染土壤与胶粘剂或稳定剂混合,使污染物实现物理封存或发生化学反应形成固体沉淀物(如形成氢氧化物或硫化物沉淀等),从而防止或者降低污染土壤释放有害化学物质过程的一组修复技术,实际上分为固化和稳定化两种技术。其中,固化技术是将污染物封入特定的晶格材料中,或在其表面覆盖渗透性低的惰性材料,以限制其迁移活动的目的;稳定化技术是从改变污染物的有效性出发,将污染物转化为不易溶解、迁移能力或毒性更小的形式,以降低其环境风险和健康风险。一般情况下,固化技术和稳定化技术在处理污染土壤时是结合使用的,包括原位和异位固化/稳定化修复技术。

(1)原位固化/稳定化技术。原位固化/稳定化修复技术是指直接将修复物质注入污染土壤中进行相互混合,通过固态形式利用物理方法隔离污染物或者将污染物转化成化学性质不活泼的形态,从而降低污染物质的毒害程度。原位固化/稳定化修复不需要将污染土壤从污染场地挖出,其处理后的土壤仍留在原地,用无污染的土壤进行覆盖,从而实现对污染土壤的原位固化/稳定化。

(2)异位固化/稳定化技术。异位固化/稳定化土壤修复技术通过将污染土壤与黏结剂混合形成物理封闭(如降低孔隙率等)或者发生化学反应(如形成氢氧化物或硫化物沉淀等),从而达到降低污染土壤中污染物活性的目的。这一技术的主要特征是将污染土壤或污泥挖出后,在地面上利用大型混合搅拌装置对污染土壤与修复物质(如石灰或水泥等)进行完全混合,处理后的土壤或污泥再被送回原处或者进行填埋处理。异位固化/稳定化通常用于处理无机污染物质,对于半挥发性有机物质及农药、杀虫剂等污染物污染的情况,进行修复的适用性有限。

相较于其他土壤修复技术,固化/稳定化技术具有明显的优势:操作简单,费用相对较低;修复材料多是来自自然界的原生物质,具有环境安全性;固定后土壤基质的物化性质具有长期稳定性,综合效益好;固化材料的抗生物降解性能强且渗透性低。

10.1.7 热脱附技术

热脱附修复技术是利用直接或间接热交换,通过控制热脱附系统的床温和物料停留时间有选择地使污染物得以挥发去除的技术。热脱附主要包含两个基本过程:一是加热待处理物质,将目标污染物挥发成气态分离;二是将含有污染物的尾气进行冷凝、收集及焚烧等处理至达标后排放至大气中。

一般来说,热脱附技术可分为原位热脱附技术和异位热脱附技术两大类。

(1)原位热脱附技术。原位热脱附技术(ISTT)是石油污染土壤原位修复技术中的一项重要手段,主要用于处理一些比较难开展异位环境修复的区域。原位热脱附技术是将污染土壤加热至目标污染物的沸点以上，通过控制系统温度和物料停留时间有选择地促使污染物气化挥发，使目标污染物与土壤颗粒分离、去除。热脱附过程可以使土壤中的有机化合物产生挥发和裂解等物理化学变化。当污染物转化为气态之后，其流动性将大大提高，挥发出来的气态产物通过收集和捕获后进行净化处理。

原位热脱附技术最大的优势就是可以省去土壤的挖掘和运输，这样可以减少大部分的费用。然而，原位热脱附需要的时间比异位热脱附要长很多，而且由于土壤的多样性以及蓄水层的特性，很难用一种加热方式用于土壤原位热脱附处理，需要根据实际情况进行技术选择。

(2) 异位热脱附技术。异位热脱附技术的主要实施过程如下所述：

①土壤挖掘。对地下水水位较高的场地，挖掘时需要降水使土壤湿度符合处理要求。

②土壤预处理。对挖掘后的土壤进行适当的预处理，如筛分、调节土壤含水率、磁选等。

③土壤热脱附处理。根据目标污染物的特性，调节合适的运行参数（脱附温度、停留时间等），使污染物与土壤分离。

④气体收集。收集脱附过程产生的气体，通过尾气处理系统对气体处理达标后排放。

热脱附系统可分为直接热脱附和间接热脱附，也可分为高温热脱附和低温热脱附。

(1) 直接热脱附。直接热脱附由进料系统、脱附系统和尾气处理系统组成。

(2) 间接热脱附。间接热脱附由进料系统、脱附系统和尾气处理系统组成。与直接热脱附的区别在于脱附系统和尾气处理系统。

热脱附技术具有污染物处理范围宽、设备可移动、修复后土壤可再利用等优点。特别对PCBs这类含氯有机物，非氧化燃烧的处理方式可以显著减少二噁英的生成。

10.1.8 水泥窑协同处置技术

水泥窑协同处置是将满足或经过预处理后满足入窑要求的固体废物投入水泥窑，在进行水泥熟料生产的同时实现对废物的无害化处置的过程。水泥窑协同处置具有焚烧温度高、停留时间长、焚烧状态稳定、良好的湍流、碱性的环境气氛、没有废渣排出、固化重金属离子、焚烧处置点多和废气处理效果好等特点，其作为一种成熟的处理废物的技术，在国内外均得到了广泛的研究和应用。水泥窑协同处置技术由于受污染土壤性质和污染物性质影响较小，焚毁去除率高和无废渣排放等特点，成为一项极具竞争力的土壤修复技术。

水泥窑协同处置技术包括污染土壤储存、预处理、投加、焚烧和尾气处理等过程。在原有的水泥生产线基础上，需要对投料口进行改造，还需要必要的投料装置、预处理设施、符合要求的储存设施和实验室分析能力。水泥窑协同处置主要由土壤预处理系统、上料系统、水泥回转窑及配套系统、监测系统组成。

10.1.9 其他物理化学修复技术

1. 物理分离技术

物理分离技术来源于化学、采矿和选矿工业中。在原理上，大多数污染土壤的物理分离修复基本上与化学、采矿和选矿工业中的物理分离技术一样，主要是根据土壤介质及污染物的物理特征而采用不同的操作方法。

物理分离技术包括水力分选、重力浓缩、泡沫浮选、磁分离、静电分离、摩擦洗涤及各种物理分离过程的结合。其中重力浓缩和泡沫浮选在土壤修复中是主要的物理分离技术。物理分离的效率与土壤性质密切相关，如土壤粒度分布、颗粒形状、黏土含量、水分含量、腐殖质含量、土壤基质的异质性、土壤基质和污染物之间的密度差异、磁性能和土壤颗粒表面的疏水性质等。

物理分离技术主要应用在污染土壤中无机污染物的修复技术上，适合处理小范围污染的土壤，从土壤、沉积物、废渣中分离重金属，清洁土壤，恢复土壤正常功能。大多数物理分离修复技术都有设备简单、费用低廉、可持续高产出等优点，但是在具体分离过程中，其技术的可行性，要考虑各种因素的影响。

物理分离技术在应用过程中还有许多局限性，比如在粒径分离时易塞住或损坏筛子；在水动力学分离和重力分离时，当土壤中有较大比例的黏粒、粉粒和腐殖质存在时很难操作；用磁分离处理费用比较高等。这些局限性决定了物理分离修复技术只能在小范围内应用，不能被广泛地推广。

2. 阻隔填埋技术

土壤阻隔填埋技术是将污染土壤或经过治理后的土壤置于防渗阻隔填埋场内，或通过敷设阻隔层阻断土壤中污染物迁移扩散的途径，使污染土壤与四周环境隔离，避免污染物与人体接触和随降水或地下水迁移进而对人体和周围环境造成危害。按其实施方式，可分为原位阻隔覆盖和异位阻隔填埋。

(1)原位土壤阻隔覆盖系统主要由土壤阻隔系统、土壤覆盖系统、监测系统组成。土壤阻隔系统主要由高密度聚乙烯(HDPE)膜、泥浆墙等防渗阻隔材料组成，通过在污染区域四周建设阻隔层，将污染区域限制在某一特定区域；土壤覆盖系统通常由黏土层、人工合成材料衬层、砂层、覆盖层等一层或多层组合而成；监测系统主要是由阻隔区域上下游的监测井构成的。

(2)异位土壤阻隔填埋系统主要由土壤预处理系统、填埋场防渗阻隔系统、渗滤液收集系统、封场系统、排水系统、监测系统组成。其中，填埋场防渗系统通常由高密度聚乙烯(HDPE)膜、土工布、钠质膨润土、土工排水网、天然黏土等防渗阻隔材料构筑而成。根据项目所在地地质及污染土壤情况需要，通常还可以设置地下水导排系统与气体抽排系统或者地面生态覆盖系统。

阻隔填埋技术适用于重金属、有机物及重金属有机物复合污染土壤；但不宜用于污染物水溶性强或渗透率高的污染土壤，不适用于地质活动频繁和地下水水位较高的地区。

3. 可渗透反应墙技术

可渗透反应墙技术(PRB)于20世纪90年代初期在美国和加拿大兴起，可用于截留或原位处理迁移态的污染物，通过浅层土壤与地下水构筑一个具有渗透性、含有反应材料的墙体，呈污染水体经过墙体时其中的污染物与墙内反应材料发生物理、化学反应而被净化除去。无机和有机污染物均可以通过不同活性材料组成的反应墙得以固化或降解，包括有机物、重金属、放射性元素等。但该技术不能保证所有扩散出来的污染物完全按处理的要求予以拦截和捕获，且外界环境条件的变化可能导致污染物重新活化。

任务 10.2 土壤生物修复技术

10.2.1 生物修复简介

环境污染物清除治理的方法有很多，常用的主要是物理和化学方法，包括化学淋洗、填埋、客土改良、焚烧和电磁分解等。这些方法虽然行之有效，但成本很高，并且物理化学试剂在土壤修复中的应用通常会造成二次污染。采用生物清除环境中污染物的生物修复技术具有应用前景，代表了未来的发展。生物修复是指一切以利用生物为主体的环境污染的治理技术。它包括利用植物、动物和微生物吸收、降解、转化土壤和水体中的污染物，使污染物的浓度降低到可接受的水平，或将有毒有害的污染物转化为无害的物质，也包括将污染物稳定化，以减少其向周边环境的扩散。一般可分为微生物修复、植物修复和动物修复三种类型。根据生物修复的污染物种类，可分为有机污染生物修复、重金属污染的生物修复和放射性物质的生物修复等。

10.2.2 微生物修复

微生物是土壤最活跃的成分。从定植于土壤母质的蓝绿藻开始，到土壤肥力的形成，土壤微生物参与了土壤发生、发展、发育的全过程。土壤微生物在维持生态系统整体服务功能方面发挥着重要的作用，常被比拟为土壤碳(C)、氮(N)、硫(S)、磷(P)等养分元素循环的"转化器"、环境污染物的"净化器"、陆地生态系统稳定的"调节器"。土壤微生物是土壤生态系统的重要生命体，它不仅可以指示污染土壤的生态系统稳定性，而且还具有巨大的潜在环境修复功能。由此，污染土壤的微生物修复理论及修复技术便应运而生。微生物修复是指利用天然存在的或所培养的功能微生物群，在适宜环境条件下，促进或强化微生物代谢功能，从而达到降低有毒污染物活性或降解成无毒物质的生物修复技术，它已成为污染土壤生物修复技术的重要组成部分和生力军。

1. 重金属污染土壤的微生物修复

(1)修复机制。重金属对生物的毒性作用常与它的存在状态有密切的关系，这些存在形式对重金属离子的生物利用活性有较大影响。重金属存在形式不同，其毒性作用也不同。不同于有机污染物，金属离子一般不会发生微生物降解或者化学降解，并且在污染以后会持续很长时间。金属离子的生物利用活性在污染土壤的修复中起着至关重要的作用。根据 Tessier 的重金属连续分级提取法可以将土壤中的重金属分为金属可交换态(可交换态)、碳酸盐结合态(碳酸盐态)、铁锰氧化物结合态(铁锰态)、有机质及硫化物结合态(有机态)和残渣晶格结合态(残渣)五种存在形式。不同存在形态的重金属其生物利用活性有极大区别。处于金属可交换态、碳酸盐结合态和铁锰氧化物结合态的重金属稳定性较弱，生物利用活性较高，因而危害强；而处于有机质及硫化物结合态和残渣晶格结合态的重金属稳定性较强，生物利用活性较低，不容易发生迁移与转化，因而所具有的毒性较弱，危害较低。土壤中的微生物可以对土壤中的重金属进行固定或转化，改变它们在土壤中的环境化学形态，达到降低土壤重金属污染毒害作用的目的。

（2）影响重金属污染土壤微生物修复的因素。

①菌株。不同类型的微生物对重金属的修复机理各不相同，如原核微生物主要通过减少重金属离子的摄取，增加细胞内重金属的排放来控制胞内金属离子浓度。细菌的修复机理主要在于改变重金属的形态从而改变其生态毒性。真核微生物能够减少破坏性较大的活性游离态重金属离子，其原理是其体内的金属硫蛋白（MT）可以螯合重金属离子。不同类型微生物对重金属污染的耐性也不同，通常认为：真菌＞细菌＞放线菌。

②其他理化因素。pH 值是影响微生物吸附重金属的重要因素之一。在 pH 值较低时，水合氢离子与细菌表面的活性点位结合，阻止了重金属与吸附活性点位的接触；随着 pH 值的增加，细胞表面官能团逐渐脱质子化，金属阳离子与活性电位结合量增加。pH 值过高也会导致金属离子形成氢氧化物而不利于菌体吸附金属离子。

2. 有机污染土壤的微生物修复

近 20 年来，随着工、农业生产的迅速发展，农业污染特别是土壤受污染的程度日趋严重。据粗略统计，我国受农药、化学试剂污染的农田达到 6 000 多万公顷，污染程度达到了世界之最。有机物污染土壤的修复及治理已经成为环境科学领域的热门话题之一。

（1）修复机制。微生物降解和转化土壤中有机污染物，主要依靠氧化作用、还原作用、基团转移作用、水解作用及其他机制进行。

（2）影响有机污染土壤微生物修复的因素。影响微生物修复石油污染土壤效果的因素很多，除有机污染物自身的特性外，还包括土壤中微生物的种类、数量及生态结构、土壤中的环境因子等。

①有机污染物的理化性质。有机污染物的生物降解程度取决于它的化学组成、官能团的性质及数量、分子量大小等因素。通常，饱和烃最容易被降解，其次是低分子量的芳香族烃类化合物、高分子量的芳香族烃类化合物，而石油烃中的树脂和沥青等则极难被降解。

②微生物种类和菌群对修复的影响。微生物在生物修复过程中既是石油降解的执行者，又是其中的核心动力。土壤中微生物的种类及构成是影响有机污染土壤微生物修复的重要因素。因此，寻找高效污染物降解菌是当前微生物修复技术的研究热点。用于生物修复的微生物有土著微生物、外来微生物和基因工程菌三类。

③环境因素对有机污染物生物降解的影响。微生物对有机污染物不同组分的降解能力是不同的，同时微生物对有机污染物的降解受到环境因素的影响，这种影响对有机污染物的降解往往具有决定性的作用。某种石油烃在一种环境中能长期存在，而在另一种环境中，相同的烃化合物在几天甚至几小时内就可被完全降解。影响有机污染物生物降解的因素主要有 pH 值、O_2 含量、温度、营养物质含量和盐浓度。

④表面活性剂在土壤有机污染物微生物修复中的作用。由于有机污染物，特别是石油烃中含有大量的疏水性有机物，因此它们具有黏性高、稳定性好，生物可利用性低的

特点。这些高分子有机物、多环芳烃类，严重限制了生物修复的效果和速度。

10.2.3 植物修复

植物修复旨在以植物忍耐、分解或超量积累某种或某些化学元素的生理功能为基础，利用植物及其共存微生物体系吸收、降解、挥发和富集土壤中的污染物。它是一种绿色、低成本的土壤修复技术。相对于传统的物理化学土壤修复技术，污染土壤的植物修复对土壤扰动小，对环境也更加友好，显示出良好的应用前景。植物修复的概念是由美国科学家 Chaney 于 1983 年提出的，主要包括植物提取（植物萃取或植物吸取）、植物稳定、植物挥发和植物降解等。

植物修复是以植物积累、代谢、转化某些有机物的理论为基础，通过有目的地优选种植植物，利用植物及其共存土壤环境体系去除、转移、降解或固定土壤有机污染物，使之不再威胁人类健康和生存环境，以恢复土壤系统正常功能的污染环境治理措施。

1. 重金属污染土壤的植物修复

重金属污染土壤的植物修复是一种利用自然生长植物或者遗传工程培育植物修复金属污染土壤环境的技术总称。它通过植物系统及其根际微生物群落移去、挥发或稳定土壤环境污染物，已成为一种修复金属污染土地的经济、有效的方法。

(1) 修复机制。根据其作用过程和修复机制，金属污染土壤的植物修复技术可归成植物稳定、植物挥发和植物提取三种类型。

①植物稳定。植物稳定是利用植物吸收和沉淀固定土壤中的大量有毒金属，以降低其生物有效性和防止其进入地下水与食物链，从而减少其对环境和人类健康的污染风险。

②植物挥发。植物挥发是与植物提取相连的。它是利用植物的吸取、积累、挥发而减少土壤污染物。

③植物提取。相对地，植物提取是一种集永久性和广域性于一体的植物修复途径，已成为众人瞩目、风靡全球的一种植物去除环境污染元素（特别是重金属）的方法。植物提取是利用特异性植物根系吸收一种或几种污染物（特别是有毒金属），并将其转移、储存到植物茎叶，然后收割茎叶，离地处理。

(2) 影响重金属植物修复的因素。影响植物修复重金属污染土壤效果的因素很多，主要有重金属在土壤中的赋存形态、植物品种和环境因素等。

①重金属土壤赋存形态对植物修复的影响。重金属的形态可影响植物对重金属离子的吸收。土壤污染物中常见的重金属形态有可交换态、碳酸盐态、铁锰氧化物结合态、有机态、残渣态等。改变重金属的形态对于重金属离子由植物根部转运到地上部有很大影响。

②植物修复品种对重金属修复的影响。目前，应用于植物修复的植物材料多为超富集植物（超积累植物）。超富集植物是指能够超量吸收重金属并将其运移到地上部的植物。由于各种重金属在地壳中的丰度及在土壤和植物中的背景值存在较大差异，因此，对不同重金属，其超富集植物富集浓度界限也有所不同。

③环境因素对重金属植物修复的影响。pH 值是影响土壤中重金属形态的一个重要因

素。以镉的植物固定为例,许多研究发现,在镉污染程度不等的各种土壤上,pH 值对植物吸收、迁移镉的影响非常大。莴苣、芹菜各部位的镉(Cd)、锌(Zn)的浓度基本遵循随土壤 pH 值升高而呈下降趋势的规律。

a. 氧化还原电位是影响土壤中重金属形态的重要因子。土壤中重金属的形态、化合价和离子浓度都会随土壤氧化还原状况的变化而变化。如在淹水土壤中,往往形成还原环境,一些重金属离子就容易转化成难溶性的硫化物存在于土壤中,使土壤溶液中游离的重金属离子的浓度大大降低,进而影响植物修复。当土壤风干时,土壤中氧的含量较高,氧化环境明显,难溶的重金属硫化物中的硫,易被氧化成可溶性的硫酸根,提高游离重金属的含量。因此,通过调节土壤氧化还原电位(用 E_h 表示)来改变土壤中重金属的存在形式可以有效提高植物修复的效率。

b. 土壤中的有机质含量也是影响重金属形态的重要因素。进入环境中的重金属离子与土壤中的有机质发生物理或化学作用而被固定、富集,从而影响它们在环境中的形态、迁移和转化。有研究发现加拿大的有机森林土壤对镉的吸附能力是矿物土壤的 30 倍;还有研究表明,施入有机肥后土壤中有效态镉的含量明显降低,因而能显著减轻镉对植物的毒害。故在镉污染的土壤上增施有机肥是一种十分有效的改良方法。

c. 营养物质浓度也同样影响重金属的植物修复。用霍格兰比(Hoagland's)营养液做试验证明,重金属在植物体内的迁移与营养液的浓度有关。在镉污染的溶液里,营养液浓度越小,富集在植物各部分的镉浓度就越高。这是由于很多重金属离子与诸如铁离子、铜离子等营养元素使用着共同的离子通道进入植物细胞内。当植物体内富余或者缺乏这些营养元素时,这些离子通道的开关将影响植物对重金属离子的吸收。因此,在镉污染的土壤中,适当增加土壤溶液中的营养物质浓度能够影响植物对镉离子的吸收。同时,也有学者对其中的重要营养元素分别做了研究,证明营养元素的施用可以缓解重金属对植物的毒害作用。

(3)存在的问题及研究趋势。

①存在的问题。植物修复技术具有常规土壤物理化学等方法所不及或没有的技术和经济上的双重优势,这驱动着植物修复技术在全球范围的研究和应用。利用植物修复土壤重金属污染仍存在以下不足之处:

a. 修复过程相对而言较为缓慢。
b. 植物提取所用的超富集植物往往生物量较小。
c. 重金属的植物修复选择性和复杂性。

②研究趋势。研究趋势包括以下几个方面:

a. 植物修复与传统修复技术相结合。
b. 超富集植物发掘及富集重金属的机理研究。
c. 基因工程。
d. 植物-微生物联合修复。

2. 有机污染土壤的植物修复

由于农药施用、化工污染等问题引起的土壤有机污染,使有机污染土壤的清洁与安全利用成为一个亟待解决的问题。目前，修复有机污染土壤环境的技术主要有物理修复、化学修复、电化学修复、生物修复技术等。植物修复是颇有潜力的土壤有机污染治理技术。与其他土壤有机污染修复措施相比，植物修复经济、有效、实用、美观，且作为土壤原位处理方法其对环境扰动少；修复过程中常伴随着土壤有机质的积累和土壤肥力的提高，净化后的土壤更适用于作物生长；植物修复中的植物根系的生长发育对于稳定土表、防止水土流失具有积极生态意义；与微生物修复相比，植物修复更适用于现场修复且操作简单，能够处理大面积面源污染的土壤；另外，植物修复土壤有机污染的成本远低于物理、化学和微生物修复措施，这为植物修复的工程应用奠定了基础。

植物修复同时也有一定的局限性：植物对污染物的耐受能力或积累性不同，且往往某种植物仅能修复某种类型的有机污染物，而有机污染土壤中的有机污染物往往成分较为复杂，这会影响植物修复的效率；植物修复周期长，过程缓慢，且必须满足植物生长所必需的环境条件，因而，对土壤肥力、含水量、质地、盐度、酸碱度及气候条件等有较高的要求；植物修复效果易受自然因素如病虫害、洪涝等的影响；植物收获部分的不当处置也可能会在一定程度上产生二次污染。

(1) 修复机制。植物修复根据有机污染物修复发生的区域可分为植物提取（包括根吸收和体内降解）和根际降解两大方面。有机污染物的根际降解根据其修复机制又可分为根系分泌物促进有机污染物降解和植物强化根际微生物的降解作用。植物修复功能主要有植物根系的吸收、转化作用及分泌物调节和分解有机污染物的作用，而且植物的根系腐烂物和分泌物可以为微生物提供营养来源，有调控共代谢作用，一部分植物还决定着微生物的种群。植物提取就是植物将有机污染物吸收到体内储存、降解或通过蒸腾作用将污染物从叶子表面挥发到大气中，从而清除或降低土壤污染物。植物可在体内转化有机污染物达到解毒效果，其中有些污染物可被植物完全降解为二氧化碳。

①植物吸收转运机制。植物对有机污染物的吸收主要有两种途径：一是植物根部吸收并通过植物蒸腾流沿木质部向地上部分迁移转运；二是以气态扩散或者大气颗粒物沉降等方式被植物叶面吸收。

②根际降解。根际降解包括植物根系分泌物、根际微生物、根际微生物与植物相互作用对有机污染物的降解作用。有机污染物的根际修复主要是植物－微生物的协同修复。

另外，土壤本源的氧化还原酶对土壤中的有机污染物有较强的去除作用。氧化还原酶如加氧酶、多酚氧化酶、过氧化物酶等能够催化多种芳香族化合物如多环芳烃的氧化反应。植物来源的酶对土壤中有机污染物的降解也发挥着重要的作用。众多研究表明，植物可以增加根际酶活性，而根际酶活性的提高促进了有机污染物的降解。

(2) 影响有机污染土壤微生物修复的因素。影响有机污染物植物修复的因素主要有有机污染物的物理化学特性和污染物种类、浓度及滞留时间，以及用于污染修复的植物种类、植物生长的土壤类型、环境及气象条件等等。

(3) 存在的问题及研究趋势。植物修复的优点很多，如操作简单、费用低，因此较容易被公众接受。由于是原位修复，对环境的改变少，可以进行大面积处理。与微生物相比，植物对有机污染物的耐受能力更强，植物根系对土壤的固定作用有利于有机污染物的固定，可以通过植物蒸腾作用从土壤中吸取水分，促进污染物随水分向根区迁移，在根区被吸附、吸收或被降解，同时，抑制了土壤水分向下和其他方向的扩散，有利于限制有机污染物的迁移等。植物修复的主要缺点有修复时间比其他方法要长一些；与植物生长一样，受气候的影响比较大；污染物有可能在植物中富集，有些代谢中间产物甚至可能比原污染物毒性更大，形成二次污染；某些污染物的溶解性提高了，因而可能造成污染扩散。

未来有机污染土壤的植物修复技术主要研究方向有以下几点：
①高效修复植物筛选；
②污染物在植物体内的代谢转化机理研究；
③转基因技术提高植物修复能力；
④土壤有机污染物增溶提高植物修复效率。

思考题

1. 土壤物理化学修复技术主要有哪几种？
2. 土壤生物修复技术主要有哪几种？
3. 简述土壤淋洗技术基本原理。
4. 简述化学氧化技术修复土壤的常用氧化剂。
5. 简述热脱附技术修复土壤的适用性。
6. 影响有机污染土壤微生物修复的主要因素有哪些？
7. 简述重金属污染土壤的植物修复机制。

项目11　物理性污染防治技术

知识目标

1. 了解消声器分类、消声特性、构造形式及原理；
2. 熟悉吸声材料、隔声材料及阻尼材料的性能与影响因素，掌握隔振元件与阻尼材料的选择方法；
3. 掌握吸声结构设计、隔声结构降噪量计算方法及设计要领，掌握噪声控制工程方案编制程序及工艺设计要领；
4. 了解电磁辐射污染、放射性污染及其他物理性污染基础知识。

能力目标

1. 能根据噪源现场情况判断区域环境噪声污染控制标准，并在噪声控制工程中正确应用；
2. 能在工程实施中应用隔振与阻尼的相关理论知识，合理选择并应用隔振元件和阻尼材料；
3. 能对电磁辐射污染、放射性污染进行防护；
4. 能防控光污染、热污染等其他物理性污染。

素质目标

1. 培养学生以树立环境保护、维护生态安全为己任的强烈责任感；
2. 培养学生运用基础知识与技能勇于探索和积极创新的工作意识；
3. 培养学生在实践训练中团结协作的精神；
4. 培养学生运用辩证方法分析和解决问题的能力。

任务11.1　噪声污染防治技术

11.1.1　吸声技术

一般建筑物的墙壁和地面是由硬实的材料构成的，这些材料的吸声能力较小，反射能力较强，入射声波遇到此类界面很容易发生反射。声音入射到界面时，其中一部分声能被界面材料吸收，使总体噪声级减弱，这种降低噪声的方法在工程上称作吸声技术，简称吸声。其中，具有吸收较高声能的材料或结构称为吸声材料或吸声结构。吸声是一种最基本的减弱声传播的技术措施。

1. 多孔吸声材料

多孔材料是主要的吸声材料，有玻璃棉、矿渣棉、无机纤维、合成高分子材料等。多孔材料根据内部气泡的状态可分为两种，一种是大部分气泡成为单个闭合的孤立气泡，没有通气性能，当声波入射到材料表面时，很难进入到材料内部，只是使材料做整体振动，这类材料不应作为多孔吸声材料，只能作为保温隔热材料；另一种气泡相互连接成为连续气泡，且有许多气泡会直通材料表面，此类材料都归类为多孔性吸声材料。

(1) 多孔吸声材料的吸声原理。吸声材料的筋络之间有大量空隙，空隙是吸声材料的主要部分。当声波进入空隙率很高的吸声材料时，除一小部分沿筋络传播外，大部分在空隙内传播。如果忽略沿筋络传播的部分，声波在材料内部的衰减主要是两种机理作用的结果：声能入射到多孔材料表面上时，有一部分声能被反射出去，有一部分声能进入通气性的孔中，在传播过程中引起空隙中的空气运动，由于材料内摩擦与黏滞力的作用使声振动能转化成热能而被散耗掉。声能在材料内部会经过反复的反射、透射，不断地重复这样的过程，就会一直将声能转换为热能，这样一部分声能被吸收。此外，声能进入通气性的孔中引起空气与材料振动，由于媒质振动时各处质点疏密不同，这种压缩与膨胀引起温度梯度，通过热传导作用将热能散失掉。中、高频声波可使空隙间空气质点的振动速度加快，空气与孔壁的热交换也加快，这就使多孔材料具有良好的中高频吸声性能。

(2) 多孔吸声材料的种类。多孔吸声材料大体可分为纤维材料、泡沫材料、颗粒材料三大类。

① 纤维材料。纤维材料是由无数细小的纤维状材料组成的，可分为无机纤维材料和有机纤维材料。

无机纤维材料主要有玻璃棉、玻璃丝、矿渣棉和岩棉等。玻璃棉中的超细玻璃棉是最常用的吸声材料，它的优点是不燃、密度小、防蛀、耐蚀、耐热、抗冻、隔热等，缺点是弹性差、易潮湿、填充不易均匀。矿渣棉具有质轻、防蛀、防火、导热系数小、耐高温、耐腐蚀、廉价等特点，但由于其杂质多、性脆易断，不适于风速大、要求洁净的场合。岩棉具有隔热、耐高温且易于成型、价格低廉等优点，但使用岩棉时，要注意其对人体健康有害、易受潮霉变、易老化等缺点。

有机纤维材料主要为植物纤维制品，有毛毡、木丝板、木质纤维板、水泥木丝板、纺织厂的飞花及棉麻下脚料、棉絮、稻草、棕丝等。这些材料在中、高频声波范围内具有良好的吸声性能，成本低，但其防火、防腐、防蛀和防潮性能差。

② 泡沫材料。泡沫类吸声材料由表面与内部皆有无数微孔的高分子材料制成，主要有泡沫塑料和泡沫玻璃等。用作吸声材料的泡沫塑料有脲醛泡沫塑料(米波罗)、氨基甲酸酯泡沫塑料等，这类材料的特点是密度小、导热系数小、材质柔软等，其缺点是易老化、耐火性差。泡沫材料具有良好的弹性，容易填充均匀；但易燃烧、易老化、强度较差。泡沫材料吸声特点为中、高频(500 Hz 以上)吸声性能优异，但低频吸声性能不够理想。

③ 颗粒材料。颗粒材料是由多孔性建筑材料制成的，主要有泡沫砖、膨胀珍珠岩(颗粒类)、珍珠岩吸声板、陶瓷吸声板、多孔陶土砖、矿渣水泥、木屑、石灰、水泥、加气混凝土、泡沫混凝土等，具有保温、防潮、不燃、耐热、耐蚀、耐冻等优点。因此，颗粒材料多用于建筑材料，具有较好的吸声效果。但建筑吸声板太重，已逐渐被具有轻质、

不燃、不腐、不蛀及不易老化等特性的玻璃棉、轻质硅酸钙板、矿渣棉和岩棉等无机材料所代替。使用时，一般将松散的各种多孔吸声材料加工成板、毡或砖等成型品。

(3) 多孔吸声材料的使用方式。多孔吸声材料在使用时一般需要护面层保护，防止失散。常用的护面板材为木质纤维板或薄塑料板，特殊情况下用石棉水泥板或薄金属板等，内填以松散的厚度为 5～10 cm 的多孔吸声材料。为防止松散的多孔材料下沉，常选用透声织物缝制成袋，再内填吸声材料。

(4) 空间吸声体。为充分发挥多孔材料的吸声性能和使用安装的方便，还可以把具有护面层的多孔吸声结构做成各种各样形状的单元吸声体。这些吸声体彼此按一定的间距排列，悬吊在天花板下，这样，吸声体正对声源的一面、背面及侧面都可以吸收入射声能，其吸声效果比相同的吸声体实贴在刚性壁面上要好得多，这种悬吊的立体多面吸声结构称为空间吸声体。空间吸声体可以做成平板体、立方体、圆柱体、圆锥体、球体等各种形状(图 11-1)。采用空间吸声体，可以充分发挥多孔吸声材料的吸声性能，提高吸声效率，节约吸声材料。目前，空间吸声体在噪声控制工程中应用非常广泛。

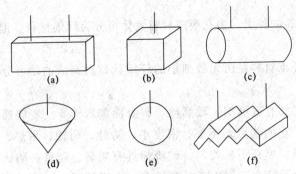

图 11-1　空间吸声体的几种形状
(a)板状；(b)立方体状；(c)圆柱状；(d)圆锥状；(e)球状；(f)瓦棱状

2. 吸声结构

除多孔性吸声材料外，另一类在实际工程中广泛使用的是共振吸声结构。多孔吸声材料对中、高频声吸收较好，对低频声吸收性能较差，若采用共振吸声结构则可以改善低频的吸声性能。与多孔吸声材料以材料为主不同，共振吸声结构以结构为主，它是利用共振原理制成的。例如，将一些普通的装修材料按照一定的构造安装后，就可以获得良好的吸声性能。共振吸声结构主要对中、低频噪声有很好的吸声性能，而多孔吸声材料的吸声频率范围主要在中、高频。因此，在进行噪声控制设计时，将共振吸声结构与多孔吸声材料相结合，可以获得宽频带的吸声效果。常用的共振吸声结构包括薄板共振吸声结构、穿孔板共振吸声结构和微穿孔板共振吸声结构。

(1) 薄板共振吸声结构。将薄板材料的周边固定在框架上，并将框架与刚性壁面相结合，这种由薄板与板后的空气层构成的系统称为薄板共振吸声结构。

①吸声原理。薄板和其后的空气层组成振动系统，薄板相当于质量块，板后空气层相当于弹簧。该系统具有固有频率，由于薄板的劲度较小，固有频率都处在低、中频范

围内。当声波入射到薄板上时，板面会振动，发生弯曲变形，板和框架之间的摩擦及板本身的内阻尼，会使一部分声能转化为热能损耗掉。当入射声波频率等于系统的固有频率时，系统产生共振，导致薄板产生最大弯曲变形，此时系统的振动最强烈，振幅和振动速度都达到最大值。板的阻尼和板与固定点间的摩擦会将振动能转化成热能耗散掉，起到吸收声波能量的作用。

②吸声特性。当入射声波的频率与系统的固有频率相同时，会产生共振，此时消耗的声能最大。薄板共振吸声结构的共振频率主要取决于板的面密度和背后空腔的深度，增大面密度和空气层厚度均可降低固有频率。在实际工程应用中，薄板厚度常取 3～6 mm，空腔深度常取 10 cm，共振频率在 80～300 Hz，故这种共振吸声结构通常用于低频吸声。在实际工程应用中，薄板共振吸声结构的吸声性能与板的厚度、空腔，以及空腔内是否填充了吸声材料有关。

(2) 穿孔板共振吸声结构。在具有共振吸声结构的板材上穿孔，会得到更好的吸声效果。在其后与刚性壁之间留一定的空腔所组成的吸声结构通常称为穿孔板共振吸声结构，它是噪声控制中使用非常广泛的一种共振吸声结构。穿孔板共振吸声结构可以看作是许多单腔共振吸声结构的组合。

①吸声原理。单腔共振吸声结构由一个封闭的空腔和一个与外界连通的孔颈组成。当孔的深度和孔径比声波波长小得多时，孔颈中空气柱的弹性形变很小，而封闭空腔的体积比孔颈大得多。当声波入射到颈口时，推动孔颈内的空气柱做往复运动，空腔内的空气也压缩和膨胀，随声波作弹性振动。当外界入射声波的频率和系统的固有频率相等时，由于发生共振，孔颈中的空气柱会产生剧烈的振动。在振动中，空气柱和孔颈侧壁因摩擦而消耗声能量，起到吸声的作用。

②吸声特性。单腔共振吸声结构由于吸收低频噪声，所以多用在有明显音调的低频噪声场合。同时，由于其具有较强的频率选择性，在实际工程中为了扩大吸声的频率范围，通常在颈口处增加一些多孔吸声材料，或加贴一层尼龙布等透声织物，增加颈口部分的摩擦阻力，拓宽吸声频带。此外，还可以与多种规格的单腔共振吸声结构同时使用，形成多种共振频率的吸声结构。穿孔板共振吸声结构是单个单腔共振吸声结构的并联组合。

对于厚度一定的穿孔板，穿孔率和空腔深度都会影响共振频率。空腔深度越大，吸声结构的共振频率越低；穿孔率越大，吸声结构的共振频率越高。在实际工程中，穿孔率是通过孔径和孔间距来调节的，穿孔率应小于 20%，否则就会大大降低吸声性能，如穿孔率在 20% 以上时，几乎没有共振吸声作用，而仅仅成为护面板。工程上一般取穿孔板板厚 2～5 mm、孔径 2～10 mm、穿孔率 1%～10%、空腔深度以 10～25 cm 为宜，超过以上尺寸范围，多有不良影响。

(3) 微穿孔板吸声结构。由于穿孔板共振吸声结构的吸声频带很窄，为了拓宽吸声频带范围，可以在穿孔板背后填充大量的多孔材料。如果穿孔板的穿孔直径减小到 1 mm 以下时，则不需要另加多孔材料，这种穿孔板共振吸声结构称为微穿孔板共振吸声结构。微穿孔板吸声结构是在普通穿孔板吸声结构的基础上发展而来的，其理论是我国著名声学专家马大猷院士在 20 世纪 70 年代首先提出的。微穿孔板吸声结构的吸声机理与穿孔板类似,主要利用空气柱共振时在小孔中来回运动摩擦消耗声能。微穿孔板吸声结构的板薄、孔径小、声阻抗大,因此,吸声频带宽度要比穿孔板吸声结构好得多。其结构简单,特别适合于高温、高速、潮湿的条件下使用。但由于它的微孔孔径很小、易堵塞,微孔加工较困难,对环境的清洁度要求较高。

3. 吸声降噪的设计原则

采用吸声降噪措施应注意的基本原则有以下几个方面:

(1)尽可能先做声源处理,降低声源噪声辐射。当房间内壁多为坚硬反射面、室内房间平均吸声系数较小、接收点距离声源较远、以混响声为主时,采取吸声处理才能获得较好效果。如果在较高的平均吸声系数的基础上,进一步提高平均吸声系数,此时的吸声降噪效果和所需技术与投入是不成正比的,所以要合理设计,应尽量在靠近噪声源附近的表面进行吸声处理。

(2)当接收点距声源较近时,应先考虑用隔声措施隔离直达声,再考虑吸声处理措施。因为吸声技术只能降低混响声,不能降低直达声,所以在以直达声为主的声场中,应采取其他措施,或采取其他措施与吸声技术联用。

(3)根据噪声的频率特性,合理选用吸声材料的种类。噪声以高频成分为主时宜选用多孔吸声材料;噪声以低频成分为主时,宜选用共振吸声结构;对于宽频时声,应选用微穿孔板吸声结构或综合使用多种吸声材料和吸声结构。

(4)选择吸声材料时要考虑工艺要求和环境要求,注意防火、防潮、防腐蚀、防尘、防止小孔堵塞等工艺要求。

11.1.2 隔声技术

当声波传播时,在其传播途径上放置阻挡声波传播的材料或结构,使声波不能顺利穿透这些材料或结构,或在透过时产生很大的能量损失,从而降低噪声影响。这种用构件将噪声源和接收者分隔开,阻断噪声在空气中的传播,从而达到降低噪声目的的措施称作隔声。采取隔声措施控制噪声的技术,称为隔声技术。

根据声波传播方式的不同,通常把隔声分成两类:一类是空气声隔声;另一类是固体声隔声。通过空气传播的声音称为空气声。利用墙、门、窗或屏障等隔离在空气中传播的声音就称为空气声隔声。一般来说,建筑隔声构件的表面是比较坚硬密实的材料,声波入射到这种材料表面会被反射,使透射的声波减小,从而起到隔声作用。通过建筑结构产生和传播的噪声,如脚步声、家具拖动声、开关门窗时的碰撞声等,称为撞击噪声或固体噪声。利用隔振材料减弱结构中传播的撞击噪声的方法称为撞击声隔声。隔声技术是噪声控制中最有效的措施之一。常见的隔声处理方式有隔声墙、隔声间、隔声罩和声屏障等。

1. 隔声墙

在隔声技术中,把板状或墙状的隔声构件称为隔板或隔墙,简称墙。仅有一层隔板的称为单层墙;有两层或多层,层间有空气或其他材料的,称为双层墙或多层墙;在内、外墙上又铺贴其他材料的,称为复合墙。

(1)单层隔声墙。任何一种构件都会有一定的弹性,在入射声波的作用下,单层隔声墙会产生纵向的弹性压缩和横向的弹性切变,两者结合作用,会使单层隔声墙产生一种弯曲振动而形成弯曲波。当一定频率的声波以某一角度投射到墙体上,如果刚好和墙的弯曲波发生吻合,墙的弯曲波振幅达到最大,向墙的另一面透射的声波变强,这时墙的隔声量明显下降,这种现象就是吻合效应。吻合效应是指因声波入射角度所造成的空气中的声波作用与墙体中弯曲波传播速度相吻合而使隔声量降低的现象。当发生吻合效应时,振动会越来越激烈。但实际上,这种振动不会无限增大,因为墙体本身存在摩擦阻尼。

吻合效应会使隔声墙的隔声量大大降低,故应避免。减轻吻合效应采取以下措施:
①增加材料的阻尼,抑制弯曲波的振幅;
②通过改变墙体的刚度,选择合适的密度和弹性模量及厚度的材料,使吻合频率移出人耳的听阈或敏感区;
③减小板的劲度和板厚,使墙体的临界频率移到人耳不敏感的高频区(4 kHz以上);
④采用多层结构,使各层的临界频率互相错开,性能互补。

(2)双层隔声结构。提高单层墙的隔声量可通过增加墙体材料的面密度、厚度或质量来实现,单纯依靠增加厚度提高隔声量,虽然可以提升隔声量,但效果不明显,而且耗材大。如果把单层墙一分为二,中间留有空气层,其隔声量比同等质量的单层墙要高很多。

①双层墙的隔声原理。双层墙能提高隔声效果的主要原因是中间的空气层的作用。当声波入射到第一层墙体透射到空气层时,由于空气和墙体的特性阻抗不同,会在阻抗失配的界面上造成声波的多次反射,经过空气层时,空气层的弹性形变会起到减振作用,使传递到第二层墙体的振动减弱,提高墙体的隔声量。另外,空气对声波具有吸收作用,声波在两层墙体之间经过多次反射而衰减。

在一些假设条件下,可将双层墙整体视作一个"质量-空气-质量"组成的振动。声波入射到该系统时,会引起系统的振动。当入射声波的频率和该系统的固有振动频率相等时,系统会发生共振,此时振动幅度和速度都达到最大值,导致入射声能量全部通过双层墙。当系统发生整体共振时,其隔声量为零。

②使用双层墙应注意的问题。

a. 避免声桥对双层隔声结构隔声性能的影响。由于安装或结构强度需要,双层墙之间需要刚性连接,使之成为具有一定刚度的整体。当一层墙体振动时,通过连接物会把振动传递给另一层墙体,这种传声的连接物就是声桥。若双层墙体之间有刚性连接时,入射到第一层墙体的声波,可以通过双层墙之间的刚性连接传至第二层墙板,从而使双层墙的隔声量大为降低,这种刚性连接称为声桥。由于声桥的作用,使两层墙体的振动趋向于合并成为一个整体的振动,总的隔声量趋向下降。因此,在设计和施工过程中必须避免双层墙因刚性连接所形成的声桥现象。可采用弹性连接代替刚性连接,如用浸过沥青的毛毡作衬垫等。在设计和施工时,在保证构件机械性能要求的前提下,应避免形成不必要的声桥。

b. 避免双层结构的整体共振。当双层墙发生共振时，其隔声量为零。在设计和施工时，要避免该种情况的发生，特别是双层轻质构件。在需要使用轻质双层结构时，要在其表面增涂阻尼层，减弱共振。同时，尽可能不要使空气层中的两个墙体互相平行，以减少驻波共振的影响。

c. 避免吻合效应。如果双层墙是由相同厚度和材质组成时，其临界吻合频率与单墙相同，在发生吻合效应时，隔声量会显著下降。因此，在使用双层隔声结构时，要使用不同材料、不同厚度的双层墙，错开临界吻合频率，避免吻合效应的发生。

d. 空隙中填充吸声材料。在两层中间的空气层中添加吸声材料，可以减弱空气层的耦合作用，显著改善共振时的隔声量低谷，并且增大主要频段的隔声量，提高隔声量和隔声频带宽度。

2. 隔声间

在高噪声环境下，建造一个具有良好隔声性能的小房间，供操作人员进行控制、监督、观察、休息之用，能有效地减少噪声对操作人员的干扰。这种由隔声构件组成的具有良好隔声性能的房间称为隔声间或隔声室。隔声间可分为封闭式和半封闭式，一般多采用封闭式。设计一个隔声间不仅要求其墙体要有足够的隔声量，还要考虑具有一定隔声性能的门和窗等，墙体上是否有孔洞、缝隙漏声及为减弱隔声间内部混响声做必要的吸声处理。隔声间一般需要通风换气，在进、排气口处要装设必要的消声装置。隔声间一般要求有 20~50 dB(A) 的降噪量。

(1) 提高隔声门隔声能力的措施。隔声门的隔声效果在很大程度上取决于门缝的密封，应根据隔声要求和使用条件确定密封方法，具体要求如下：

①采用不易变形的材料。如采用木材制作时，应使用烘干的木材；采用金属材料制作时，应注意焊接温度不易过高，以防门发生形变而降低隔声效果。

②合理选用密封材料。门扇与门框结合处，采用橡胶管、乳胶管、毛毡、海绵及其他弹性材料等进行密封。

③改善门框、扇结合方式。将门框、扇的普通结合方式改成斜面接触或梯形咬合，并进行适当的密封处理。

④为保证关闭严密，可设置压紧装置。

⑤对地面部位有无框要求时，可设置弹性扫地刮板。

(2) 提高隔声窗隔声能力的措施。

①多层窗应选用厚度不同的玻璃以消除吻合效应。

②多层窗的玻璃之间要有较大的空气层，有一定的倾斜度，最好不要平行摆放，朝声源一侧的玻璃应做成倾斜的，以消除驻波。

③玻璃窗要严格密封，在边缘用橡胶条或毛毡条压紧，这样处理不仅可以起到密封作用，还能起到有效的阻尼作用，以减少玻璃板受声波激发引起振动透声。

④两层玻璃之间的窗框部位进行必要的吸声处理，不能有刚性连接，以防止声桥。

3. 隔声罩

隔声罩是噪声控制工程中经常使用的设备，是一种将噪声源封闭隔离起来的罩形壳体结构,以减少向周围环境的声辐射,同时,又不妨碍声源设备的正常功能性工作。

隔声罩的罩壁由罩板、阻尼涂层和吸声层及穿孔护面板组成。常用的隔声罩有固定密封型、活动密封型、局部开敞型等结构形式。不同形式隔声罩A声级降噪量:固定密封型为30~40 dB;活动密封型为15~30 dB;局部开敞型为10~20 dB;带有通风散热消声器的隔声罩为15~25 dB。

隔声罩的技术措施简单,降噪效果好,在噪声控制工程中广为应用。在设计和选用隔声罩时应注意以下几点:

(1)隔声罩应选择适当的材料和形状,罩壁须有足够的隔声量。

(2)罩体与声源设备或机座之间不能有任何刚性连接,以免形成"声桥",使隔声量降低;两者的基础必须有隔振处理,以免引起罩体振动,辐射噪声。罩面形状宜选择曲面形体,尽量避免方形平行罩壁。隔声罩与设备要保持一定距离,以免引起耦合共振,使隔声量下降。

(3)罩壁用薄板时,须在壁面上加筋,涂贴阻尼层,削减振动引起的二次辐射。罩内要使用吸声系数大的多孔材料进行吸声处理,以提高隔声效果。

(4)开有隔声检修门、观察窗或管线穿越时应做好密封减振处理。隔声罩各连接部分要固定紧密,避免留有孔洞和缝隙,一定要处理好孔洞和缝隙,并做好结构上节点的连接。当需要设置散热、通风通道或物料进出通道时,须增加消声措施,安装进、出口消声器。

(5)隔声罩的使用不能影响设备的正常工作,且便于操作、安装与检修,需要时可制作成能够拆装的拼装结构。

4. 声屏障

用来阻挡噪声源与接受者之间直达声的隔声板称为声屏障(图11-2)。声屏障在室内和室外都有广泛的应用。在建筑物内,对于人员多、强噪声源比较分散的大车间,如果难以从声源本身治理,在某些情况下,出于操作、维护方便的需要,或者因散热需要而换气量较大,不宜采用全封闭性的隔声措施,或者对隔声要求不高的情况下,可根据需要设置一定高度的声屏障。

图 11-2 声屏障模型

在交通干道的两侧室外区域，采用声屏障能减少交通车辆噪声的干扰。设置声屏障的方法简单、经济、便于拆装移动，在噪声控制工程中广泛应用。一般沿道路设置5～6 m高的隔声屏，可达10～20 dB(A)的减噪效果。声屏障对高频噪声的降噪效果较明显。

11.1.3 消声技术

消声器是一种既可以阻碍或减弱声音向外传播，又能允许气流顺利通过的噪声控制设备。消声器主要应用在风机进、出口和排气管口及通风换气的地方。这是因为消声器只能降低空气动力设备的进、排气口噪声或沿管道传播的噪声，不能降低空气动力设备的机壳、管壁等辐射的噪声。一个设计合理的消声器可降低管道噪声20～40 dB(A)。消声器对降低噪声污染、改善工作环境和生活环境具有重要的应用价值，在噪声控制中应用广泛。

消声器类型很多，按其降噪原理可分为阻性消声器、抗性消声器、阻抗复合型消声器、微穿孔板消声器、喷注耗散型消声器。

1. 阻性消声器

阻性消声器是一种利用多孔吸声材料来降低噪声的消声器。阻性消声器是利用声波在多孔吸声材料中传播时的摩擦阻力和黏滞作用将声能转化为热能，实现消声的效果。一般来说，阻性消声器具有良好的中、高频消声性能，低频的消声性能相对较差。阻性消声器的种类繁多，一般按气流通道的几何形状可分为管式消声器、片式消声器、列管式消声器、小室式消声器、声流式消声器、盘式消声器、锤头式消声器、蜂窝式消声器，如图11-3所示。

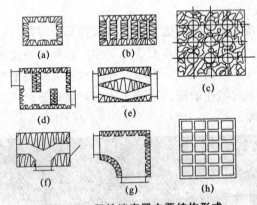

图11-3 阻性消声器主要结构形式
(a)管式；(b)片式；(c)列管式；(d)小室式；(e)声流式；(f)盘式；(g)锤头式；(h)蜂窝式

(1)单通道直管式阻性消声器。单通道直管式消声器是阻性消声器中最简单的一种，仅在管道内壁上衬贴一定厚度的吸声材料或吸声结构。消声器的消声量与吸声材料的声学性能、通道有效周长、有效截面面积和有效长度等相关。

单通道直管式消声器是最基本的阻性消声器，它的特点是结构简单、气流直通、阻力损失小，适用于流量小的管道消声。

从吸声原理上讲，阻性消声器对中、高频噪声的消声效果较好。随着声波频率的增高，入射声波在消声器通道内传播时的集束性越来越强，当其频率高到某一限值时就会形成"声束"，声波以窄束状通过消声器，使它与吸声材料的接触面积减少，并通过衬垫在管道内壁的多孔吸声材料的吸声而降噪，使消声性能显著下降，这样的现象称为高频失效，这时的声波频率称为高频失效频率。因为高频失效会降低消声器的消声量，所以应该避免或改善。

改善高频失效的原则是增加声波与吸声材料的接触面积，又不能阻碍气流通过消声器，可采取以下方式：对于小风量的细管道，可选用单通道直管式消声器；对于较大风量的粗管道则不能设计成单通道直管式消声器，否则高频消声效果将显著下降。通常采取在消声器通道中加装消声片的方式，中间设一片吸声层或一个吸声芯柱，或采用片式消声器、蜂窝式消声器、折板式消声器、声流式消声器、迷宫消声器、盘式消声器等，这样才能保证消声器在中、高频范围内有良好的消声效果。由于通道过多或出现弯曲，会增加阻力，影响消声器气流通过，因此，要根据现场实际情况选择消声器的类型。

(2) 多通道阻性消声器。多通道阻性消声器按照通道几何形状不同可分为不同种类，包括片式消声器、折板式消声器、声流式消声器、蜂窝式消声器、室式消声器、弯头式消声器、盘式消声器。

①片式消声器。对于气流量较大的通道或者进、排气口，需要安装较大横截面积的消声器，可在直管内插入一定数量的吸声片，将大通道分隔成若干小通道，构成片式消声器。一般会将每个小通道设计成相同尺寸，这样只要计算出单个通道的消声量，就可求得该消声器的消声量。工程上设计片式消声器时，消声片的厚度取 50～350 mm，片间距离取 100～250 mm。

②折板式消声器。折板式消声器是片式消声器的变形，将片式消声器的直流通道改为折板式，就构成了折板式消声器。这种消声器使声波在消声器内多次反射增大了传播路程，使声波能更多地接触多孔吸声材料，改善消声性能，特别是提高了中、高频的消声特性。为了不过大地增加阻力损失，板的折角一般小于 20°，以刚刚遮挡住视线为宜，片间距通常控制在 150～250 mm，曲折度以不透光为佳。由于折板式消声器的阻力较大，对风速过高的管道则不宜使用。

③声流式消声器。声流式消声器又称为小室式消声器，是折板式消声器的变形。由于折板式消声器的阻力较大，为了减小阻力损失，可将折板式消声器的折线通道改为平滑的流线型通道，将折板式消声器的折角改为弧形角，称为声流式消声器。由于消声片的截面宽度有较大的起伏，使低、中频消声性能得到改善，因此它不仅具有折板式消声器的优点，还能附加低频吸收。气流通过时，阻力降低，消声量比相同尺寸的片式消声器要高一些。声流式消声器的缺点是结构复杂，制造工艺难度大，造价较高。

④蜂窝式消声器。将一定数量较小的直管消声器并联在一起构成了蜂窝式消声器，因形似蜂窝，故得其名。这种消声器的消声量较大，但由于构造复杂，阻损较大，体积大，通常适用于流速低、风量较大的情况。每个小管通道，圆管道直径一般不大于 200 mm，方管不超过 200 mm×200 mm。

⑤室式消声器。室式消声器是一个内壁衬贴有多孔吸声材料的小消声室,进、排气管接在室的两对角上。这种消声器不同部位的通道截面会有变化,因此兼有抗性消声器的一些特点。其优点是消声频带较宽,消声量较大;缺点是阻力损失大,占有空间大;一般适用于流量大、流速低、消声量要求高的场所。

⑥弯头式消声器。当管道内气流需要改变方向时,必须使用弯头式消声器。弯头式消声器是在弯道内衬贴吸声材料构成的。弯头式消声器高频段消声效果较好,但是低频段消声效果差。弯头上衬贴吸声材料与不衬贴吸声材料,消声效果一般相差 10 dB(A)左右。弯头上衬贴吸声材料的长度,一般取相当于管道截面尺寸的 2~4 倍。

⑦盘式消声器。盘式消声器的外形呈圆盘形,这样使消声器的长度和体积变小,在空间有效的情况下可以考虑使用。进气和出气方向的改变,使声波发生了弯折,提高了中、高频的消声效果。一般轴向长度不到 50 cm,插入损失在 10~15 dB,适用风速不大于 16 m/s 的情况。

(3)阻性消声器的设计。

①确定消声量。根据有关环境噪声执行标准等,适当考虑噪声源及其他条件,合理确定实际所需的消声量。对于各频带所需的消声量,可参照相应的噪声评价曲线(也称 NR 曲线)确定。

②选定消声器的结构形式。首先根据气体流量和消声器所控制的流速计算所需的通道截面,选择消声器的结构形式。片式、蜂窝式等其他形式的消声器其各通道截面面积总和应相当于原管道截面面积的 1.5~2 倍。

③正确选用吸声材料。吸声材料的选择首先要考虑声学性能,其次还要考虑消声器的实际使用环境的要求。在高温、潮湿、有腐蚀性气体等特殊环境中,要考虑多孔吸声材料的耐热、防潮、抗腐蚀性能。另外,要注意使用环境可能会出现的振动,因为振动会造成吸声材料下沉或分布不均匀而影响消声效果。

④确定消声器的长度。根据噪声源的强度和降噪现场要求确定消声器的长度。虽然增加消声器的长度可以提高消声量,但是现场空间的大小可能会对其长度有限制。消声器的长度一般为 1~3 m。

⑤选择吸声材料的护面结构。阻性消声器主要利用多孔吸声材料降低噪声。因为此类材料的特点,加上吸声材料是在气流中工作的,必须要用护面层固定。常用的护面结构有玻璃布、穿孔板或钢丝网等。如果不使用护面层或护面层选取不合理,吸声材料会被气流吹散,导致消声效果下降。

⑥验算消声效果。根据高频失效和气流再生噪声验算消声效果。若设备对消声器的压力损失有一定要求,应计算压力损失是否在允许的范围之内。如果消声器的初步设计方案经过验算不能满足消声要求,应重新设计,直至得到满意的设计方案为止。

⑦设计方案的试验验证。通过理论计算得出消声器的设计方案后,还要在专门的消声器实验台上通过试验,定量验证后才可得到具有实用价值的消声器的设计方案。

2. 抗性消声器

抗性消声器与阻性消声器不同,抗性消声器不是以吸声材料直接吸收声能的,而是依靠声传播过程中管道截面的突变或旁接共振腔等，通过声波的反射、干涉来降低向外辐射的声能量，达到消声的目的。从能量角度看，阻性消声器的原理是能量转换，而抗性消声器主要是声能的转移。常用的抗性消声器有扩张室式、共振腔式等。抗性消声器适用于消除窄带噪声或中、低频噪声，比较适用于在高温、潮湿、气流速度较大、洁净度要求高的场所使用。

（1）扩张室消声器。扩张室消声器是抗性消声器中的常用结构形式，也称为膨胀室消声器，由管和室两种基本元件组成的。扩张室消声器消声原理是基于声音在突变截面管道中传播时，由于管道截面的突然扩张或缩小造成通道内声阻抗突变，使沿管道传播的某些频率的声波被反射回声源，并产生传递损失。扩张室消声器的基本形式是单节扩张室消声器。

单节扩张室消声器的主要缺点是存在许多通过频率，在通过频率处的消声量为零。为了改善不良特性，通常采用两种方法：一是将多节扩张室串联；二是在扩张室内插入内接管。

为了提高消声效果，一般采用多节扩张室串联法，也称为外联法，这样做会改变通过频率，如使第一节的通过频率是第二节的最大消声频率，这样，各节消声器的消声量在通过频率上可以互补，改善整个消声器，提高总体消声量。还可以采用内连接管法，又称为内插管法，将扩张室的入口管和出口管分别插入扩张室内，如果一端插入深度为1/2，另一端插入深度为1/4，其效果理论上使整个消声器没有通过频率。在实际工程中，为了得到较好的消声效果，通常外联内插相结合，将多节不同的扩张室用不同长度的内插管串联起来，这样可以在较宽的频率范围内获得较高的消声量。

扩张室消声器设计步骤如下：

①根据需要的消声频率特性，确定最大消声频率；根据需要的消声量，确定扩张比。

②由扩张比，计算扩张室各部分的尺寸；由最大消声频率，设计各节扩张室及其插入管的长度。

③验算所设计的扩张室消声器上、下截止频率之间是否包含所需要的消声频率范围，否则应重新修改设计方案。

④验算气流对消声量的影响，检查在给定的气流速度下，消声量是否还能满足要求。如不能满足要求，需重新设计。

（2）共振腔消声器。共振腔消声器实质上是共振吸声结构的一种应用，基本原理是基于亥姆霍兹共振腔。共振腔消声器是由开在气流通道管壁上的若干小孔与管外的密闭的空腔组成的。小孔中的空气柱类似活塞，具有一定的声质量，与密闭空腔组成一个共振系统。当声波传至小孔时，小孔里的空气柱做往复运动，与孔壁摩擦，使一部分声能转换为热能耗散掉。当声波频率与共振腔固有频率相同时，会产生共振，空气柱振动幅度和速度达到最大值，消耗的声能最多，消声量最大。

3. 阻抗复合型消声器

在实际噪声控制工程中，噪声以宽频带居多，通常将阻性消声器和抗性消声器两种消声原理不同的消声器组合起来，构成复合型消声器。阻性消声器具有良好的中、高频消声性能，但低频消声性能较差；而抗性消声器消除低、中频噪声效果好，高频消声效果较差。这两种消声器结合起来使用，构成阻抗复合消声器，可以拓宽噪声的消声频带。

常用的形式有阻性－扩张室复合式消声器、阻性－共振腔复合式消声器和阻性－扩张室－共振腔复合式消声器等。阻抗复合式消声器的消声量需要在实际应用中通过测量确定。

(1)阻性－扩张室复合消声器。阻性－扩张室复合消声器由阻性和抗性两部分消声结构组成。扩张室的内壁衬贴吸声层成为最简单的阻性－扩张室复合式消声器。阻性部分设置在扩张室的插入管上，不做单独设计，这样做可以不影响扩张室插入管的作用。在实际应用中，阻抗复合式消声器的传声损失是通过实验或现场测量确定的，一般有10～20 dB的效果。阻性和扩张室复合在一起，可在低、中、高频范围内获得良好的消声效果，一般用在风机进、出气口上。

(2)阻性－共振腔复合消声器。如与某压缩机匹配的阻性－共振腔复合消声器的阻性部分是以泡沫塑料为吸声材料，衬贴在消声器通道的周壁上，用以消除该压缩机噪声的中、高频的噪声成分；抗性部分的共振腔设置在通道中间，由具有不同消声频率的共振腔串联组成，用以消除低频噪声成分。在共振腔前、后两端各有一个由泡沫塑料制成的吸声尖劈，能改善消声器的空气动力性能和吸收高频噪声，进一步提高消声效果，在宽频范围内有良好的消声性能。

(3)阻性－共振腔－扩张室复合消声器。阻性－共振腔－扩张室复合消声器是由一段阻性、一段共振腔和一段扩张室串联组成的阻抗复合消声器。阻性部分是用多孔材料做成的吸声体，衬贴在消声器通道管壁上；抗性部分是由共振腔和扩张室组成的。根据阻性与抗性消声器不同的消声原理，结合实际噪声源的特点和现场的具体情况，将抗性和阻性的特点恰当地集于一体，广泛应用于消除高声强宽频带噪声和高、中、低频噪声。

4. 微穿孔板消声器

微穿孔板消声器是一种新型的阻抗复合式消声器，它是在确定高速气流下消声器的消声规律与压损的关系中，利用微穿孔板制作的阻抗复合消声器。微穿孔板消声器具有阻性和共振消声器的特点，它的消声原理主要是利用共振结构的空降，提高声阻，拓宽消声频带。微穿孔板消声器是由穿有小孔(孔径≤1 mm)的薄板与板后的空腔组成共振结构，板材厚度通常为0.2～1.0 mm，利用自身孔板的声阻，代替阻性消声器穿孔护面板后面的多孔吸声材料，不使用任何吸声材料，使消声器结构简化。微穿孔板消声器的消声原理主要是利用共振结构的孔径，提高声阻，这样就能拉宽消声频带。同时，微穿孔板后面的空腔能够有效地控制共振吸收峰的共振频率，空腔越大，共振频率越低，可以在较高的频率范围获得较好的消声效果。微穿孔板消声器具有抗潮湿、耐高温、不起尘等优点，还可以设计成很多不同的形式，因此，在空调系统等很多降噪工程中得到广泛应用，并取得了满意效果。微穿孔板一般用铝、钢板、不锈钢板、镀锌钢板、PC板、胶合板、纸板等制作。为获得宽频带吸收效果，可以使用双层微穿孔板结构。

5. 喷注耗散型消声器

高温、高压的气体从管口喷射时会产生强烈的空气动力性噪声，称为排气喷流噪声。此类噪声的特点是声级高、频带宽、传播远、危害大，它也是化工、石油和电力等工业的主要噪声源。为了降低排气喷流噪声，可以采用小孔喷注、扩容降压、降速等消声措施，利用此类原理降低排气喷流噪声的消声器称为喷注耗散型消声器。因为采用气流扩散的消声原理，所以也称为扩散型消声器。

(1) 小孔喷注消声器。小孔喷注消声器是以许多小孔径的喷口代替原来单个的大截面喷口。消声原理是通过缩小喷口孔径，改变发声机理，从而达到消声的目的。在一般排气放空的情况下，排气管的直径比较大，峰值频率较低，产生的噪声主要在人耳较敏感范围内。由于喷注噪声峰值频率与喷口直径成反比，喷注噪声的能量会随喷口直径的减小而向高频方向移动，移到人耳不敏感的超声范围，从而减小对人的干扰，起到降噪效果。除频率移动外，小孔喷注也改变发声机制，消耗气流动能，从而降低干扰声级。小孔喷注消声器的结构简单、经济耐用、消声效果良好、体积小、质量轻，适用于降低压力较低而流速极高的排气放空噪声，消声量一般约为 20 dB(A)。

(2) 多孔扩散消声器。多孔扩散消声器是一种耗散型排气放空消声器，所使用的材料本身有大量的细小孔隙。当高速高压气流通过多层的多孔装置后，排放气流被滤成无数个扩散小气流，由于材料的流阻，气流速度与压力逐级下降，辐射的噪声强度就相应地减弱，噪声得到控制。同时，多孔材料本身还具有吸声作用，可以吸收一部分声能，从而达到降噪的效果。多孔扩散消声器主要利用陶瓷、烧结金属、烧结塑料、多层金属网等材料控制各种压力排气产生的空气动力性噪声。多孔扩散消声器一般仅适用于低压、高速、小流量的应用环境，消声量可达 20~40 dB(A)。

(3) 节流降压消声器。节流降压消声器主要用于高温、高压排气情况下，因此必须有足够的强度和优良的加工质量，其消声量为 15~20 dB。如要有更高的消声量，可在后段再加阻性消声器。

(4) 引射掺冷消声器。对于排放高温气流的噪声源，可以采用掺入冷空气的方法提高吸声结构的消声效果。引射掺冷消声器的底部接排气管，周围设置有微穿孔板吸声结构，在通道外壁上开孔与大气相通。气流进入消声器后形成负压区，负压会把外界的冷空气从开孔，即掺冷孔吸进来，经微穿孔板吸声结构，从排气管口周围掺入到高温气流中。高温气流掺入冷空气后，消声器通道内会形成温度梯度，导致声波产生梯度，使声线向微穿孔板吸声结构壁面弯曲，从而提高吸声结构的吸声性能。这种消声器的降噪量可达 30~50 dB(A)，尤其适用于发电站蒸汽锅炉安全阀门放空排气、空气压缩机排气等。

(5) 喷雾消声器。对于锅炉等排放的高温气流噪声，可采用喷淋水雾的方式降低噪声。一方面，喷雾改变了介质的密度，声速也发生了变化，声阻抗变化，声波发生反射；另一方面，气体与液体混合时，可产生摩擦消耗部分声能。喷雾消声器的消声效果与喷水量的多少有关，为维持雾状水均匀不停地喷洒，淋水的喷嘴要很细且保证畅通。

任务 11.2　电磁辐射污染防治技术

电磁辐射是一种不可见的物理性污染。防治电磁辐射污染必须采取综合方法，具体防治方法主要从以下几个方面入手：首先控制电磁辐射污染源，严格控制各种能产生电磁辐射的电气设备和产品的设计指标，避免电磁泄漏；通过合理的工业布局，使电磁污染源远离居民稠密区；对已经进入环境中的电磁辐射，采取一定的技术防护措施，以减少对人及环境的危害。

11.2.1　电磁辐射源控制

电磁辐射源控制主要是通过产品设计，合理降低辐射强度，包括合理设计发射单元、工作参数与输出回路的匹配。合理的射频设备工作参数，正确的元件、线路布局，使设备在匹配条件下工作时，可以避免设备因参数不能处于最佳状态或负载过轻而形成高频功率以驻波形式通过馈线辐射造成污染。为了减少或消除电源线可能传播的射频信号和电磁辐射能，可在电源线与设备交接处加装电源（低通）滤波器，即线路滤波，以保证低频信号畅通，而将高频信号滤除起到对高频传导隔离去除作用。此外，还包括线路吸收和结构布局等，以保证元件、部件等级上的电磁兼容性，减少电子设备在运行中的电磁泄漏，使辐射降低到最低限度。

从源头控制电磁辐射污染属于主动防护，是最有效、最合理、最经济的防护措施。

11.2.2　合理规划布局

加大对产生电磁辐射建设项目的管理力度，合理规划城市布局及工业布局。对可能产生严重电磁辐射污染的新建、改建和扩建项目，以及电台、电视台、雷达站等有大功率发射设备的项目，必须严格按照相关法律法规的规定执行。电磁辐射能量与传播距离成反比，因此，对于工业集中城市，特别是电子工业集中城市或电气、电子设备密集使用地区，可以将电磁辐射源相对集中在某一区域，使其远离一般工作区或居民区，并对这样的区域设置安全隔离带，如建立绿化隔离带（利用植物吸收作用防止电磁辐射污染等），从而在较大的区域范围内控制电磁辐射的危害，将城市居民区电磁辐射控制在安全范围内。对已建辐射污染源，根据实际情况要求其搬迁或整改。

11.2.3　屏蔽防护

1. 屏蔽防护原理

电磁屏蔽是利用某种能抑制电磁辐射能扩散的材料，将电磁场源与外界环境隔离，使辐射能限定在某一范围内，达到防止电磁辐射污染的目的。屏蔽防护所采用屏蔽材料应具有较高的导电率、磁导率或吸收作用。这是目前广泛应用的一种防护手段。

当电磁辐射作用于屏蔽体时，因电磁感应，屏蔽体产生与场源电流方向相反的感应电流，从而生成反向磁力线，这种磁力线可以与场源磁力线抵消，达到屏蔽效果。屏蔽体采取接地处理，使屏蔽体对外界一侧电位为零，这样也起到屏蔽作用。电磁屏蔽的实质是屏蔽材料对电磁辐射的吸收与反射效应。由于反射作用，使射入屏蔽体内部的电磁能显著减少；而射入屏蔽体内的部分电磁能又被吸收，从而使穿透屏蔽体的能量显著降低。

2. 屏蔽方式

根据场源与屏蔽体的相对位置，屏蔽方式可分为主动场屏蔽和被动场屏蔽。

(1)主动场屏蔽。主动场屏蔽是将场源置于屏蔽体内部，即将场源作用限制在某一范围之内，用屏蔽壳体将电磁辐射污染场源包围起来，使其对限定范围之外的生物机体或仪器设备不产生影响。主动场屏蔽的特点是场源与屏蔽体之间距离小，结构严密，可以屏蔽电磁场强大的辐射源。屏蔽壳要有符合技术要求的接地处理，防止屏蔽体成为二次辐射源。

(2)被动场屏蔽。被动场屏蔽是将场源放置于屏蔽体外，即用屏蔽壳体将需保护的区域包围起来，使场源对限定范围内的生物体及仪器设备不产生影响。被动场屏蔽的特点是屏蔽体与场源间距大，屏蔽体可以不接地。

3. 屏蔽材料与结构

铜、铝、铁和铁氧体对各种频段的电磁辐射都有较好的屏蔽效果，在屏蔽设计中可以根据技术与经济评价选材。另外，也可选用涂有导电涂料或金属镀层的绝缘材料。一般情况，电场屏蔽多选用铜材，而磁场屏蔽选用铁材。屏蔽体的结构形式有板结构和网结构两种。

电磁辐射的吸收衰减随屏蔽层厚度增大而增大。但由于射频电流的集肤效应，屏蔽过厚，屏蔽效果不佳。试验表明，当材料厚度超过 1 mm 时，屏蔽效果不再有显著改善。

使用网结构时，在设计过程中应考虑网孔目数与层数。网孔目数越大，金属丝直径越粗，屏蔽效果越好。对中、短波场源屏蔽要求不严格，可以根据取材的方便确定。对于微波场源则要高目数网材，但网孔的直径要防止与波长构成比例关系。网层数的选择根据屏蔽要求而定，一般双层效果远高于单层。屏蔽体要求有较好的整体性，交接处需用严格的焊接结构，缝隙与门窗要严密，但防止产生绝缘部位。网结构的屏蔽效率一般高于板结构。为避免产生尖端效应，屏蔽体的几何形状一般设计为圆柱形。

4. 接地处理

接地处理是将屏蔽体用导线与大地连接，提供等电势分布。设计接地系统必须遵守以下要求：

(1)由于射频电流的集肤效应，接地系统要有足够的表面积，以宽为 10 cm 的铜带为佳；

(2)为保证接地系统有较低的阻抗，接地线应尽量短；

(3)为保证接地系统的良好作用，接线长度应避免 1/4 波长的奇数倍；

(4)接地装置有接地棒、接地铜板或接地网格等，接地方式要有足够厚度，保证一定的机械强度与耐腐蚀性。

11.2.4 吸收防护

采用吸收电磁辐射能量的材料进行防护是降低电磁辐射一项有效的措施。吸收防护就是利用吸收材料在电磁波的作用下达到匹配或发生谐振的原理，对电磁辐射能量有一定的吸收作用，使电磁波能量得到衰减，达到防护的目的。吸收防护主要用于微波频段，不同的材料对微波能量有不同的微波吸收效果。吸收防护可在场源附近大幅衰减辐射强度，多用于近场区的防护，防治大范围的污染。能吸收电磁辐射能量的材料种类很多，如铁粉、石墨、木材、水及各种塑料、橡胶、胶木、陶瓷等。目前，常用的电磁辐射吸收材料可分为以下两类：

(1) 谐振型吸收材料：是利用某些材料谐振特性制成的吸收材料。这种材料厚度小，对频率范围较窄的微波辐射具有较好的吸收效率。

(2) 匹配型吸收材料：是利用吸收材料和自由空间的阻抗匹配，达到吸收微波辐射的目的。其特点是适用于吸收频率范围很宽的微波辐射。

实际应用的材料很多，一般在塑料、胶木、橡胶、陶瓷等材料中加入铁粉、石墨、木料和水制成，如泡沫吸收材料、涂层吸收材料和塑料板吸收材料等。

应用吸收材料防护，一般多用在微波设备调试过程，要求在场源附近能将辐射能大幅度衰减。此外，应用等效天线吸收辐射能，也有良好效果。

11.2.5 远距离控制和自动作业

根据射频电磁场，特别是中、短波，根据场强与场源距离的增大而迅速衰减的原理，若采取对射频设备远距离控制或自动化作业，将会显著减少辐射能对操作人员的伤害。

11.2.6 个人防护

因工作需要从事专业技术操作的技术人员直接暴露于微波辐射近区场且无有效屏蔽、吸收等措施时，必须采取个人防护措施，以保证作业人员的安全。个人防护措施包括穿防护服、戴防护头盔和防护眼镜等。这些个人防护装备是根据屏蔽、吸收等原理，用相应材料制成的。

许多家用电器虽然辐射能量不大，但由于摆放较集中，长时间、近距离的接触也会对人体健康造成一定威胁，所以使用家用电器要科学。例如，尽量避免家用电器集中摆放或一起使用，保持与电磁辐射源 1.5m 以上的安全距离，电器设备不使用时要关闭电源，手机响过一两秒后再接听电话，避免充电时通话，保持良好的工作生活环境，经常通风换气等。

任务 11.3 放射性污染防治技术

放射性污染防治技术是防治放射物质及放射线使人体不受其害的科学技术方法。凡是有放射性物质进入人体或其放射线作用于人体时，一般都会产生有害的作用，且损害程度与机体吸收辐射能量的多少有关。放射性物质只能通过自身衰变使其放射性衰减到一定水平，所以采用一般的物理、化学或生物方法无法改变其放射属性。主要的放射性污染是核爆炸和核反应堆事故。放射性污染的防治要遵循防护与处理处置相结合的原则，一方面采取适当的措施加以防护；另一方面合理布局核企业及强化生产管理，严格处理与处置核工业生产过程中排出的放射性废物。

外照射的辐射源处于机体外部，其照射主要来自中子、β射线、γ射线、X射线等，防护的目的是控制辐射人体的受照剂量，使之保持在安全剂量的范围之内。

通常采取的基本防护措施包括时间防护、距离防护、屏蔽防护、源头控制防护四个方面。

11.3.1　时间防护

人体受到的辐射总剂量与受照时间成正比，即人体受照时间越长，人体接受的照射量就越大。因此可根据照射率的大小确定容许的受照时间，通过提高操作技术熟练程度和准确程度，采取机械化、自动化操作，严格遵守规章制度；或采用增加工作人员轮流替换操作等方法减少人员在辐射场所的停留时间，即减少受照射时间，从而减少所接受的辐射剂量，达到防护目的。

11.3.2　距离防护

点状放射性污染源的辐射剂量与污染源到受照者之间的距离的平方成反比，即人距离辐射源越远受照剂量越小，因此，应尽可能远距离操作，减轻辐射对人体的影响。

11.3.3　屏蔽防护

放射性射线穿过物体时，一部分会被吸收，从而使透过物体的放射线强度减弱，根据此规律，可在放射源与受照者之间放置合适的屏蔽材料，利用屏蔽材料对射线的吸收降低辐射强度。

不同射线穿透能力不同，可根据实际情况选择不同的屏蔽材料。α射线穿透能力较弱，一般可不考虑屏蔽问题；β射线穿透能力较强，通常采用铝板、塑料板、有机玻璃和某些复合材料进行屏蔽；γ射线和X射线穿透能力很强，应采用铅、铁、钢或混凝土构件等具有足够厚度和密度的材料；中子射线一般采用含硼石蜡、水、聚乙烯、锂、铍和石墨等作为慢化和吸收中子的屏蔽材料。在实际工作中，时间和距离防护往往有限，因此，屏蔽防护是最常用的防护方法。

11.3.4　源头控制防护

放射性污染的防治最重要的就是要控制污染源，并加强对污染源的管理。核工业作为放射性污染的主要来源，其厂址应选择在人口密度低、抗震强度高、水文和气象条件有利于废水、废气扩散或稀释的地区，同时，应加强对工作现场和周围环境中的空气、水源、岩石、土壤及有代表性的动植物进行常规监测，以便及时发现和处理污染事故。

在有开放性放射源的工作场所要设置明显的危险警示标记,避免闲人进入发生意外事故。

除以上措施外,放射性物质主要通过呼吸系统和消化系统等进入人体造成危害。故还应采用以下防护措施:

(1)净化空气。通过过滤、除尘等方法,尽量降低空气中放射性气体或粉尘的浓度。

(2)密闭存放和操作。将可能成为污染源的放射性物质存放在密闭器内,或者在密封性良好的工作箱或密室内等较严密的保护与屏蔽条件下进行操作。

(3)个人防护。接触放射性物质时应佩戴防护器具。

(4)绝对禁止用嘴吸放射性溶液。用被污染的手取食,同时应防止放射性物质经伤口进入体内。水源、手、衣物污染或错误操作,都可能造成放射性物质经口进入体内。

(5)严格控制向江河湖海排放放射性物质,排放前须严格净化。放射性物质不经过处理大量排入江河湖海或渗入地下,会造成地表水和地下水污染。某些水生生物富集放射性核素后,也会通过食物链,经消化道进入人体,导致放射性核素在人体内部沉积,危害健康。

近年来,随着人们生活水平的提高及居住条件的改善,由室内装修引发的放射性污染事件屡见不鲜。例如,氡是居室内主要的放射性污染物,它无色、无味、化学性质极不活泼,但有很强的迁移性。室内氡主要来源于地基及地基下的岩石、土壤和建筑材料,并与室内外空气交换率、气象条件有很大关系。为防止氡放射性危害,室内设计时应避免过度装修;在选购花岗石、大理石材、瓷砖等装饰装修材料及利用工业废渣为原料的建筑材料时应注意其放射性水平的检测;已装修好的居室,如果放射性不超标或超标不严重,每天开门窗通风3h以上,可使室内氡浓度保持在安全水平。对于已发现地面或墙体放射性超标较严重的,应将超标部分拆除,更换成低放射性材料,也可通过在墙体或地面直接覆盖放射性水平较低的石材或其他材料,使氡无法进入室内空气中。不同建材超标概率也不同,花岗石大于釉面地板砖且大于大理石、黏性土。环保防氡内墙乳胶漆,滚漆后会使室内氡气浓度大幅度降低。此外,应加强建材市场的监督管理,防止放射性超标的建筑及装饰装修材料进入市场。

任务 11.4 其他物理性污染防治技术

11.4.1 振动的控制技术

声波来源于物体的振动,物体的振动除向周围空间辐射空气声外,还会通过与其相连的固体结构传播固体声。固体声在传播过程中又会向周围空间辐射噪声。振动产生的噪声也会干扰人们的正常生活、学习和工作。

1. 振动控制的基本途径

振动是环境物理性污染的因素之一。对于振动的控制可以采取的措施有减小激振力、防止共振、采用隔振技术和阻尼技术。

(1)减少激振力。振动的激励力的主要来源是系统本身的不平衡力。改善系统动态性能，减少不平衡激振力的扰动是防止系统振动最积极的方法。例如，优化设计结构，提高制造质量和安装质量，对设备薄板结构采取必要阻尼措施，以减弱振动对声振动的激励。

（2）防止共振。当外界激振力的频率与振动系统的某个固有频率相吻合时，系统将达到振动幅度的峰值。系统发生共振是引起激烈振动最常见的原因，因为共振会放大物体的振动器，造成的危害也更为严重。选择或改变系统振动固有频率，使其远离外部激振力频率，避免共振；也可以改变外界对系统的振动激振频率，使之远离系统固有频率；还可以装设辅助的质量弹簧系统，如动力吸振器、扭振减振器等。此外，增加阻尼层，以增加能量逸散，降低共振振幅。

（3）采用隔振技术。固体声传播的特点是在构件内传播时衰减很小，传播距离远，危害大。通常采用隔振措施控制振动产生的固体声。隔振原理从本质上讲，就是采取一定措施，造成振动元件间的阻抗不匹配，从而减少或阻挡振动的传播。

（4）采用阻尼技术。阻尼减振降噪技术充分利用阻尼的耗能机理，从材料和结构设计等多方面发挥阻尼的减振降噪能力。

阻尼技术通过阻尼结构得以实施，而阻尼结构又是由各种基本阻尼结构与实际工程结构相结合而组成的。振动隔离用的隔振器属于离散型阻尼器件，阻尼是隔振器的重要性能之一。此外，利用阻尼原理制作的阻尼吸振器也属于离散型阻尼器件。附加型阻尼结构是提高机械结构阻尼的主要结构形式，它是在各种形状的结构件表面直接黏附一层阻尼材料，提高抗振性、稳定性和降低噪声辐射。

2. 隔振技术

机器设备产生的振动会传递给基础，从而引起周围物体的振动。隔振技术是指将振动源与基础或其他物体的近于刚性连接改为弹性连接，防止或减弱振动能量的传播，从而实现减振降噪目的。在工程中应用隔振技术时，往往会引入阻尼，改善系统在固有频率附近的隔振性能。

可隔振分为主动隔振和被动隔振两大类。主动隔振是指隔振措施可以施加于振动源，以便减少传给支承上的不平衡惯性力，降低传递的振动。主动隔振也称为积极隔振，目的是减少动力设备产生的不平衡惯性力的向外传递。被动隔振主要应用于防振对象，即对受振动干扰的设备或仪器等采取保护措施，以减弱或消除外来振动对设备或仪器带来的影响。被动隔振也称为消极隔振，目的是减少外来振动对防振对象的影响。主动隔振和被动隔振的概念虽然不同，但隔振原理、方法和结论基本相同。

（1）隔振原理。振动源在振动时，会产生激振力。当振动源与基础之间的连接为刚性连接时，这个激发力会全部传递给基础，通过基础向四周传播。如果将振动源与基础之间的刚性连接变为弹性连接，即在振动源与基础之间安装隔振器，使振动源、隔振器和基础组成隔振系统。当振动源发生振动时，具有弹性的隔振器起到缓冲的作用，减弱对基础的冲击力，也会减弱传递给基础的振动。另外，由于振动系统受到摩擦阻尼作用，使机械能转化为热能而耗散，减弱了设备传给基础的振动，降低了噪声的辐射量。

（2）隔振元件。无论是积极隔振，还是消极隔振，最终都是通过采用隔振元件、隔振器及隔振材料来达到降低振动的目的的。隔振元件是指能支承运转设备动力载荷，又具有良好弹性恢复性能的材料或装置。隔振元件是安装在设备下质量块和基础之间的隔振器或隔振材料，使设备和基础之间的刚性连接变成弹性连接，达到减振隔振目的。

在实际工程应用时，要考虑隔振元件的性能指标、使用寿命、生产成本、适用环境和材料本身等。隔振元件一般分为隔振器、隔振垫、管道柔性接管和其他隔振元件四大类。

①隔振器。隔振器是一种支撑元件，是经专门设计制造的具有单个形状的器件，使用时作为零件进行装配安装。常见的隔振器有金属弹簧隔振器和橡胶隔振器。

a. 金属弹簧隔振器。金属弹簧隔振器广泛应用于工业振动的控制。其优点是适用范围广，耐受油、水和溶剂等侵蚀，耐腐蚀，不受温度变化的影响，耐高温、耐低温（$-40\sim150$ ℃）；弹性好、静态压缩量大，共振频率低，低频隔振效果良好；可承受较大负载，受到长期大载荷作用也不产生松弛现象；耐老化、不易蠕变、寿命长；设计计算方法比较成熟，加工制作方便，安装、更换容易。它的缺点是本身阻尼很低，导致共振时传递率很高，高频时容易传递高频振动使隔振效果变差，容易产生横向摇摆。为了使隔振系统具有足够的稳定性，一般配套使用内插杆和弹簧盖等稳定装置。

金属弹簧隔振器的样式较多，常用的是圆柱螺旋弹簧和板条式弹簧。金属弹簧隔振主要由钢丝、钢板、钢条等制造而成，应用广泛，从重达数百吨的设备到轻巧的精密仪器都有应用。

b. 橡胶隔振器。橡胶隔振器也是工程中常用的一种隔振元件。特别是小型机器设备，采用橡胶隔振元件很有成效。橡胶具有持久的高弹性和优良的隔冲、隔振性能，外力释放后能够迅速恢复原形，因此可以做成平板、碗形、圆筒、圆柱和锥形等形状，以及不同尺寸和劲度系数的隔振器。橡胶隔振器适用于压缩、剪切或切压的情况，不适用于受拉伸的情况，剪切受力时的隔振效果优于压缩受力。

橡胶隔振器的主要优点是内部阻尼大，有利于吸收机械能，对高频振动能量吸收好；固有振动频率较低，阻尼特性好，甚至可在共振区附近工作；采用不同的配比可在较宽范围内调节橡胶的硬度；质量轻、阻尼大、体积小，能与物体密切接触，隔绝高频振动；价格低、安装使用方便、更换容易，可做成各种形状和不同刚度，可有效地利用有限空间。

橡胶减振器的缺点是受环境温度梯度、气体、化学药品等影响大，耐高、低温性能差，在空气中容易老化，容易蠕变，特别是在阳光直射下会加速老化；荷载特性常不一致，在长时间重荷载下会产生松弛现象；不耐油污，承载能力较低。

②隔振垫。隔振垫是利用弹性材料本身的自然特性，把具有一定弹性的软材料，如橡胶、软木、毛毡、海绵、玻璃纤维及泡沫塑料等，制成各种垫形的隔振材料。隔振垫的特点是价格低、安装方便、厚度可控。

a. 橡胶隔振垫。橡胶隔振垫是隔振技术中应用最普遍的隔振垫。在使用橡胶隔振垫时，必须给其侧面留有足够的伸展间隙，以便使其在载荷之下能向侧面伸展，以维持其应有的弹性，从而达到较好的隔振效果。根据垫面结构的不同，橡胶隔振垫可分为平板橡胶垫、肋形橡胶垫、凸台橡胶垫和圆筒橡胶垫等。

平板橡胶垫的优点是承载负荷大，厚度越大橡胶压缩量就越大；缺点是横向变形受到很大限制，橡胶压缩量很有限，固有频率高，隔振性能较差。因此，可将平板橡胶垫与海绵橡胶等组合成复合橡胶垫，提高其隔振性能。肋形橡胶垫是把平板橡胶垫的一面或两做成肋形的双面单向肋式或双面双向肋的橡胶隔振垫。凸台橡胶垫是将平板垫的一面或两面做成由许多纵横交叉排列的圆形凸台。可将凸台中部挖成圆筒形，还可以在圆筒内安装金属弹簧，这样，橡胶垫的压缩量通常大于肋形橡胶垫，但是，由于结构形状比较复杂，生产工艺要求较高。

橡胶隔振垫一般放在基础下面，因为橡胶隔振垫与基础的摩擦力较大，故无须固定。对于大型的机械系统，应考虑隔振垫的更换。另外，若机械漏油、渗油严重，应在隔振垫四周设置防油沟或防油槽等。

橡胶隔振垫的优点为易于制造安装，通用性强，价格低廉；缺点为易受温度、湿度、油质、日光及化学溶剂等环境条件的影响，易老化、易松弛。橡胶隔振垫的适用频率范围为 10～15 Hz。

b. 软木隔振垫。软木隔振垫是用天然软木经高温、高压、蒸汽烘干和压缩而成的板状物和块状物，有一定的弹性，能适应 30％以下的压缩而不出现侧向的伸展。软木隔振垫的优点是在室温下寿命长，受水和油类的影响较小。在实践工程中，常把软木切成小块，均匀布置在机器机座下，小块比整块隔振效果好。

c. 毛毡隔振垫。毛毡具有较大的阻尼，其固有频率与厚度有关。一般情况下，毛毡隔振垫的最低固有频率是 30 Hz。通常采用的毛毡厚度为 1.3～2.5 cm，将其制成块状或条状垫层，可用于精密仪器设备的隔振，也可作为穿墙套管来隔振。毛毡承受荷载有限制，不能使其压缩量超过 25％。毛毡隔振垫用于载荷很小、隔振要求不太高的场合，用既方便又经济。

③管道柔性接管。振动机械设备一般通过管道系统与外界相连接，所以设备的振动除通过安装基础传递外，还会通过管道进行传递。管道如果发生强烈的振动，不仅会导致管道和支架疲劳损坏，引起相连的建筑物振动，还会辐射强烈的噪声，所以需要对管道进行隔振。管道的隔振，通常是通过设备与管道之间的弹性连接实现的。管道隔振元件广泛应用于风机、水泵、空压机、柴油机进出口与管道连接盘之间的弹性元件连接。常用的管道隔振元件有帆布软接管、橡胶软接管和不锈钢波纹软管。

a. 帆布软接管。帆布软接管以钢丝圈为骨架，帆布作管身，两头领口可按设计要求定做，连接、固定方便。其特点是伸缩弯转、驳接自由、体积轻巧、携带方便、耐高温、耐酸碱、耐磨耐用、抗紫外线。帆布软接管主要用于工业建筑的通风管道，风机的进、出口。

b. 橡胶软接管。橡胶软接管适用于水泵、罗茨风机、空调机、真空泵等的进、出口，可降低振动在管道中的传递，有效隔离和降低管道噪声。橡胶软接管弹性好，寿命长，规格全。橡胶软接管根据外形可分为单球、双球或多球，其隔振降噪效果与硬度、接管的结构、长度、剖面形状和管道的固定安装方式有关。橡胶软接管的特点是耐高压、弹性好、位移变形量大、安装灵活等。

c. 不锈钢波纹软管。对于温度高于 100 ℃ 以上、压力高于大气压的场合，如柴油机排气口、空压机和真空泵出口，橡胶软接管已不适用，此时应采用不锈钢波纹管。不锈钢波纹软管可以承受 -70~300 ℃ 的温度。不锈钢波纹软管的优点是能自由弯曲、防振及耐高温、高压和腐蚀性媒质；经久耐用，只是价格较高，一次性投资比较大，一般需按具体要求定制。其缺点是软接头不能承受轴向外荷拉力，也不能承受轴向弯曲；要防止与其他器件相对摩擦，以免损伤软接头表面；安装时不能超过产品的极限额定值，也不能作弯头使用。

④其他隔振元件。其他隔振元件主要包括弹性管道支承、高弹性橡胶联轴器、油阻力器、动力吸振器、吊式隔振器、防振沟和包装隔振等。

3. 阻尼技术

阻尼是指阻碍物体的相对运动，并将运动能量转变为热能的一种作用。一般金属材料，如钢、铅、铜等的固有阻尼都很小，所以常用外加阻尼材料的方法来增加其阻尼。

(1)阻尼减振原理。由于阻尼可衰减沿结构传递的振动能量，还可减弱共振频率附近的振动，因而能减弱金属板中传播的弯曲波，所以，采取阻尼措施能够降低噪声。在金属薄板上粘贴或喷涂内摩擦大的阻尼材料后，当板壳受激发产生振动时，板壳的能量迅速传递给紧密贴涂在薄板上的阻尼材料，薄板和阻尼材料相互摩擦，阻尼层振动，其内部的分子不断互相错动而产生相对位移。由于其内损耗内摩擦阻力很大，振动能量会被大大损耗，不断转化为热能散失，从而减弱薄板的弯曲振动；同时，阻尼层的刚度会阻止板面的弯曲振动，也可以降低金属板的噪声辐射。

(2)阻尼材料。阻尼材料是实施阻尼技术的物质基础。阻尼材料的基本要求是具有防火、防水、防潮、防油、防腐等性能，不易脱落和老化，耐高温、高湿和油污等。目前，阻尼材料可分为阻尼涂料和阻尼板材两大类。

①阻尼涂料。阻尼涂料可用于金属板状结构表面，是一种具有减振、隔热和一定密封性能的特种涂料，广泛用于飞机、船舶、车辆和各种机械的减振。阻尼涂料可直接喷涂在结构表面，施工方便，特别适用于一些表面复杂的结构的施工。通常，阻尼涂料主要由基料、填料和溶剂三部分组成。

②阻尼板材。阻尼板材通常是具有足够强度和刚度的高阻尼合金，是一种能迅速将振动能量转变成热能而迅速衰减的功能材料。阻尼板材具有良好的减振性能，可作为结构材料代替其他材料直接使用，也可制成阻尼层粘贴在振动机件金属薄板上。

11.4.2 废热污染防治方法

废热污染对气候和生态平衡的影响，已渐渐受到重视。下面简单介绍一些控制废热污染的方法。

(1)改进热能利用技术，提高热能利用率。据统计，我国热能平均有效利用率仅为 30% 左右。其中民用燃烧装置效率为 10%~40%，工业锅炉为 20%~70%，火力发电厂能量利用率约为 40%，核电站约为 30%。如果有效地把热电厂和核聚变反应堆联合运行，热效率会提高至 96%，能有效地控制热能的浪费和废热污染。另外，也可通过燃气轮机增温发电、磁流体直接发电等技术工艺提高发电效率。

（2）提高温排水冷却排放技术水平。电力等工业系统的温排水主要来自工艺系统中的冷却水，是热污染的主要来源之一。对于这类温排水可通过冷却的方式使其降温，降温后的冷水可以回到工业冷却系统中重新使用，如可用冷却塔冷却。在冷却塔内，喷淋的温水与空气对流流动，通过散热和部分蒸发达到冷却的目的。应用冷却回用的方法，节约了水资源，又避免水体热污染。

（3）废热的综合利用。温排水和废热气携带着巨大的热能，废热的回收利用是一个比较庞大的工程，可通过以下途径利用：

①高温废热气可用于预热冷原料气等。

②利用废热锅炉将冷水或冷空气加热成热水和热气，用于取暖、淋浴、空调加热等。目前，我国推广的热电联产，将余热用于冬季取暖，热效率可达85%。

③利用电站温热水进行水产养殖，如国内外均已试验成功用电站温排水养殖非洲鲫鱼。

④冬季用温热水灌溉农田，延长适合作物生长的种植时间。

⑤利用温排水调节港口水域的水温，防止港口冻结等。

（4）开发利用清洁能源，减少热污染。开发和利用无污染或少污染的新能源。从长远来看，应用的矿物质能源将被已开发和利用的或将要开发与利用的无污染或少污染的能源代替。此类能源有太阳能、风能、海洋能和地热能等。

（5）城市绿化。绿化是降低城市和区域"热岛效应"及热污染的有效措施。绿色植被不仅可以美化环境，还具有遮光、吸热、反射长波辐射、降低地表温度、吸收大气中有害气体、产生负离子等功能。冬季草坪能增温 6~6.5℃，夏季降温 3~3.5 ℃。可见绿化是减轻城市"热岛效应"，减排温室气体的有效措施之一。城市绿化要提倡垂直绿化，包括建筑物墙体、楼顶和阳台，均可作为垂直绿化空间，屋顶绿化可调节室温，夏季遮光、隔热，冬季保温、减少热量散出。在绿化时，需要注意树种选择和搭配及加强空气流通与水面的结合。

11.4.3 光污染防治方法

光污染已经成为现代社会的公害之一。现代社会对光源的使用是不可避免的，以下是光污染防治的几项措施：

（1）加强城市规划管理，合理布置光源。要减少光污染这种都市新污染的危害，关键在于进行合理的城市规划和建筑设计。例如，特殊部门在建设选址（如天文台）时要注意光环境因素，避免选址错误；在建筑物和娱乐场所的周围做合理规划，减少反射系数大的装饰材料的使用。城市照明要严格按照明标准设计，合理选择光源、灯具及其布局，加强对广告灯和霓虹灯的管理，禁止使用大功率强光源，控制使用大功率民用激光装置，限制使用反射系数较大的材料，同时加强对灯火的管制，避免光源过于集中。

（2）制定相应技术标准和法律法规，采取综合的防治措施。目前，虽然我国有综合性的环保基本法——《中华人民共和国环境保护法》，也有各种环境要素的污染环境法，如

《中华人民共和国水污染防治法》《中华人民共和国大气污染防治法》等，但是涉及光污染的专门法律法规还处于空白阶段。某些省市的条例、规定中虽然明文规定了光污染，但都只是简单的原则性规定，只强调应当防治，至于具体如何防治及光污染侵害发生后如何处理则并未提及，也无相应的罚则，不成体系，无可操作性。此外，地方性法规只能作为法律的补充，只在其辖区范围内有效，即其适用范围及效力有限。在这种法律并不完善的情况下，解决光污染问题又衍生出了很多新的问题。

（3）强化自我保护意识，采取必要防护措施。在有红外线和紫外线产生的工作环境中可采用移动式屏障将操作区围住，防止非操作者受到有害光源的直接照射。加强紫外消毒设施的管理，确保在无人状态下进行消毒；定期检查、维护产生红外线的设备，避免误照。由于电焊、玻璃加工、冶炼等会产生强烈的眩光、红外线和紫外线，从事此类工作的人员要采取必要的个人防护措施，如佩戴护目镜和防护面罩，保护眼睛和裸露的皮肤不受光辐射的影响，劳逸结合。此外，夜间尽量少到强光污染的场所活动。

（4）合理装饰装修，避免室内光污染。室内环境光污染越来越被人们所关注。在装饰装修过程中，可根据不同空间的功能需求，科学合理地选择照明方式及分布，注意色彩协调，避免光线直射人眼。尽量选择反射系数较小的亚光砖，避免大面积铺装反光强烈的瓷砖；尽量选择对视力影响较小的涂料，如米色、米黄色等，减弱高亮度的反射光。此外，对已建成的高层建筑应尽可能减少玻璃幕墙的面积，并避免太阳光反射到居民区，减少由玻璃幕墙产生的光污染。

（5）加强绿化。在室内种植花草，可以调节室内光环境。加强城市绿化，特别是立体绿化，即绿植上墙，既能起到美化城市环境的作用，又能减少光污染。

思考题

1. 简述双层墙的隔声原理。
2. 简要说明阻性消声器和抗性消声器的区别。
3. 简述金属弹簧隔振器的优点和缺点。
4. 简述多孔吸声材料的吸声原理。
5. 简述电磁辐射中屏蔽防护的原理。
6. 简述放射性污染防治的方法。
7. 简述废热污染防治的方法。

模块三

综合能力培养——综合实训

项目 12　城市与流域环境综合整治

知识目标
1. 掌握清洁生产、环境生态工程的基本含义；
2. 掌握清洁生产的核心方法；
3. 熟悉生态城市建设的基本内容；
4. 掌握辽河环境综合整治的基本方法。

能力目标
1. 能够进行清洁生产；
2. 能够参与环境生态工程；
3. 能够进行生态城市建设。

素质目标
1. 培养学生以树立环境保护、维护生态安全为己任的强烈责任感；
2. 培养学生运用基础知识与技能勇于探索和积极创新的工作意识；
3. 培养学生在实践训练中团结协作的精神；
4. 培养学生运用辩证方法分析和解决问题的能力。

任务 12.1　清洁生产

12.1.1　清洁生产概述

清洁生产是将污染预防战略持续地应用于生产过程，通过不断地改善管理和技术进步，提高资源利用率，减少污染物排放，以降低对环境和人类的危害。清洁生产的核心是从源头抓起，预防为主，全过程控制，实现经济效益和环境效益的统一。

生态设计

1. 清洁生产的概念

清洁生产是指将综合预防的环境保护策略持续应用于生产过程和产品中，以期降低其危害人类健康和环境安全的风险。清洁生产从本质上来说，就是对生产过程与产品采取整体预防的环境策略，减少或者消除它们对人类及环境的可能危害，同时充分满足人类需要，使社会经济效益最大化的一种生产模式。

清洁生产在不同的发展阶段或者不同的国家有不同的叫法，如"废物减量化""无废工艺""污染预防"等，但其基本内涵是一致的，即对产品和产品的生产过程、产品及服务采取预防污染的策略来减少污染物的产生。

《中国 21 世纪议程》对清洁生产有如下定义：清洁生产是指既可满足人们的需要又可

合理使用自然资源和能源并保护环境的实用生产方法和措施，其实质是一种物料和能耗最少的人类生产活动的规划与管理，将废物减量化、资源化和无害化，或消灭于生产过程之中。同时，对人体和环境无害的绿色产品的生产也将随着可持续发展进程的深入而为今后产品生产的主导方向。

清洁生产的定义包含了生产全过程和产品整个生命周期全过程两个全过程控制。对生产过程与产品采取整体预防性的环境策略，以减少其对人类及环境可能的危害。对生产过程而言，清洁生产节约原材料与能源，尽可能不用有毒有害原材料并在全部排放物和废物离开生产过程以前，就减少它们的数量和毒性；对产品而言，则是由生命周期分析，使从原材料取得至产品的最终处理过程中，竭尽可能将对环境的影响降至最低。

2. 清洁生产的内涵

清洁生产从本质上来说，就是对生产过程与产品采取整体预防的环境策略，减少或者消除它们对人类及环境的可能危害，同时充分满足人类需要，使社会经济效益最大化的一种生产模式。清洁生产的具体措施包括：不断改进设计；使用清洁的能源和原料；采用先进的工艺技术与设备；改善管理；综合利用；从源头削减污染，提高资源利用效率；减少或者避免生产、服务和产品使用过程中污染物的产生与排放。清洁生产是实施可持续发展的重要手段。清洁生产主要强调以下三个重点：

(1)清洁能源，包括开发节能技术，尽可能开发利用再生能源及合理利用常规能源。

(2)清洁生产过程，包括尽可能不用或少用有毒有害原料和中间产品。对原材料和中间产品进行回收，改善管理，提高效率。

(3)清洁产品，包括以不危害人体健康和生态环境为主导因素考虑产品的制造过程甚至使用之后的回收利用，减少原材料和能源使用。

清洁生产是生产者、消费者、社会三个方面谋求利益最大化的集中体现：第一，它是从资源节约和环境保护两个方面对工业产品生产从设计开始到产品使用后直至最终处置，给予了全过程的考虑和要求；第二，它不仅对生产而且对服务也要求考虑对环境的影响；第三，它对工业废弃物实行费用有效的源削减，一改传统的不顾费用有效的思想或单一末端控制办法；第四，它可提高企业的生产效率和经济效益，与末端处理相比，成为受到企业欢迎的新事物；第五，它着眼于全球环境的彻底保护，为人类社会共建一个洁净的地球带来了希望。

3. 清洁生产的主要内容

清洁生产内容可概括为：对生产过程，要求节约原材料和能源，淘汰有毒原材料，减降所有废弃物的数量和毒性；对产品，要求减少从原材料提炼到产品最终处置的全生命周期的不利影响；对服务，要求将环境因素纳入设计和所提供的服务中。

清洁生产内容还可以直接表述为采用清洁的原料和能源、清洁的生产和服务过程、得到清洁的产品。

清洁生产的内容可以概括为"三清一控制"。

(1)清洁的原料与能源。清洁的原料与能源是指产品生产中能被充分利用而极少产生废物和污染的原材料与能源，是清洁生产的重要条件。

清洁的原料与能源要求：充分利用；无毒或低毒。

使用清洁原料与能源采用的主要措施：常规能源的清洁利用，如采用洁净煤技术，逐步提高液体燃料、天然气的使用比例；加速以节能为重点的技术进步与技术改造，提高能源利用率，如在能耗大的化工行业采用热电联产技术；可再生能源的利用，如加速水能资源开发，优先发展水力发电；积极发展核能发电；新能源的开发，如利用太阳能、风能、地热能、海洋能、生物质能等可再生的新能源；选用高纯、无毒原材料。

(2)清洁的生产过程。清洁的生产过程是指尽量少用或不用有毒、有害的原料；选择无毒、无害的中间产品；减少生产过程的各种危险因素；采用少废、无废的工艺和高效的设备；做到物料的再循环；简便、可靠的操作和控制；完善的管理等。即选用一定的技术工艺，将废物减量化、资源化、无害化直至将废物消灭在生产过程中。

①废物减量化：就是要改善生产技术和工艺，采用先进设备，提高原料利用率，使原材料尽可能转化为产品，从而使废物产生达到最小量。

②废物资源化：就是将生产环节中的废物综合利用，转化为进一步生产的资源，变废为宝。

③废物无害化：就是减少或消除将要离开生产过程的废物的毒性，使之不危害环境和人类。

(3)清洁的产品。这是指有利于资源的有效利用，在其生产、使用和处置的全过程中不产生有害影响的产品。清洁产品＝绿色产品＝环境友好产品＝可持续产品，清洁产品是清洁生产的基本内容之一。

清洁产品应遵循如下三个原则：精简零件，容易拆卸；稍经整修可重复使用；经过改进能够实现创新。以及另外三个原则：产品生产周期的环境影响最小，争取实现零排放；产品对生产人员和消费者无害；最终废弃物易于分解成无害物。

(4)贯穿于清洁生产中的全过程控制。贯穿于清洁生产中的全过程控制是指生产原料或物料的转化的全过程控制和生产组织的全过程控制。

①生产原料或物料的转化的全过程控制，也常称为产品的生命周期的全过程控制，是指从原材料的加工、提炼到产出产品，产品的使用直到报废处置的各个环节所采取的必要的污染预防控制措施。

②生产组织的全过程控制，也就是工业生产的全过程控制，是指从产品的开发、规划、设计、建设到运营管理，所采取的防止污染发生的必要措施。

4. 清洁生产的目标

清洁生产的基本目标就是提高资源利用效率，减少和避免污染物的产生，保护和改善环境，保障人体健康，促进经济与社会的可持续发展。

清洁生产谋求达到如下目标：

(1)通过资源的综合利用，短缺资源的代用，二次资源的利用及节能、降耗、节水，合理利用自然资源，减缓资源的耗竭。

(2)减少废物和污染物的生成与排放，促进工业产品的生产，使消费过程与环境相容，降低整个工业活动对人类和环境的风险。

清洁生产目标的实现将体现工业生产的经济效益、社会效益和环境效益的统一，保证国民经济的持续发展。

5. 清洁生产的特点

(1)战略性。清洁生产是污染预防战略，是实现可持续发展的环境战略。作为战略，它有理论基础、技术内涵、实施工具、实施目标和行动计划。

(2)预防性。传统的"末端治理"与生产过程相脱节，即"先污染、后治理"。清洁生产从源头抓起，实行生产全过程控制，尽最大可能减少乃至消除污染物的产生，其实质是预防污染。

(3)综合性。实施清洁生产的措施是综合性的预防措施，包括结构调整、技术进步和完善管理。

(4)统一性。传统的"末端治理"投入多、治理难度大、运行成本高、经济效益与环境效益不能有机结合；清洁生产最大限度地利用资源，将污染物消除在生产过程之中，不仅环境状况从根本上得到改善，而且能源、原材料和生产成本降低，经济效益提高，竞争力增强，体现了集约型的增长方式，能够实现经济效益与环境效益相统一。

(5)持续性。清洁生产的最大特点是持续不断地改进。"清洁生产"是一个相对的、动态的概念。所谓清洁的工艺技术、生产过程和清洁产品，是与现有的工艺和产品相比较而言的。推行清洁生产，本身就是一个不断完善的过程，随着社会经济的发展和科学技术的进步，需要适时地提出新的目标，争取达到更高的水平。

6. 清洁生产的作用

(1)清洁生产有利于克服企业管理生产与环境保护分离的问题。

(2)清洁生产丰富和完善了企业生产管理。

(3)开展清洁生产可大大减轻末端治理的负担。

(4)开展清洁生产，提高企业市场竞争力。

(5)开展清洁生产可以让管理者更好地掌握企业成本消耗。

(6)清洁生产为企业树立了形象和品牌。

7. 开展清洁生产的意义

(1)实现可持续发展战略、发展循环经济的必然选择和基础。

(2)开展清洁生产是控制环境污染的有效手段。

(3)开展清洁生产是提高企业市场竞争力的最佳途径。

12.1.2 清洁生产的实施

从政府的角度出发，推行清洁生产有以下几个方面的工作要做：一是制定特殊的政策以鼓励企业推行清洁生产；二是完善现有的环境法律和政策以克服障碍；三是进行产业和行业结构调整；四是安排各种活动提高公众的清洁生产意识；五是支持工业示范项目；六是为工业部门提供技术支持；七是把清洁生产纳入各级学校教育之中。

从企业层次来说，实行清洁生产有以下几个方面的工作要做：一是进行企业清洁生产审核，这是核心和关键；二是开发长期的企业清洁生产战略计划；三是对职工进行清洁生产的教育和培训；四是进行产品全生命周期分析；五是进行产品生态设计；六是研究清洁生产的替代技术。

1. 实施清洁生产的途径和方法

实施清洁生产的主要途径和方法归纳如下：

(1)合理布局，调整和优化经济结构与产业产品结构，以解决影响环境的结构型污染和资源能源的浪费。

(2)在设计产品和选择原料时，优先选择无毒、低毒、少污染的原辅材料替代原有毒性较大的原辅材料，以防止原料及产品对人类和环境的危害。

(3)改革生产工艺，开发新的工艺技术，采用和更新生产设备，淘汰陈旧设备。

(4)节约能源和原材料，提高资源利用水平，做到物尽其用。

(5)开展资源综合利用，尽可能多地采用物料循环利用系统，以达到节约资源、减少排污的目的，使废弃物资源化、减量化和无害化，减少污染物排放。

(6)依靠科技进步，提高企业技术创新能力，开发、示范和推广无废、少废的清洁生产技术装备。

(7)强化科学管理，改进操作，改善管理，不需花费很大的经济代价，便可获得明显的削减废物和减少污染的效果。

(8)开发、生产对环境无害、低害的清洁产品。从产品抓起，将环保因素预防性地注入产品设计之中，并考虑其整个生命周期对环境的影响。

以上这些途径可单独实施，也可组合起来综合实施，采用系统工程的思想和方法，以资源利用率高、污染物产生量小为目标，综合推进这些工作，并使推行清洁生产与企业开展的其他工作相互促进、相得益彰。

2. 清洁生产的实施层次

清洁生产开展应分社会、区域和组织不同层次进行。

社会层面的清洁生产主要是结合循环经济的实施，逐渐建设一个资源节约型社会，实现资源、能源的合理利用和再利用。

区域层面的清洁生产主要是结合生态工业、精准农业等的实施，以实现工(农)业生产的资源、能源消耗最小量化，形成工(农)业生态链，实现资源、能源的循环利用和梯级使用。

组织这个层面的清洁生产主要是结合清洁生产审核，持续改进，做到废弃物产生量最小化、经济效益最大化和达到良好的环境绩效。

3. 清洁生产的实施原则

实施清洁生产体现以下四个方面的原则。

(1)减量化原则。即资源消耗最少、污染物产生和排放最小。

(2)资源化原则。即"三废"最大限度地转化为产品。

(3)再利用原则。即将生产和流通中产生的废弃物，作为再生资源充分回收和利用。

(4)无害化原则。即尽最大可能减少有害原料的使用及有害物质的产生和排放。清洁生产体现了集约型的增长方式和发展循环经济的要求。

12.1.3 清洁生产审核

清洁生产审核是一种在企业层次操作的环境管理工具，是对企业现在的和计划进行的生产进行预防污染的分析与评估，是一种系统化、程序化的分析评估方法，是组织实行清洁生产的重要前提。在实施污染预防分析和审核的过程中，制定并实施减少能源、水和原材料使用，消除或减少产品、生产和服务过程中有毒物质的使用，减少各种废物排放及其毒性的方案。

清洁生产审核包括对组织生产全过程的重点或优先环节、工序产生的污染进行定量监测，找出高物耗、高能耗、高污染的原因，然后有的放矢地提出对策、制订方案，减少和防止污染物的产生。组织实施清洁生产审核的最终目的是减少污染，保护环境，节约资源，降低费用，增强组织自身的竞争力。

清洁生产审核是实施清洁生产最主要，也是最具可操作性的方法。它通过一套系统而科学的程序来实现，重点对组织产品、生产及服务的全过程进行预防污染的分析和审核，从而发现问题，提出解决方案，并通过清洁生产方案的实施在源头减少或消除废物的产生。这套程序可以分解为具有可操作性的七个步骤或阶段，即审核准备、预审核、审核、清洁生产方案的产生和筛选、清洁生产方案的确定、编写清洁生产审核报告、清洁生产方案的实施及持续清洁生产。

清洁生产的主要内容包括：

(1)加强管理与生产过程控制，一般是无/低费方案，在实施审核过程中，边发现，边实施，陆续取得成效；

(2)原辅材料的改变，即采用合乎要求的无毒、无害原辅材料，合理掌握投料比例，改进计量输送方法，充分利用资源、能源、综合利用或回收使用原辅材料；

(3)改进产品(生态再设计)，即提高产品产量、质量，降低物料、能源消耗而改变产品设计或产品包装，提高产品使用寿命，减少产品的毒性和对环境的危害；

(4)工艺革新和技术改进，即实现最佳工艺路线、提高自动化控制水平及更新设备等；

(5)物料循环利用和废物回收利用予以实施。

任务 12.2　环境生态工程

12.2.1　环境生态工程概述

1. 环境生态工程概念

环境生态工程是结合环境工程和生态工程的理论、方法和技术，从系统思想出发，按照生态学、环境学、经济学和工程学的原理，运用现代科学技术成果和现代管理手段，以及相关专业的技术经验组装起来的，致力于解决当今社会的环境问题，以期获得较高的社会、经济、生态效益的现代生态工程系统；是环境学、生态工程理论、方法和工程技术体系在环境中的具体技术与措施的应用，针对环境的特征及存在的环境问题，应用生态系统、环境科学中的各项原理,利用工程学的方法,协调生态系统内多种组分的相互关系,解决城市、农村、人居等环境问题,维持生态系统的平衡,促进生态系统的稳步发展。

2. 环境生态工程基本原理

环境生态工程是按照生态学、经济学、环境学和工程学的原理,运用现代科学技术成果和现代管理手段及生物与环境之间的合理结构人工构建、组装起来的,具有保护环境的功能,同时,又具有对于生产过程中产生的废弃物进行生物转化、利用、处理功能的环境工程系统。建立一个良好的环境生态工程模式,必须考虑以下几项原则:

(1)因地制宜原则。根据不同地区的实践情况确定本地区的主导环境生态工程模式。

(2)开放有效平衡的系统原则。在环境生态工程的建设中必须充分注重在生物系统及环境系统之间的物质、能量、信息的输入、运转及输出的相互关系,加强与外部环境的物质交换,提高环境生态工程的有序化、长效性,提高系统的效率及效应。

(3)密集相交叉的集约经营原则。在环境生态工程的建设中,必须注重劳动、资金、能源、技术密集相交叉的集约经营原则,达到既有高的产出,又能促进系统内各组成成分的互补、互利、协调发挥环境生态工程的综合效能。

环境生态工程建设的目标是使环境与生物、人类与社会之间构建成一个具有较强的生物自然再生和环境自然净化、物质循环利用及社会再生产能力的系统。在环境效益方面要实现生态再生,使自然再生产过程中的环境、自然资源更新速度大于或等于利用速度;在经济效益方面要实现经济再生,使社会经济再生产过程中的生产总收入大于或等于资产的总支出,保证系统扩大再生产的经济实力不断增强;在社会效益方面要充分满足社会的要求,使农产品供应的数量和质量大于或等于社会的基本要求。通过环境生态工程的建设与生态工程技术的发展使"三大效益"能协调增长,实现环境系统持续稳定的发展态势。

12.2.2 城乡人居环境生态工程

1. 人居环境概念

"人居环境"中"环境"是平台,"居"是行为,"人"是主体,即人类聚居生活的地方。人居环境是人类工作劳动、生活居住、休息娱乐和社会交往的空间场所,是与人类生存活动密切相关的地表空间,包括自然、人类、社会、居住、支撑五大系统。

2. 人居环境的形成

人居环境的形成是社会生产力的发展引起人类的生存方式不断变化的结果。在这个过程中,人类从被动地依赖自然到逐步地利用自然,再到主动地改造自然。

在漫长的原始社会,人类为了不断获得天然食物,只能"逐水草而居",居住地点既不固定,也不集中。为了利于迁徙,人类或栖身于可随时抛弃的天然洞穴,或栖身于地上陋室、树上窠巢,这些极简单的居处散布在一起,就组成了最原始的居民点。

随着生产力的发展,出现了在相对固定的土地上获取生活资料的生产方式——农耕与饲养,而且形成了从事不同专门劳动的人群——农民、牧人、猎人和渔夫。农业的出现和人类历史上第一次劳动分工向人类提出了定居的要求,从而形成了各种各样的乡村人居环境。

3. 人居环境发展

作为人类栖息地,人居环境经历了从自然环境向人工环境、从次一级人工环境向高一级人工环境的发展演化过程,并仍将持续进行。就人居环境体系的层次结构而言,这个过程表现为散居→村→镇→城市→城市群和城市带等。

伴随着人居环境的演化,其地域形态也处于不断地发展变化之中。乡村地域形态的演化较简单,从零散分布的农舍到以中心建筑物或主要街道为线索布置的各类用地,就基本上完成了地域形态的演化过程。

4. 人居环境的种类及其特征

人居环境涵盖所有的人类聚居形式,通常可以将它分为乡村、集镇和城市三大类。其中,集镇是城市和乡村之间的过渡形态,常与城镇或村镇一同提及。

(1)城市人居环境。城市人居环境是人居环境划分的五大层次(全球、区域、城市、社区、建筑)的中间层次,包括城镇到大城市的中等规模的人类聚居,同时,也是人类影响、改造自然环境最强烈的地方。从内涵上看,城市人居环境具有多元性,既是环境问题,也是社会问题,更是经济问题,其质量好坏不仅影响城市居民的生活质量,而且关系到城市的可持续发展。

(2)乡村人居环境。乡村人居环境是乡村居民工作劳动、生活居住、休息娱乐和社会交往的空间场所。

乡村人居环境作为人居环境的重要构成部分,具有独特性。一是乡村人居环境具有与城市人居环境完全不同的空间形态、地理景观、文化传统和发展模式;二是乡村人居环境因其地形复杂、生态敏感、空间广阔、文化差异等多重因素的综合影响,形成了独特的地域聚居模式,不同地域特征的乡村区域表现出不同的人居环境建设模式。

乡村人居环境功能转换和演变具有内在规律,但政策影响、利益驱动和人为破坏使乡村人居环境系统功能逐步衰竭,由此导致乡村人居环境日益恶化。例如,农药、农膜和化肥的大量使用,"村村点火"式的乡村工业"三废"排放,致使乡村环境大面积污染。相对城市而言,乡村的自来水普及率、道路交通、文化娱乐等公共服务设施发展滞后,供给数量和质量均不能满足农村发展的需求。由于乡村普遍缺乏人居建设规划,村庄建设随意性和无序化发展态势明显。在快速城市化的驱动下,城市元素不断侵扰乡村,传统的聚落文化、人脉关系、社区意识等逐步被新的元素代替,多元化的乡村地域文化逐步衰落消亡。因此,乡村人居环境处于无序、混沌、转型的发展状态,迫切需要引起人们的关注。

乡村人居环境直接关系到广大农户的身心健康。乡村人居环境由人文环境、地域空间环境和自然生态环境组成。其中,自然生态环境包括人类发展所需的自然条件和自然资源,为乡村人居环境构建了一个可生存和可持续的物质基础平台。自然生态环境破坏严重威胁着广大农户的身心健康,特别是水体污染给农户生活和身心健康带来了严重影响。乡村人居环境建设是实现农村可持续发展的重要途径,也是新农村建设的重要内容。

(3)各类人居环境的差别。城、镇、村的差别主要体现在以下几个方面:

①人口的差别。首先是人口数量的差别,其次是人口劳动构成的差别,再次是人口密度的差别。

②经济活动的差别。城镇是加工业、交通运输业、建筑业、商业、服务业等第二、三产业集聚的地方。乡村除少量第三产业活动外,耕作业、林果业、放牧业、渔猎业等第一产业占绝对优势。

③社会文化结构的差别。城市居民的民族与宗教色彩、文化与职业构成都很复杂;乡村则比较单一。城市拥有众多的学校、科研单位和文艺、体育、娱乐、卫生设施与机构;乡村则比较少。城市建筑风格追求美观精巧、多元和谐,并力求开拓高空和地下空间;乡村建筑则朴素自然、简单实用,一般很少有高层建筑。城市居民的生活方式很有规律;乡村居民的生活方式有很强的季节性等。

④区域中心地位的差别。城镇多是某特定区域范围内的政治、经济、文化中心,在国家的政治、经济生活中占重要地位,各种类型、各种级别决策机构的聚集是城镇的一大特色。乡村只是区域聚落体系的最基本单元,不具备中心性地位。

⑤景观的差别。城市景观的多维多面性是乡村无法比拟的。城市景观是景观环境的一大组成部分。与城市相比,村、镇景观比较单一,绿树和菜地,构造朴素的农舍和简单的生活、生产服务设施,再加上几条小路和一条小河,就组成了具有田园诗意的乡村景观。

5. 城市环境生态工程

城市环境生态工程的研究内容主要包括:

(1)城市人口的变化速率和空间分布与城市环境间的相互关系。

(2)城市物流与能流的特征、速率与环境的调控。

(3)城市生态系统与环境质量的关系。

(4)城市环境质量与居民健康的关系、社会环境对居民的影响。

(5)城市的景观与美学环境,生态工程的选择与作用。

(6)城市生态规划、环境规划,研究城市各环境质量指标与标准。

(7)解决城市环境问题的生态工程对策。

6. 农村环境生态工程

农业生态系统存在许多环境问题,如农业自然资源短缺、生态平衡破坏、农业活动造成的环境污染等,针对各种农业活动所造成的不同的农业和农村环境问题,形成了多种类型的生态循环农业模式。

(1)减量型模式。减量型模式主要表现为农业投入物,如土地、水分、肥料、农药等投入量的绝对或者相对减少,实现资源的高效利用。包括土地集约利用性模式、节水型模式和肥药减量模式等。

(2)资源化模式。资源化模式主要是将原本会被废弃的物质通过科学的、合理的方式利用起来,加入循环链,实现废弃物品的资源化。这主要是生物质能方面的利用,如畜禽粪便、作物秸秆等的能源化。

(3)循环型模式。再循环原则要求生产出来的物品在完成其使用功能后重新变成可以利用的资源而不是无用的垃圾，减少最终废弃物的处理处置量。通过延长食物链等方式，实现物质的再利用。如依托稻田优势生态资源的循环农业模式、增加蚯蚓环节的循环农业模式。

12.2.3 流域环境生态工程

1. 流域生态系统概况

(1)流域生态系统。流域是指一条河流(或水系)的集水区域，河流(或水系)由这个集水区域上获得水量补给。流域内的生物及其生存环境构成了流域生态系统，流域内高地、沿岸带、水体等各子系统间存在着物质、能量、信息流动。它是一个社会—经济—自然复合生态系统，可分为流域生态、经济和社会子系统三大部分，其中包含着人口、环境、资源、物资、资金、科技、政策和决策等基本要素，各要素在时间和空间上，以社会需求为动力，以流域可持续发展为目标，通过投入/产出链渠道，运用科学技术手段有机组合在一起，构成了一个开放的系统。自然子系统是基础，经济子系统是命脉，社会子系统是主导。仅考虑流域生态系统的自然部分，可以将其划分为水体、河岸带及高地三类，进一步可分为各种生态系统类型。

(2)河道生态系统。河道作为河流的主体，是汇集和接纳地表和地下径流的场所及连通内陆和大海的通道，是河流生态系统横向结构的重要组成部分。河道生态系统由河道水体和河岸带两部分组成。河道水体生态系统主要是由河床内的水生生物及其环境组成的；河岸带生态系统主要由岸边的植物、迁徙的鸟群及其环境组成，是陆地生态系统和河流生态系统进行物质、能量、信息交换的过渡地带。河岸带作为河道水体运动的外边界条件，是河道保持稳定的关键地带。

(3)湿地生态系统。湿地是水陆相互作用形成的独特生态系统，它具有季节或常年积水、生长或栖息喜湿动植物和土壤潜育化三个基本特征。因此，它也是大流域系统中的一个重要组成部分。湿地因具有巨大的环境功能和环境效益，被誉为"地球之肾"，是自然界最富生物多样性的生态景观和人类重要的生存环境之一，尤其在抵御洪水、调节径流、蓄洪防旱、控制污染等方面有其他系统所不能替代的作用。湿地与森林、海洋一起并列为全球三大生态系统，淡水湿地被当作濒危野生生物的最后集结地。

湿地生态系统除能为动植物提供栖息地、防洪抗旱、调节气候、美化环境外，还能提供水资源、生物资源、土地资源、矿产资源及旅游资源等。

(4)湖泊生态系统。在流域生态系统中存在着大大小小的湖泊，湖泊(含水库)及其流域中的地质、地貌、水文、化学、生物等各种自然现象，彼此相互依存、相互制约，统一于湖泊及其流域综合体中，从而形成一个完整的湖泊生态系统。

2. 水土流失治理工程

水土流失的治理与防护是流域生态系统及环境工程中的重要内容，它涉及流域的生态安全及可持续发展的重要过程。大力实施水土保持工程建设，合理开发和利用水土资源，有利于实现水土资源的可持续利用、生态环境的可持续维护和区域经济社会的可持续发展。

丘陵山区山高坡陡，坡地及沟道易发生水土流失，是河流泥沙的主要来源。在水土流失治理中应坚持以小流域为单元，工程措施、林草措施和农业耕作措施合理配置，修建坡面水系工程，建设沟道治理工程，保护和增加林草植被，坚持山水田林路综合治理、综合开发。

坡地水土流失，一方面导致表土流失，使土壤质量退化、土地生产力水平降低；另一方面径流所携带的泥沙淤积河道与水库，随径流流失的养分加速了地表水体的富营养化。我国丘陵山区占国土面积的2/3，坡耕地占总耕地面积的34.3%。土地过度开垦与不合理利用，导致严重的水土流失，使大量泥沙和养分注入各干、支流，汇入江河，淤积河床并造成水体富营养化。同时，土壤中养分源外流，使农田生态系统物质循环遭到破坏。

针对坡地自身存在的不利因素，可采用综合治理的模式——"穿鞋""戴帽""修身"。

(1)"穿鞋"即恢复坡面被破坏的植被，是防治坡地土壤侵蚀的根本措施。恢复坡面植被或改造已退化的植被，按照植被自然演替规律，植树种草，并以草先行，乔、灌随后，营造乔、灌、草、地被多层次植被群落，以提高坡面的抗蚀能力。

(2)"戴帽"是指在地表覆盖率较差的山地各部位，通过人工种植草木，提高其滞留雨水能力，截留部分雨水，减弱地表径流冲刷表土。可设计播种一些耐瘦瘠的豆科和禾本科草本植物。

(3)"修身"即治理沟坡和沟谷水土流失，宜采用植被工程措施与土石工程措施相结合的治理方案。在沟底和沟头可种植灌木，固持风化土层，增强边坡的稳定性，且对水、肥的需求少，适应性强。在边坡防护过程中，植物种的选择以草本植物与灌木配合为宜，两者结合，可起到快速持久的护坡效果，有利于生态系统的正向演替；也可实施植被带状护坡，在水土流失的坡面采用水平带状造林法，从上而下设计带状护坡植被工程，以拦截、分散、阻滞地表径流，治理水土流失。

沟道水土流失治理与拦沙、防洪工程的作用在于防止沟头前进、沟床下切、沟岸扩张，可以减缓沟床纵坡、调节山洪洪峰流量，减少山洪和泥石流的固体物质含量，使山洪安全排泄。沟道水土流失治理与拦沙、防洪工程体系主要包括沟头防护工程、谷坊工程、小流域拦沙坝、淤地坝工程、大型拦泥库工程和引洪漫地工程等。

3. 流域人工湿地环境生态工程

科研工作者对天然湿地进行改造或人工建造湿地，从而形成了快速有效的人工湿地废水处理新技术。基于此，用于污水净化的人工湿地可以解释为一种由人工将石、砂、土壤、煤渣等介质按一定比例构成且底部封闭，并有选择性地植入水生植被的废水处理生态系统。介质、水生植物和微生物是其基本构成，净化废水是其主要功能，水资源保护与持续利用是其主要目的。

人工湿地对污水的作用机理十分复杂。一般认为，人工湿地生态系统是通过物理、化学及生物三重协同作用净化污水。物理作用主要是过滤、截留污水中的悬浮物，并沉积在基质中；化学反应包括化学沉淀、吸附、离子交换、拮抗和氧化还原反应等；生物作用则是指微生物和水生动物在好氧、兼氧及厌氧状态下，通过生物酶将复杂大分子分解成简单分子、小分子等，实现对污染物的降解和去除。

4. 流域环境恢复生态工程

通过实施退耕还林、退田还湖、河道生态修复等工程及管理措施，提高流域生态环境承载力。恢复流域与河道生态系统，恢复地下水水位和湿地，使流域的总体生态环境得到恢复，使流域内呈现水流岸绿、山清水秀、生机盎然的景象，最终使生态环境能够适应流域经济社会可持续发展的需要。

(1)退耕还林还草工程。退耕还林还草是指从保护和改善生态环境的角度出发，将易造成水土流失的坡耕地和易造成土地沙化的耕地，有计划、有步骤地停止继续耕种，本着宜林则林、宜草则草的原则，因地制宜地造林种草，恢复植被。

退耕还林还草的核心内容是：在对土地资源进行适宜性评价的基础上，从保护和改善生态环境的角度出发，将坡度达到25°及25°以上曾是林(草)地或其他类型的土地资源，在人口过多的压力下被开垦为耕地而现在不适宜作为耕地的土地资源，转换土地利用方式，变更为从事林(草)地的系统工程。

(2)退田还湖工程。1998年特大洪灾后，为治理江河流域、根治水患、进行灾后重建，国务院提出了"封山植树，退耕还林；平垸行洪，退田还湖；以工代赈，移民建镇；加固干堤，疏浚河湖"的32字方针。"平垸行洪，退田还湖"是其中的一项重要内容，旨在通过"平退"影响江湖行、蓄洪或防洪标准较低的洲滩民垸，提高江湖行洪、调蓄洪水的能力；同时，"移民建镇"是将居住在列入"平退"垸内及临近河湖、常受洪涝威胁的洲滩民垸中的居民搬迁至不受洪涝影响的地方安居乐业。这既是变被动抗洪救灾为主动防灾减灾、根治水害的重大举措，也是恢复和保护生态环境并使之可持续发展的战略方针。

(3)河道生态修复。河道生态修复是指利用生态工程学或生态平衡、物质循环的原理和技术方法或手段，对受污染或受破坏、受胁迫环境下的生物生存和发展状态的改善、改良或恢复、重现。河道生态修复主要通过在河道中创造适用于河道各类生物生存的生境条件，形成各种生物群落配比合理、结构优化、功能强大、系统稳定的河道生态系统，重建受损河道生态系统的结构和功能。

河道生态修复技术包括：
①生态河床修复技术。
②生态护坡修复技术。
③生态河堤修复技术。
④生态水体修复技术。
⑤生态缓冲带。

5. 流域综合环境工程——水、土、气生态系统工程

在流域综合环境治理中，遵循自然规律，坚持以大流域为骨干，以小流域为单元，山、水、田、林、路统一规划、综合治理；坚持封山育林、节水灌溉和绿色排放工程相结合，因地制宜、突出重点、科学配置；坚持经济、生态和社会效益统筹兼顾、相得益彰。通过流域综合环境工程的实施，有效保护和恢复流域生态环境，促进整个流域自然生态系统的良性循环和经济社会的可持续发展，实现生态功能恢复、人民生活水平提高、人与自然和谐相处的目标。

(1)封山育林工程。封山育林是指对具有天然下种或萌蘖能力的疏林地、无立木林地、宜林地、灌丛等实施封禁，保护植物的自然繁殖生长，并辅以人工促进手段，促使其恢复形成森林或灌草植被；以及对低质、低效有林地、灌木林地进行封禁，并辅以人工促进经营改造措施，以提高森林质量的一项技术措施。封山育林主要包括未成林造林地、有林地、疏林地、灌木林地的封山育林，人工造林困难的高山、陡坡、岩石裸露地及沙漠、沙地的封山育林、育灌、育草。传统意义的封山育林以封禁为主。在现代林业思想指导下，随着对封山育林认识的日益提高，技术措施的日趋科学化，注重不同阶段的育林技术研究，实现封与育的有机结合已成为封山育林的主要趋势。

(2)节水灌溉工程。节水灌溉技术主要包括：

①渠道防渗技术。

②低压管道输水技术。

③喷灌技术。

④微灌技术。

(3)绿色排放工程。绿色排放是指无限地减少污染物的排放直至对环境无污染的活动，即应用物质循环、清洁生产和生态产业等各种技术，实现对资源的完全循环利用，而不给环境造成任何废物。换而言之，就是以最小的投入谋求最大的产出，在一种产业中无法做到时则构筑产业间网络，将某种产业的废弃物或副产品作为另一产业的原材料。绿色排放包括以下内涵：一是要控制生产过程中废物排放直至减少到不对环境产生有害影响；二是将那些不得已排放出的废物资源化，最终实现不可再生资源和能源的可持续利用。

绿色排放工程通过全面规划和组织社会生产、流通、服务、生活等活动，在整个社会范围内，各类活动的物流、能流之间，建立起与自然生态系统类似的共生关系，使一种活动的排放物可作为原料被其他生产生活活动利用，并建立相应的社会运行机制与管理体制，从而提高资源的综合利用率，实现废物绿色排放，使整个社会构成一个高效、和谐、平衡、稳定的绿色生态社会。

任务12.3　生态城市建设

12.3.1　城市化发展

城市是人类主要的聚居地。城市集人类物质文明和精神文明之大成，是经济、政治、科技和文化的中心。据记载，世界城市发展已有五六千年历史。城市的产生是社会分工的产物。城市是由于手工业和商业的产生与发展而从一般的村落居民中分化出来的。城市形成后居民点也产生了分化，在人口的空间分布上呈现人口集中的城市和人口分散的乡村两种主要形态。这两种主要形式伴随着人类文明进步的悠久历史一直延续到现在。

城市规划的纲领

城市化是指伴随着一个国家或地区社会生产力的发展、科学技术的进步及产业结构的调整等，其社会由以农业为主的传统乡村型社会向以工业和社会服务业等非农业为主的现代城市型社会逐渐转变的历史进程,也是居住在城镇地区的人口占总人口比例增长的过程。这一过程表现为城市数量增多,城市人口和用地规模扩大,城市人口在总人口中所占比例不断提高。城市人口的增加,一方面是原有城市人口本身的自然增长;另一方面是农村人口的转化,包括农村人口向城市的迁移及在原有乡村地区发展起城镇而使农村人口转变为城镇人口等方面。城市化是社会生产力发展的必然趋势,也是工业化和农业现代化的必然结果。人口城市化、经济全球化和信息网络化被认为是影响未来世界社会经济发展的三大趋势。

12.3.2 城市的功能

城市的主要特征体现在以下三个方面:一定区域的政治、经济、文化中心,交通枢纽;主要是非农业人口居民;大量多种建筑物组成功能强大的综合体系。

城市功能又称为城市职能,是指在国家或地区内政治、经济和文化生活中所承担的任务和作用。城市的主要功能表现为政治功能、经济功能、文化功能和社会功能。政治功能,如首都、省会城市;城市的经济功能是核心功能,如金融、工业、商贸、交通等,包括生产、交换、分配、消费、运输等;城市的文化功能包括科学技术研究、信息情报、教育等;城市的社会功能是指城市是人们社会活动的集中场所,社会的各种实体特别是政府部门、经济管理部门、社会团体等均设在城市,使城市的社会功能十分明显。

随着社会生产力不断发展,社会分工日益扩大,城市功能经历了由单一到多种、由低级到高级、由简单到复杂的发展过程。由于城市的发展历史与区域特点及发展重点的不同,城市的功能也不尽相同。

当前,发达国家的城市在形态上发生了重要变化。原先集中居住在城市的人们,由于不喜欢城市的喧哗逐渐离开城市,移居到周围乡村。实际上也可以说,正是环境问题使得富裕的人们去寻找乡下的乐园。于是又导致新的环境问题——私人轿车猛增,交通环境恶化,大量耕地被占。

12.3.3 城市发展的环境问题

随着经济发展和城市化进程的加快,人均国内生产总值(GDP)水平提高和消费结构升级,城市居民对环境质量的要求越来越高,城市环境成为城市现代化进程中最富有挑战性的课题。

城市环境问题必须同时关注两个方面:一个是社会环境;另一个便是通常的环境污染。

社会环境是指在自然环境基础上,人类通过长期有意识的社会劳动,加工和改造了自然物质创造出的新环境,是人与人之间各种社会联系及联系方式的总和,包括物质生产体系、生活服务体系和物质文化体系等。这里仅讨论城市物质性的环境污染问题。

城市物质性环境污染包括几乎所有的常见环境污染,可概括为以下10个方面:

(1)空气污染。城市人口密集,工业和交通发达,每天消耗大量的石化燃料,产生烟尘和各种有害气体,导致城市内污染源过于集中,污染量大而又复杂,所排出的污染物质相互作用、相互影响的可能性很大,容易产生多种有害污染物的协同作用和二次污染物反应，对人体造成更大的危害。

城市的特殊环境形成了城市气候。城市气候相对郊外农村气候来讲是个气候岛，如城市"五岛效应"——热岛、干岛、雨岛、烟霾岛和雾岛。城市也是一个相对周围农村而言的高浓度空气污染岛。

(2) 水体污染。城市废水包括工业废水和生活污水。目前，我国城市的水处理设施普遍不全，城市废水处理能力不强，特别是不少工厂、企业将工业废水不经处理直接排放，造成水体严重污染，湖泊富营养化，海岸附近屡屡产生赤潮。

另外，我国大部分城市排水管网不全，采用直泄式雨污水合流管道，就近分散排水，也是造成城市水体污染的重要原因之一。

(3) 噪声污染。城市噪声源主要由交通、工业、建筑施工和公共活动产生。一些国家调查表明，城市环境中 76% 的噪声是由交通运输引起的，其中汽车占 66%，飞机、火车占 9.8%。工业噪声约占城市噪声的 10%。建筑施工噪声虽然是临时的、间隙的，但产生的噪声可高达 80~100 dB(A)，扰民现象不容忽视。

(4) 固体废物污染。目前我国垃圾围城现象仍较严重，白色污染、电子垃圾问题突出。尤其是城市生活垃圾，由于垃圾收运设施不足、机械作业率低，还没有建成一套完整的城市生活垃圾处理、处置和回收利用系统（这应是城市基础设施的重要组成部分）。全国有 25% 左右的垃圾不能及时清运，垃圾和粪便大多未经无害化处理便裸露堆放或简单填埋，有的直接投入江河湖海或施于农田，造成严重污染。

(5) 电磁污染。城市电磁波污染几乎 24 小时连续不断，并且日益严重。有五大类电磁辐射设施：广播电视系统发射设备；通信、雷达及导航系统无线发射设备；工业、科研和医疗的电磁辐射设备；高压电力系统设备；交通系统电磁辐射设备。其中，广播电视台(站)是全国城市电磁环境中最大、最近的电磁辐射污染源。通信、雷达、导航发射设备也已成为我国一个主要的电磁辐射环境污染源。

(6) 热污染。城市热污染主要反映在城市热岛效应和对水体的热污染。

城市热岛效应主要由以下四种因素综合形成：第一种，城市建筑物和水泥地面热容量大，白天吸收太阳辐射能，晚上又传输给空气；第二种，人口高度集中，工业集中，大量人为热量，尤其是汽车、空调等释放的废热，进入空气；第三种，高层建筑造成地表风速小且通风不良；第四种，人类活动释放的废气如二氧化碳、飘尘等进入空气，改变了城市上空的大气组成，使其吸收太阳辐射的能力及对地面长波辐射的吸收增强。

工业企业排放的高温废水是城市水体热污染的主要原因。这些温排水流入水体后，使水体的热负荷或温度增高，从而引起水体物理、化学和生物过程的变化，既影响了环境生态平衡，又浪费了能源。

(7) 光污染。城市中的光污染随着城市建设的现代化而越来越严重。现代高层建筑中使用的玻璃幕墙、釉面砖、磨光大理石，户外闪烁的各色霓虹灯、广告灯和娱乐场所的彩色光源，家庭中不合理使用的照明、电视、计算机等，均会对人们身体健康和周围环境造成不良影响。有关专家把城市光污染的主要载体—玻璃幕墙视为"城市隐患""光明杀手"，绝非危言耸听。

(8) 被污染的各类食品、化妆品，有问题的药品、保健品。

(9) 受到连续不断的汽车和拥挤的道路交通，使行人处于高度的不安全感中。

(10) 多数城市缺少居民自由活动的安全空间和宜人的绿色环境，使城市居民精神处于高度压力之下。

近年来，我国城市环境保护取得了重要进展。环境保护投资大幅度增长，环境综合整治不断加强，环境管理能力逐步提高。经 2022 年全国统计调查初步核算：涉气企业废气治理设施共有 394 604 套，二氧化硫去除率为 96.5%，氮氧化物去除率为 75.1%；涉水工业企业废水治理设施共有 72 854 套，化学需氧量去除率为 97.9%，氨氮去除率为 98.9%，全国城市污水处理厂处理能力为 2.15 亿立方米/日，污水排放总量为 639.3 亿立方米，污水处理总量为 625.8 亿立方米，污水处理率为 97.9%；全国一般工业固体废物产生量为 41.1 亿吨，综合利用量为 23.7 亿吨，处置量为 8.9 亿吨，全国城市生活垃圾无害化处理能力为 109.2 万吨/日，无害化处理量为 25 767.22 万吨，生活垃圾无害化处理率为 99.9%，全国约 6 000 余家单位持有危险废物经营许可证，危险废物集中处置能力约 1.8 亿吨/年。2023 年全国生态质量指数（EQI）值为 59.6，生态质量为二类，森林覆盖率为 24.02%，陆域生态保护红线面积约占陆域国土面积的 30%以上。

同时必须清醒地看到，我国城市环境形势仍然相当严峻。部分流经城市的河段水污染严重，部分城市饮用水水源的水质达不到标准，存在垃圾围城、噪声扰民等环境问题，机动车尾气污染、有害细微颗粒物污染、电子垃圾污染、城市生态破坏等环境问题接踵而来。因此，在城市化加快发展的进程中，如何有效地保护环境、治理污染，已经迫在眉睫。

12.3.4 城市环境综合整治

习近平总书记指出"生态环境保护和经济发展是辩证统一、相辅相成的，建设生态文明、推动绿色低碳循环发展，不仅可以满足人民日益增长的优美生态环境需要，而且可以推动实现更高质量、更有效率、更加公平、更可持续、更为安全的发展，走出一条生产发展、生活富裕、生态良好的文明发展道路"。

城市环境状况既是城市外观形象的表现，又是城市内在质量的反映。环境管理水平代表着城市管理水平，环境质量是衡量城市现代化程度的重要标志。保护环境就是保护生产力，改善环境就是发展生产力。

城市环境综合整治是一个系统工程，也是促进城市的可持续发展的重要措施之一。总体来说，城市环境保护的原则有以下四个方面。

(1) 要以资源承载力和环境容量为基础，科学地规划城市发展，合理地调整城市产业结构和布局，使城市更加适宜居住，更有利于社会经济和人的全面发展。

(2) 要进一步加强环境基础设施建设，继续加大各级政府对城市环境保护的投入，同时积极推进污水、垃圾处理等市政设施的市场化运营。

(3) 要大力发展循环经济，加快推行清洁生产，加强资源的有效利用和综合利用，严格控制主要污染物排放量。

(4) 要积极推广以"资源节约、物质循环利用和减少废物排放"为核心的绿色消费理念，引导居民形成科学环保的生活习惯和消费行为。

城市环境保护要具体落实到城市环境工程，也就是指控制城市污染、美化城市环境的基础工程设施。

主要的城市环境工程有废水、污水下水管网系统的建设与改造工程，各种污水处理厂和各种废水处理工程，各种消烟除尘工程，工业废渣的综合回收利用工程，城市垃圾的资源化、无害化处理工程，区域绿化工程，噪声防治工程，汽车尾气治理工程等。

城市环境工程的原则是最大限度地减少流入环境的污染物种类和数量，进行无害化处理，化害为利，变废为宝，综合利用，达到环境效益、经济效益、社会效益"三丰收"。

一般城市环境工程的规模大、投资大、涉及面广、建设周期长、见效时间长，需要进行多方案的技术经济比较，更要综合考虑基建投资、运转成本、环境效益、社会影响等诸多方面。一般均采取综合整治的措施。

12.3.5 城市生态系统

城市生态系统是城市空间范围内的居民与自然环境系统、人工建造的社会环境系统相互作用而形成的统一体。

一个完整的城市生态系统可由社会生态系统、经济生态系统和自然生态系统三部分组成，每个系统还由众多子系统组成，如图12-1所示。

（1）自然生态系统。自然生态系统是城市的基本物质环境，由人与其生存的基本物质环境各要素（如气候、土壤、生物、食物、淡水）、自然景观及人工建造的设施（如建筑、道路）等构成子系统。受人类活动的影响，城市自然生态系统有很多完全不同于原来自然环境的地方，本身具有某种特定的规律。

（2）经济生态系统。经济生态系统是城市的主要知识信息、物质生产和服务系统，涉及生产、分配、流通、消费各环节，由人与能源、原料、工业、农业、建筑、交通、资源、金融、科技、信息等组成子系统。它以物质从分散向集中的高度集聚、信息从低序向高序的连续积累为特征。研究城市经济生态系统主要是研究城市的物质、能量、金融、信息等流动与传递过程，并通过适当的引导与控制使之达到有序化、协调化和稳定发展。

（3）社会生态系统。社会生态系统是城市中人类及其自身活动所形成的非物质性生产的组合，由人的社会组织、政治活动、文化、教育、娱乐、服务等构成各子系统。城市社会生态系统以高密度的人口分布和高强度的生活消费为特征，以满足城市居民的就业、居住、交通、供应、娱乐、医疗、教育及生活环境需要为目标，为经济系统提供劳力与智力。合理控制城市人口密度和提高人口素质，对于保证城市的经济稳定、建设生态城市具有第一位意义。

在城市这个社会—经济—自然复合系统中，自然系统是基础，显示了自然对人类社会和经济生产的根本支撑作用，经济系统是社会与自然联系的中介，社会系统则对系统起导向作用，社会体制、经济发展状况等都直接或间接地对生态系统产生深远影响，所以要求政策的决策者在经济生态原则的指导下拟定具体的生态目标，使系统的复合效益最高、风险最小、存活概率最高。

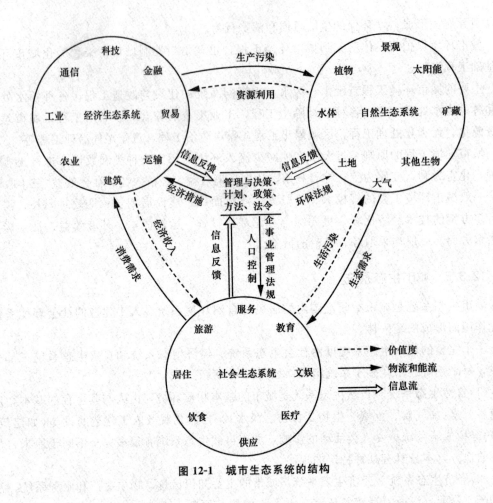

图 12-1 城市生态系统的结构

12.3.6 生态城市建设

城市化进程的加快,一方面对社会经济、交通、生产及文化的发展起到重要的推动作用;另一方面由于城市人口的持续增长和高度集中、消费水平的不断增长,城市特有的代谢功能正在对自然界的生态平衡产生重大的影响和冲击,并对人类的居住环境和生活质量产生不利的影响。

当今世界,寻求自然化、人文化、生态化已经成为城市建设的大趋势,促进人与自然和谐相处代表着城市发展的新潮流。为了建设可持续发展的、高效、安全和健康文明的社会,生态城市的建设已成为全世界共同关注的问题,是城市可持续发展的必然趋势。

12.3.7 生态城市的特征

"生态城市"这一崭新的城市概念和发展模式是在联合国教科文组织发起的"人与生物圈计划"(Man and the Biosphere Programme)研究过程中提出的,一经提出立即受到了全球的广泛关注,其内涵也不断得到发展。

从广义上讲,生态城市是建立在人类对人与自然关系更深刻认识的基础上的新的文化观，是按照生态学原则建立起来的社会、经济、自然协调发展的新型社会关系，是有效地利用环境资源实现可持续发展的新的生产和生活方式。从狭义上讲，生态城市就是按照生态学原理进行城市设计，建立高效、和谐、健康、可持续发展的人类聚居环境。

生态城市是社会、经济、文化和自然高度协同和谐的复合生态系统，其内部的物质循环、能量流动和信息传递构成环环相扣、协同共生的网络，具有实现物质循环再生、能力充分利用、信息反馈调节、经济高效、社会和谐、人与自然协同共生的机能。生态城市是一种理想的城市模式，旨在建设一种"人和自然和谐"的理想环境，有利于提高城市文明程度的稳定、协调、持续发展的人工复合生态系统。

生态城市毕竟是建立在生态文明基础之上的，其结构关系、社会组织形式、发展运行模式等与传统城乡相比，有质的不同，具有鲜明的生态时代特征。

2. 我国建设生态城市面临的主要问题

(1)生态空间遭受持续威胁。城镇化、工业化、基础设施建设、农业开垦等开发建设活动占用生态空间；生态空间破碎化加剧，交通基础设施建设、河流水力资源开发和工矿开发建设，直接割裂生物生境的整体性和连通性；生态破坏事件时有发生。

(2)生态系统质量和服务功能低。低质量生态系统分布广，土壤侵蚀、土地沙化等问题突出，城镇地区生态产品供给不足，绿地面积小而散，水系人工化严重，生态系统缓解城市热岛效应、净化空气的作用十分有限。

(3)生物多样性下降的总体趋势尚未得到有效遏制。资源过度利用、工程建设及气候变化影响物种生存和生物资源可持续利用，遗传资源丧失和流失严重，外来入侵物种危害严重。

3. 我国建设生态城市的对策

走城乡生态化发展之路，建设生态城市是一个循序渐进的过程。在我国建设生态城市的道路上可采取以下对策：

(1)合理规划，实现经济发展与生态环境相协调发展。着眼于"生态导向"的整体规划，运用现代的生态技术，优化产业结构，建立生态化产业体系，使自然生态规律和经济发展规律相结合，把人与自然看作一个整体系统进行规划，提高人居环境质量，加强人居环境的文化内涵建设，从而使生态城市向着更加有序、更加稳定的方向发展。

(2)建设生态文明，实现可持续发展。要遵循人、自然、社会和谐发展的客观规律，正确认识和处理人与自然的辩证关系，摒弃高投入、高消耗、高污染、低效益的外延性的经济增长模式，实施城市可持续发展战略，使自然生态环境的生产能力、自我恢复能力和补偿能力始终保持较高的水平，实现经济、资源、环境协调发展，使城市有限的资源得到充分的利用和保护。

(3)不断完善城市基础设施，加强城市园林绿化建设。要把城市的能源系统、污染处理系统、食物供应系统结合起来，从而使完善的基础设施能够修复经济发展对环境的破坏。同时，从最大限度地改善城市生态环境出发，因地制宜，选择绿化树种、灌木的搭配及花卉的点缀等，充分考虑不同城市的文化特点、历史脉络、地域风俗，并将其融入园林绿化，使城市园林绿化向着充满人文内涵品位的方向发展。

(4)加大环保投资,强化环保意识。加强污染治理费用的投入,使污染的末端治理发展为全过程的污染防治。通过教育、宣传,使环境保护这项基本国策家喻户晓、人人皆知,对严重破坏生态环境的行为给予法律制裁,有效完成对生态环境的宏观保护,使生态城市建设的目标落到实处。

任务 12.4　辽河环境综合整治

12.4.1　辽河流域基本情况

1. 流域概况

辽河是我国七大江河之一,发源于河北省承德地区七老图山脉的光头山,流经河北省、内蒙古自治区、吉林省、辽宁省,在辽宁省盘锦市入渤海,全长为 1 345 km。

辽河流域地处我国东北的西南部,流域面积为 21.96 万平方千米。它东与松花江、鸭绿江流域相接;西接大兴安岭南端,并与内蒙古高原的大、小鸡林河及公吉尔河流域相邻;南以七老图山、努鲁儿虎山及医巫闾山与滦河、大小凌河流域为邻;北以松辽分水岭与松花江流域接壤。

辽河源头在老哈河上。老哈河由西南向东北流,在西安村水文站上游与左侧支流西拉木伦河汇合后,称西辽河。西辽河由西向东流至科尔沁左翼中旗白音他拉右侧支流教来河继续东流,在小瓦房汇入北来的乌力吉沐沦河后折向东南,流至福德店水文站上游汇入左侧支流东辽河后始,称辽河干流。辽河干流继续南流,分别纳入招苏台河、清河、柴河、泛河、秀水河、养息牧河、柳河等支流后,曾在六间房水文站附近分成两股,一股西行称双台子河,在盘山纳绕阳河后入渤海,另一股南行,称外辽河,在三岔河水文站与浑河、太子河汇合后称大辽河(浑太河),于营口入渤海。自 1958 年外辽河于六间房截断后,浑河与太子河汇成大辽河成为独立水系。

辽河流域的东部主要包括东辽河、辽河干流左侧支流、浑太河等上游地区,属哈达岭、龙岗山脉和千山山脉,该区河流发育,山势较缓,森林茂盛,水资源相对丰富。辽河流域的中部主要包括辽河干流和浑太河等辽河中下游平原区,该区地势低平,土壤肥沃,水资源开发利用程度较高,在河口沿岸有大片的沼泽地分布。辽河流域的西部主要包括西辽河流域,该区沙化明显,分布有流动或半流动沙丘,如著名的科尔沁沙地,总体来说,水资源匮乏、水土流失及土壤沙化现象严重,生态环境较差。

2. 水资源情况

辽河流域多年平均水资源总量(表 12-1)为 128.84 亿 m^3,其中地表水资源量 94.92 亿 m^3,地下水资源量 72.56 亿 m^3,重复水资源量 38.64 亿 m^3,地下水可开采量为 55.66 亿 m^3;供水量平均为 90.59 亿 m^3,其中地表供水量 47.82 亿 m^3;地下供水量 41.19 亿 m^3,其他水源供水量 1.58 亿 m^3。辽河流域水资源总体开发利用率为 70.3%,其中地表水 50.4%,地下水开采率 74.0%。

表 12-1 辽河流域水资源总量表

水资源分区及名称			水资源总量/亿 m³
二级	三级	四级	
辽河干流	辽河口以上	石佛寺水库以上区间	30.74
		石佛寺水库以下区间	8.60
		柳河	3.08
		小计	42.42
	辽河口以下	柳河口以下区间	4.76
		绕阳河	12.65
		小计	17.41
	合计		59.83
浑太河	浑河	大伙房水库以上	15.64
		大伙房水库以下	13.15
		小计	28.79
	太子河及大辽河干流	太子河	37.62
		大辽河	2.6
		小计	40.22
	合计		69.01
辽河流域总计			128.84

3. 土壤植被

辽宁省境内土壤主要跨两个地带性土壤分布区，即东部的棕壤区和西部的褐土区。辽河流域北部与黑土分布区相毗邻，东北部与山地暗棕色森林土交错接壤，西部则与华北、内蒙古褐土区相连接。根据各地区土壤的形成与分布，辽河流域共有八大类土壤类型，分别为棕壤类土壤、褐土类土壤、黑土类土壤、栗钙土类土壤、湿土类土壤、水稻土类土壤、盐碱土类土壤、岩性土类土壤。

经土壤普查，棕壤分布面积较广，在辽东和辽西丘陵山地均有分布，成土母质为片麻岩、花岗石等风化残积堆积物及第四纪红土和黄土状沉积物，该土类多已被垦殖，形成农地或林地，土壤肥力较高；暗棕壤的分布量并不多，主要分布在海拔 700～800 m 以上的辽东山地；褐土主要分布在辽西地区，大都发育在碳酸盐岩母质上，经过明显的残积黏化和钙化过程，使碳酸盐在土壤中淋溶与淀积。辽宁省的褐土区属于水土流失最严重的地区，土壤干旱瘠薄，肥力较差，作物产量低。草甸土集中分布在辽河平原，山丘河流两岸也有零星分布，成土母质多属淤积物，土壤肥力较高，是辽宁省粮食产区的主要土类。风沙土主要分布在辽北的彰武、康平、新民的柳河流域及昌图一带，母质以中、细砂为主，大多是第四纪河湖相沉积物，经风蚀、搬运及堆积作用而成，腐殖质含量少，土壤肥力低，物理性质不良。

辽河流域自然植被处于长白、华北、蒙古三大植物区系的交汇处，各植物区系成分相互渗透，交错分布，具有过渡性、混杂性和不稳定的特点。自然植被主要分布在流域东部的丘陵山地，少量分布在辽西山地及辽河口一带的芦苇沼泽。流域的植被横跨三个植被区，分别是东部山地温带针阔混交林区、辽南和辽西暖温带落叶阔叶林区、辽北温带草原区。

4. 水环境情况

(1)水质现状。辽河流域有50个国家水环境质量考核断面，2018年，辽河流域总体为中度污染。2018年达到或优于Ⅲ类水质断面20个，占40.0%；有20个断面未达到国家《水污染防治行动计划》(简称"水十条")考核目标，其中14个断面为劣Ⅴ类，占28.0%。该领域主要污染指标为氨氮和总磷，氨氮污染加重。

(2)水功能区污染现状。辽河流域纳入水功能区限制纳污红线考核水功能区有90个，在这90个水功能区中，2018年扣除断流的水功能区外共达标水功能区47个，达标率55.3%；有20条支流存在污染严重、水质不达标问题。其中，辽河水系纳入水功能区限制纳污红线考核的30个水功能区中，2018年达标11个，达标率36.7%。辽河有9条支流存在污染严重问题。

5. 水生态状况

(1)河流生态。辽河流域水资源利用率较高，导致河道缺水严重。特别是遭遇特殊干旱气象现象，河道流量下降严重。河道严重缺少生态水，河流自净能力下降。由于缺乏必要的水资源补充，辽河水污染稀释能力弱，水质达标很困难。

(2)湿地资源现状。辽河流域是全国湿地资源较为丰富的地区之一，湿地类型多、面积广。辽河流域内的湿地主要包括河流湿地、沼泽湿地、人工湿地(库塘、输水河、水产养殖场、盐田)、湖泊湿地及近海与海岸湿地五种类型，其中河流湿地、湖泊湿地及近海与海岸湿地所占比重较大，同时，也是受经济与社会发展影响最大的三类湿地。

目前，辽河流域内已建立多处各类自然保护区、湿地公园及重点湿地。

(3)野生动植物现状。辽河流域植被多属于华北植物区系，主要分布在辽西地区和中部平原地区，乔木代表品种有油松、赤松、杨、柳、麻栎等，灌木代表品种有酸枣、荆条、崖椒、照山白；草本植物代表品种有白羊草、黄背草等。

辽河流域野生动物十分丰富，拥有麝鼠、旱獭、马鹿、野猪、狼、豹、熊、黄羊、狐、獾、雉、雪鸡等动物，其中国家一级保护动物13种，二级保护动物52种。

辽河历史上鱼类资源丰富，但受水污染及河道缺水干枯的影响，干流鱼类资源衰退严重，部分河段鱼类甚至绝迹。浑河干流主要鱼类有鲤科、鳅科和鲶科等，受水质污染的影响，下游河段鱼类分布很少或几乎消失，中游及上游河段鱼类种类和数量相对较多。太子河干流城市段河道渠系化，加上人为破坏及河床采砂等活动，河道内的鱼类资源数量很少。

12.4.2 辽河流域生态封育

1. 退耕封育治理措施

辽河流域内滩地宽阔、非汛期流量小，具有典型的季节性河流特征。结合相关调查资料，辽河总占地 7.58 万 hm^2，其中护堤林 0.38 万 hm^2、苇田 0.31 万 hm^2、荒地 0.41 万 hm^2、林地 0.26 万 hm^2、耕地 5.54 万 hm^2、主槽面积 0.67 万 hm^2，其他为 0.01 万 hm^2。

2010 年辽宁省政府划定辽河保护区，设定 1050 线（河道中心线向两岸各延伸 525 m 作为封育界线），划定盘锦市双台子河入河口——铁岭市昌图县福德店为辽河干流封育范围，总长 538 km，占地 5.65 万 hm^2，对其实施退耕还河和全河封育治理。通过现场勘察调研，选择影响范围较大的柴河、清河、绕阳河、柳河等 27 条支流的重点河段实施退耕封育，即封育整治辽河支流 0.17 万 hm^2。总体而言，划定辽河干支流退耕封育涉及八市的 21 个市县区，覆盖范围达到 5.81 万 hm^2。

2019 年 12 月 29 日，辽宁省政府办公厅下发《辽宁省人民政府办公厅关于进一步加强辽河流域生态修复工作的通知》（辽政办〔2019〕42 号），为进一步推进辽河流域生态建设，决定继续实施辽河、凌河、浑河等河流退田还河生态封育，对辽河干流除水田、护堤林、防风固沙林以外的河滩地实施生态封育，并因地制宜推进辽河流域其他河流生态封育工作。截至 2023 年，辽宁省河流滩区封育总面积 134.26 万亩（1 亩≈667 平方米），涉及沈阳、鞍山、抚顺、锦州、铁岭、朝阳、盘锦、葫芦岛八个市。

根据辽宁省政府相关部署及要求，各级政府要落实退耕还田的面积和块地，禁止退耕区域内从事各类生产经营活动或耕种。乡镇政府与各市（县、区）水行政主管部门签订退耕补偿协议，个人或退耕村与乡镇政府签订补偿协议。对于退耕区域，各级水管部门和政府必须加强巡查管理，从根本上杜绝偷栽、偷种和复耕行为，一旦发现偷栽、偷种和复耕由县级政府组织清除。河道退耕封育工作的第一责任人是主要领导，责任主体是各级政府。为保证退耕封育任务按预期完成，必须落实措施、强化责任、加强领导，切实做好河道管护各项工作。

2. 退耕封育治理成效

自然封育、退耕还河是治河工作模式的实践和探索，也是一种治河理念的创新。经长期的治理与恢复，辽河流域内的植被覆盖率从治理前的 13.7% 增大至 90%，生态环境得到大幅度改善，人类生产生活受风沙等自然灾害的影响明显减弱，逐步将河流打造成林茂、草绿、水清的生态长廊和绿色通道，创造一个供沿岸群众舒适生产生活的安全环境。

（1）明显改善流域水质。近些年，辽河干支流典型断面水质，从退耕封育前的 Ⅴ 类甚至劣 Ⅴ 类明显改善至 Ⅳ 类标准，部分区段、时段可以达到 Ⅲ 类标准，并且水质整体稳定。2013 年，辽河流域水质达到规定标准退出了全国"三河三湖"重度污染序列。

（2）有效防治水土流失。退耕封育对保滩固堤、涵养水源、减轻河道淤积、防止沙尘暴、治理面源污染等发挥着重要作用；通过清除河内高秆作物和违章建筑恢复了河道行洪能力，为河道行洪安全提供了可靠保障。

（3）显著提升城市品位。通过退耕封育治理，辽河流域内的湿地范围逐年扩大，河流自然风貌逐步恢复，鸟类、鱼类、植物等野生动植物数量和种类明显增加，自然生态链及流域生态环境不断改善。根据辽河干支流退耕封育规划，现已建成盘锦辽河、盘山绕阳河、沈北七星河等国家湿地公园，实现了景美、岸绿、水清、河畅的治理目标，人居环境得以明显改善，城市品位得以极大提升。

(4)形成生态长廊和特色湿地。多年来保护区草地面积增加368%，植被覆盖率达90%以上，滩地植物、鱼类、鸟类、昆虫等生物多样性显著恢复，形成千里生态长廊；石佛寺水库实施生态工程建设，主副坝林台、人工岛建设和野生树种与水生植物保护栽植等，多种鱼类、禽类繁衍栖息。

12.4.3 防洪提升及水系连通

实施辽河干流防洪提升工程，实现防洪全线达标，隐患全面排除。对保护对象重要、防洪薄弱环节突出的清河、招苏台河、柳河、绕阳河、秀水河、马仲河、艾青河、凡河、南柴河、亮子河、月牙河、太平河、大羊河、东沙河、黑鱼沟河、地河16条主要支流进行治理。

实施典型示范县区水系连通及水美乡村综合整治，以万金滩新闸为枢纽，实施河流疏浚连通，修建污水处理两、盐改水工程，实施支流排干清淤和岸坡整治绿化，不断优化水资源配置补齐水利工程短板，着力构建现代水网格局等。

12.4.4 辽河国家公园建设

以全流域自然生态系统陆海统筹保护为目标，将东、西辽河汇合口至辽河出海口的全部辽河干流、河口湿地及辽河、大辽河入海口近海水域划为国家公园，整合现有八处自然保护地，实现河流—河口—海湾完整保护，规划期为2021—2035年。

1. 核心价值

辽河国家公园有北温带湿地生态系统和海岸河口湾湿地生态系统，体现了河流水文过程、河口淡水与海洋咸水周期性交替过程，支撑了独特的地带性生物区系，是河流湿地生态系统的典型代表；辽河三角洲具有潮上带淡水、潮间带咸淡水和浅海水域等湿地类型，分布有翅碱蓬、芦苇、拂子茅等植被群落，是全球河口湿地植被类型最完整的生态地块；浅海水域—裸滩—翅碱蓬群落—翅碱蓬芦苇群落—芦苇群落自然景观立体演替格局形成了罕见的红绿带状植物分布和红海滩景观，具有极高的观赏和科研价值。

辽河国家公园内芦苇沼泽和滩涂是鸟类取食、栖息和繁殖的场所，特有、珍稀、濒危鸟类物种数量占辽东胶东半岛落叶阔叶林生态地理区的60%以上，有国家一级保护鸟类17种，国家二级保护鸟类59种。辽河国家公园是东亚—澳大利西亚候鸟迁飞通道的重要组成，每年迁飞、停歇的候鸟达几百种，数百万只以上。辽河口湿地是全球黑嘴鸥分布最北、营巢密度最大的繁殖地，种群数量占全球总数的70%；是濒危物种丹顶鹤最南端的自然繁殖地；也是西太平洋斑海豹全球八处繁殖地中最南端所在，每年有100余头斑海豹在此繁衍生息。

2. 规划分区

将园内典型河口湿地、鸟类栖息地、西太平洋斑海豹繁殖栖息地、水生生物保护区域等生态环境最优区域划为核心保护区，是维护辽河自然生态系统功能的最关键区域。其中，近海水域在每年11月至次年5月西太平洋斑海豹繁殖期为季节性核心保护区。

将园内耕地、道路、水利设施、合法矿权、盘锦港航道和开放性海水、淡水养殖等生活生产区域及科普教育、游憩体验区域划为一般控制区,发挥生活生产和科研教育游憩综合功能。

3. 生物多样性保护

营造生境岛、沙洲、漫滩等多样化生境,恢复扩大鸻鹬类、雁鸭类、鹤类等水鸟栖息地。修建堤坝、储水环沟、控水闸门,开展繁殖地水环境整治,营造黑嘴鸥繁殖栖息地;实施丹顶鹤人工繁育工程,开展野化训练,促进珍稀物种种群稳定增长。

改善双台子河闸、万金滩闸产卵场和孵化场生境,补建鱼类洄游通道,恢复辽河刀鲚洄游路线,人工增殖放流增加种群数量,改善群落结构。开展西太平洋斑海豹资源和洄游规律监测调查,实施海岛岸滩修复、生态鱼礁投放、渔业资源增殖放流,改善局部海域生态,扩大斑海豹栖息范围。加强野大豆和白刺原生境保护,建设优势种群分布区和恢复示范区。建设野生动物保护救护中心,开展野生动物救护、疫源疫病监测、野生动物保护科学研究、学术交流和科普教育。

12.4.5 流域水生态保护与修复

实施辽河干流岸线保护与利用规划,通过河道演变与河势稳定分析、岸线保护与利用控制条件分析确定岸线规划目标,划分岸线边界线和功能区;持续开展非法采砂和流域内"四乱"问题排查整治。

恢复辽河干流河滨漫滩、浅滩、沙洲;加大支流河口滩区生态供水,辐射恢复二级、三级支流小流域生态环境;通过水系连通、微地形改造、人工补水等措施建设滩区生态蓄水湿地,对区域内辽河油田油井及采矿路实施退井换湿恢复自然湿地;开展支流水库生态流量调度,加强生态泄流,解决河流断流问题;清理养殖池生产堤,修复滨海湿地地形,实施底栖生物增殖措施,疏通滩涂潮沟,恢复滩涂水动力强度,加快辽河口湿地生态系统恢复。增强河流、河口生态系统自我修复与综合调控能力。

巩固流域退耕还河和自然封育成果,新增干流护堤、防风固沙林、河滩地退耕还河,推进支流东辽河、条子河、牤牛南河、小梨树河围栏封育,开展缓冲带农业行为治理,推动植被正向演变,提升自然植被盖度。

建立健全生态补偿机制,建立生态廊道,落实封育补偿资金;优化考核断面,完善水质污染补偿机制,综合运用经济手段,调节流域上中下游之间、水生态环境破坏者与受害者、保护者之间的经济利益关系;建立城镇污水处理补偿机制,全面实行污水处理收费制度。

12.4.6 加强行政管理,全面依法治河

1. 建立河湖管理长效机制

加强法规体系建设,完善地方性涉水法规体系,完善河湖管理工作机制和河湖分级管理分级保护责任制度;全面加强河湖长制。

2. 加强水行政执法

完善执法体系,理顺水行政执法职能,整合执法力量、落实执法责任,实现水行政

处罚一个窗口对外；推行水行政执法公示、执法全过程记录、重大执法决定法制审核三项制度。

3. 强化公安联合执法

推行河长、河道警长共治，规范联合执法机制；打造河湖警长制工作平台，建立辽河流域(浑太水系)河湖保护执法基地；出台水政与公安联合执法办法，开展联合执法、区域执法、交叉执法，规范完善水利与公安联合执法联动机制，完善水行政执法与刑事司法衔接制度；实现涉河湖联合执法行动常态化、专项化。

12.4.7 抓节水保供水，实现绿色发展

1. 实行最严格水资源管理

执行红线控制，加快替代工程及配套设施建设，严格地下水水资源论证、取水许可审批。

2. 实施国家节水行动计划，推广节水工艺技术

建立先进用水定额体系；降低用水量和废水排放量；提高规模以上企业工业用水重复利用率；降低工业增加值用水量；提高农田灌溉水有效利用；深入推进公共节水机制和节水示范单位建设。

3. 实施水源地保护

加强和完善农村饮用水水源地划定、勘界、立标；加强地下水型饮用水水源管理，开展危险废物处置场、垃圾填埋场区、石化生产储存销售企业及工业园区、矿山开采区水污染整治。

4. 推进产业转型升级

加快高耗水、重污染工业企业转型；推行清洁生产，推广清洁生产技术、工艺、设备；培育生态型企业，建设生态工业园区；调控缺水、重污染、环境敏感区产业发展，严格环境准入，促进产业升级，优化产业布局，确保区域协调健康发展。

思考题

1. 简述清洁生产及其主要内容。
2. 简述清洁生产的目标。
3. 清洁生产的作用有哪些？
4. 简述清洁生产审核及其主要内容。
5. 什么是环境生态工程？
6. 简述城市环境生态工程的主要研究内容。
7. 简述几种农村环境生态工程循环模式。
8. 简述几种主要流域环境恢复生态工程。
9. 简述城市生态系统的结构。

项目 13　环境工程施工与环境监测管理

知识目标

1. 掌握环境工程施工的基本知识、方法及原理；
2. 掌握环境工程施工管理基本知识；
3. 掌握环境监测的基本概念、基本原理；
4. 掌握环境监测方法的技术关键；
5. 掌握各类监测方法的特点及适用范围；
6. 掌握环境监测的优化布点、样品采集、运输、保存、预处理、分析测定；
7. 掌握环境监测的质量保证、数据处理与分析评价。

能力目标

1. 具备环保设备安装的能力；
2. 具备施工组织设计的编制能力；
3. 具备环境工程施工管理能力；
4. 能够进行各种类型污染的质量监测，并制订监测方案，进行采样、保存及预处理；
5. 能够进行监测数据的统计处理和结果描述、质量保证；
6. 能够正确使用各种环境污染监测仪器设备。

素质目标

1. 培养学生以树立环境保护、维护生态安全为己任的强烈责任感；
2. 培养学生运用基础知识与技能勇于探索和积极创新的工作意识；
3. 培养学生在实践训练中团结协作的精神；
4. 培养学生运用辩证方法分析和解决问题的能力。

任务 13.1　环境工程施工管理

13.1.1　环境工程施工概述

环境工程通过控制环境污染、保持环境卫生实现保护公众健康、造福人类社会的目的。环境工程决策与实施过程如图 13-1 所示。

依据国家相关法律法规，建设项目应首先对其环境影响进行评价，如果某种影响超出标准限值，则必须在项目同期进行环境保护设施的设计与施工，为此建设单位需要委托设计单位进行可行性分析和施工图设计。当设计方案经论证认可后，建设单位寻求施工合作单位，依据设计方案进行工程施工。施工完成并经验收合格和运行调试后，建设单位对环境保护设施自行组织或委托他人进行运行管理和日常维护。

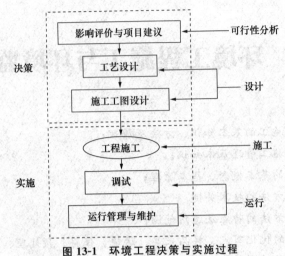

图 13-1 环境工程决策与实施过程

1. 环境工程施工的内涵

环境工程施工是以环境工程设计方案为蓝本，利用各种工程技术方法和管理手段将环境工程的工程决策和设计方案转化为具体的环境保护工程设施的实施过程。环境工程施工是环境工程决策与实施的重要过程，不仅是环境工程设施质量和运行维护安全的基本保障，还是环境工程项目进行成本控制的重要环节。

2. 环境工程施工的基本目标

环境工程施工的基本目标是安全、经济而高效地实施环境工程设计方案。在这一过程中要做到以下几点：

(1) 依据规范和施工图纸施工，建设质量合格的环境工程设施。

(2) 在施工过程中实现安全生产，保证施工人员安全和职业健康。

(3) 通过科学管理实施有效的成本控制，以提高环境工程施工的经济效益。

(4) 通过严格组织和管理合理控制工期，提高施工效率。

3. 环境工程施工的基本程序及主要内容

环境工程施工一般包括施工准备阶段、土建工程施工阶段、设备安装工程施工阶段和竣工验收阶段，如图 13-2 所示。

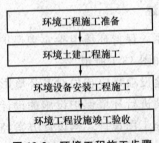

图 13-2 环境工程施工步骤

其中，施工准备阶段是决定工程施工成败的重要环节。施工准备是施工前为保证整个工程能够按计划顺利施工事先必须做好的各项准备工作，具体内容包括为施工创造必要的技术、物资、人力、现场和外部组织条件，统筹安排施工现场，以保证施工过程的顺利进行。

施工准备工作不但是工程施工过程顺利进行的根本保证，而且是企业做好目标管理和推行技术经济责任制的重要依据，另外，对于发挥企业优势、合理供应资源、加快施工速度、提高工程质量、降低工程成本、增加企业经济效益、赢得社会信誉、实现企业管理现代化等也具有重要的意义。

施工准备不仅是指针对整个建设项目的准备工作，还包括单项工程或单位工程，甚至是单位工程中分部、分项工程开工之前所必须进行的准备工作。施工准备工作是施工阶段的一个重要环节，是施工管理的重要内容，其根本任务是为正式施工创造良好的条件。实践证明，施工准备虽然会花费一定时间，但避免浪费，对保证工程质量和施工安全、提高经济效益具有十分重要的作用。

各个阶段又包含许多具体内容(图 13-3)，具体如下：

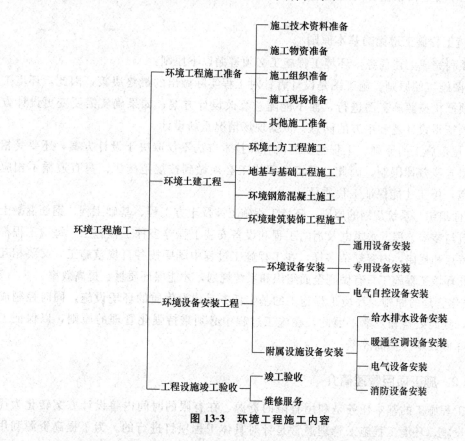

图 13-3　环境工程施工内容

(1)施工准备。在施工之前所做的准备工作，主要包括编制施工组织设计、图纸会审和技术交底、办理开工报告、修建临时设施、编制施工材料采购计划、准备施工材料与设备、测量与检验、组织劳动力进行技术培训等内容。

(2)土方工程及地基与基础工程,主要包括场地平整和基坑(或沟槽)开挖、地基处理与基础施工等内容。

(3)钢筋混凝土工程,主要包括钢筋绑扎、模板制备和混凝土浇筑施工,用以建设环境设施的主体构筑物和附属设施,如单体构筑物及泵房等。

(4)砌筑工程与装饰工程,主要包括利用砌块和砂浆构筑建筑物和附属设施,然后通过各种装饰手段对该设施进行装饰等过程。

(5)建筑水暖电工程及消防工程,主要包括环境工程设施中的建筑物的给水排水、采暖通风和供电设施,以及消防等配套设施的施工建设。

(6)设备安装工程,主要包括各种工艺管道、通用和专有设备及电控设备的安装等内容。

(7)环境工程施工验收和维修服务。当土建工程和设备安装工程施工完成之后,施工方可申请相关管理部门进行施工验收,验收合格后环境工程设施才能交付使用;交付使用后,施工单位还需根据合同的规定对环境工程设施进行一定时期的维修服务,直至合同期满。

4. 环境工程施工遵循的基本原则

为了顺利完成上述任务,环境工程施工必须遵循以下原则:

(1)按图施工的原则。施工图是设计者针对工程实际做出的最终决策,因此,环境工程施工必须严格按照施工图进行,而不能随意篡改设计方案;如果确实需要变更设计方案,则必须征得设计者和甲方的同意,依据现场情况重新设计。

(2)按规范施工的原则。工程施工的内容和技术方法不仅取决于设计方案,还要受相关工程学科自身规律限制,因此,环境工程施工必须做到按规范施工。只有遵循了相应的工程规范,施工才能保证工程质量。

(3)全面组织与系统规划的原则。环境工程施工涉及土方工程、基础工程、钢筋混凝土工程、砌筑与装饰工程、水暖电及消防工程和设备安装工程等多种工程施工,每项工程都有自身的特点和规律,内容复杂多样,在工程施工过程中既要按各自规范施工,又要相互配合,因此环境工程施工只有做到全面组织和系统规划,才能保证质量、提高效率。

(4)强化管理的原则。环境工程施工的基本任务是建设优质的环境设施,同时控制成本和工期,提高效益和效率,因此,在施工过程中必须秉持强化管理的原则,以保证工程质量、降低成本、提高效率。

13.1.2　施工项目管理简介

环境工程施工的基本任务是利用有限的资源,在有限的时间内将设计方案转化为优质的环境设施。环境工程施工管理通常是针对具体工程项目进行的。为了提高资源利用效率,保证施工安全和施工质量,控制工期和成本,必须对环境工程施工过程进行科学管理。环境工程施工管理就是利用现代管理科学的基本原理和方法对施工过程进行控制,以实现施工过程的安全、质量、工期和成本控制目标的过程。

1. 施工项目的含义与特征

施工项目是施工企业利用有限资源，在有限时间内完成某项工程或设施建设的过程。施工项目有可能是一个完整的建设项目，也可能是其中的一个单项或单位工程。施工项目具备以下特征：

（1）施工项目是以建设项目或其单项工程为目标的单件施工任务，要根据项目具体特征和特殊情况进行针对性的管理。

（2）施工项目是施工企业针对项目目标，在一定约束条件下完成施工任务，同时实现施工的安全、质量、工期和成本控制的过程。

（3）施工项目是由工程承包合同界定的一项整体性任务，多种目标和外界条件需要相互协调，寻求总体优化。

（4）施工项目具有工期限制的生命周期特征，整个生命周期可以划分为若干个阶段，每个阶段都有其工期要求和特定目标。

2. 施工项目管理的含义与特征

施工项目管理是施工企业对具体施工项目进行计划、组织、协调和控制，以实现施工过程安全、质量、工期和成本控制的过程。施工项目管理具有以下特点：

（1）施工项目管理的主体是施工企业。

（2）施工项目管理的对象是施工项目，包括建设项目及其单项或单位工程的施工过程。

（3）施工项目管理在时间上覆盖了施工准备到竣工验收的整个项目周期；在内容上涉及施工计划、人力和物力的组织和协调，以及施工安全、质量、工期和成本的控制。

3. 施工项目管理的内容

为了实现对施工安全、质量、工期和成本的控制，提高效率和效益，施工单位必须在施工过程中加强管理工作，其具体内容如下：

（1）施工管理机构的组建。

①聘任项目经理。

②组建施工项目管理机构，明确权责和义务。

③制定施工项目管理制度。

（2）编制施工组织设计。施工组织设计是对施工项目管理的组织、内容、方法、步骤进行决策所编制出的纲领性文件，其主要内容如下：

①根据单位或单项工程施工对象进行建设项目施工解析，形成施工对象管理体系，确定分段控制的目的。

②绘制施工项目管理工作体系图和施工项目管理工作信息流程图。

③进行施工管理规划，确定管理点，形成文件，编制施工组织设计。

（3）施工项目管理的目标控制。施工项目管理的核心任务是实现施工项目的阶段性目标和最终目标，因此，施工单位必须对施工过程进行全过程的控制。由于施工目标控制会受到各种客观因素的干扰，所以应通过组织协调和风险管理，对施工项目进行动态控制。

施工项目管理的目标控制有以下几项内容：
①施工进度控制。
②施工质量控制。
③施工成本控制。
④施工安全和职业健康控制。
⑤施工现场控制。

(4)施工项目招投标及合同管理。为引进市场竞争机制，施工项目通常采用招投标管理机制，建设单位和施工单位可以根据自身需求针对具体工程进行招投标。为了规范项目管理，招投标双方必须依法签订工程承包合同，严格履行合同所规定的义务。这就涉及施工项目的招投标管理和合同管理，招标管理和合同管理的效果直接影响到施工项目的技术经济目标的实现，因此要加强施工项目招投标。招投标管理及合同管理是一项与法律密切相关的活动，在涉及国际工程的合同管理中，应对相关国际法律法规予以高度重视。为了取得经济效益，还应注意索赔等内容。

4. 施工项目管理的过程

根据施工项目的生命周期特征，施工项目管理可划分为立项、施工准备、现场施工、竣工验收和保修五个阶段。

(1)立项阶段。建设单位对施工项目进行可行性研究并获得审批后进行招标。施工单位根据标底做出投标决策，以取得中标资格。如果建设单位和施工单位达成一致，签订承包合同。施工单位所做的施工决策是施工项目寿命周期的第一阶段，称为立项阶段。其最终管理目标是签订工程承包合同。该阶段施工单位的主要工作如下：
①施工单位进行项目投标决策。
②收集投标所需信息。
③编制标书。
④中标后与建设单位谈判，依法签订工程承包合同。

(2)施工准备阶段。施工单位与建设单位签订工程承包合同后，应立即与建设单位配合进行施工准备工作，以保证顺利开工和连续施工。这一阶段主要工作如下：
①建立施工管理机构和组织。
②编制施工组织设计和施工预算等施工技术资料，以指导施工准备和施工过程。
③制订施工项目管理规划，以指导施工项目管理。
④进行施工物资准备和施工现场准备。
⑤编写开工申请报告，申请开工。

(3)现场施工阶段。施工阶段是指在指定工期内完成工程设施建设的过程。施工单位应在建设单位和其他相关部门的支持与协调下，完成工程承包合同所规定的施工任务，以达到竣工验收条件。这一阶段施工单位的主要工作如下：
①按施工组织设计进行施工。
②保证施工安全和质量，控制施工进度和造价。
③管理施工现场，做到文明施工。

④严格履行工程承包合同，做好合同管理。

(4) 竣工验收阶段。当现场施工结束后，施工单位与建设单位应联合相关部门进行竣工验收，验收合格后工程设施才能交付使用。这一阶段的目标是对施工过程进行总结、评价、施工结算等。其主要工作如下：

①工程收尾。

②调试运行。

③竣工验收。

④整理、移交竣工文件，编制竣工总结报告，进行财务结算。

⑤办理工程交付手续。

(5) 保修阶段。在办理工程交付手续后，施工单位应按照合同所规定的责任期进行保修，其目的是保证工程设施正常使用，这一阶段施工单位的主要工作如下：

①技术咨询和维修服务。

②进行工程回访，听取建设单位意见，总结经验教训。

13.1.3 环境工程施工进度控制

为了保证施工项目在工期内顺利完成，应对施工项目进行有效的进度控制。施工进度控制是指根据各施工阶段的工作内容、程序、工期和衔接关系编制施工计划，并在该计划执行过程中实时检查，采取措施弥补偏差或调整修改计划，直至竣工验收为止的管理过程。进度控制的目标是确保在工期内完成施工任务。

施工项目的进度控制是一个动态循环过程，其基本步骤如下：明确施工进度控制目标，根据施工对象进行解析，编制施工进度计划；收集实际进度数据，与进度计划进行比较分析；针对偏差调整计划或采取纠偏措施。

1. 明确施工进度控制目标

施工进度控制首先应明确进度控制总体目标，即项目工期，然后根据施工对象对进度总体目标进行层层分解，形成进度控制目标体系。其具体内容如下：

(1) 确定施工进度控制目标。施工项目进度控制的目的就是在指定工期内完成施工任务，因此，施工项目所允许的工期就是实际施工的进度控制目标。确定施工进度控制目标的主要依据有建设项目的施工工期要求、工期定额、施工难易程度和施工条件的落实情况等。

在确定施工进度控制目标时，还要考虑下列因素：

①大型建设项目应分期、分批施工，应处理好施工准备和施工过程、主体工程与附属工程之间、单位或单项工程之间的关系，并掌握好工程难易度和工程条件的落实情况等。

②合理安排土建施工和设备安装施工的顺序及搭接，明确设备安装对土建工程要求和土建工程为设备安装提供的施工条件、内容与时间。

③做好施工技术资料、劳动组织、物资、现场施工准备，确保施工能顺利而连续进行，以确保施工进度控制目标。

④考虑外部条件，如水、电、气、通信、道路及其他服务项目等的配合，它们必须与有关项目的进度目标相协调。

⑤考虑施工项目所在地区的地质、水文、气象等条件的限制。

(2)划分阶段性进度控制目标。为制订施工项目进度控制计划，必须对施工进度控制总体目标进行层层分解，划出具体的阶段性进度控制目标，然后再将上述目标组织起来，构成施工项目进度控制的目标系统。

每一层目标既是上一层目标的约束条件，又是实现下一层目标的保证。施工项目阶段性进度目标划分如下：

①按施工专业和阶段划分。环境工程施工涉及土方工程、基础工程、钢筋混凝土工程、砌筑与装饰工程、水暖电及消防工程和设备安装工程等多种专业施工，各专业施工应按照一定顺序阶段性地进行。因此，工序管理是项目管理的基础，只有控制好各阶段工序的进度目标，并实现各专业施工之间的配合衔接，才能实现施工项目进度控制目标。根据各个专业施工阶段，将环境工程施工项目进度控制目标划分若干阶段性目标，对每个施工阶段条件和问题进行更加具体的分析，制订各阶段的施工计划，并相互协调，以保证总体进度控制目标的实现。

②按施工单位划分。如果施工项目由多个施工单位共同完成，则要以总进度计划为依据，确定各单位的分包目标，并通过分包合同落实各单位的分包责任，以实现各单位目标保证施工进度控制总体目标的实现。

③按时间划分。按进度控制目标将施工总进度计划划分为逐年、逐季、逐月的进度计划。

2. 施工进度控制内容

施工进度控制根据控制时序可划分为事前进度控制、事中进度控制和事后进度控制。其主要内容如下：

(1)事前进度控制。事前进度控制是施工前进行的准备性进度控制措施，主要根据施工进度目标编制施工进度控制计划。其主要内容如下：

①编制施工总体进度计划：根据合同工期、施工进度控制目标，对施工准备工作及各项施工任务进行规划，并确定各单位工程施工衔接关系。

②编制单项或单位工程施工进度计划：利用流水施工原理和网络计划技术，编制单项或单位工程的实施计划，并实现施工的连续性和均衡性。

③编制年度、季度、月度施工计划：以施工进度总体计划为基础编制年度工程计划，确定单项或单位工程的季度或月度进度计划，保证相互搭配和衔接。

④拟定施工进度控制工作的细则：确定进度控制工作的特点、内容、方法及具体措施，进行风险分析，提出待解决的问题等。

(2)事中进度控制。事中进度控制是对施工过程进行的进度控制，主要是对进度计划进行检查分析，并针对偏差提出纠偏措施等。其主要内容如下：

①建立项目施工进度控制的实施体系。

②对施工进度进行实时检查，并做好施工进度记录，以掌握施工进度实施动态。

③对收集的进度控制数据进行整理和分析,从中发现进度偏差。
④分析进度偏差的影响,进行进度预测,提出可行的纠偏措施。
⑤调整进度计划。
⑥强化施工管理,预防施工质量和安全事故,减少这些问题对进度的影响。
⑦加强现场协调调度,及时解决组织、资源矛盾,保证施工进度。

(3)事后进度控制。事后进度控制是施工任务完成后进行的进度控制工作,主要包括及时组织竣工验收、办理工程交付手续、处理工程索赔、整理工程进度资料并归档等。

3. 施工进度控制方法

施工进度控制方法主要有以下三种:

(1)施工进度控制规划:首先确定施工进度控制总体目标和阶段性进度控制目标,并据此编制进度控制计划。

(2)施工进度控制:在施工全过程中,跟踪、检查实际施工进度,与计划进度进行比较,若发现偏差应及时采取措施加以调整和纠正。

(3)施工进度协调:是指协调各单位、部门和施工队之间的进度关系,保证施工均衡和相互搭配衔接。

4. 施工进度控制措施

(1)组织措施:建立进度控制的组织体系,落实进度控制的人员及权责;根据施工专业、工序及合同要求进行进度目标解析,建立进度控制目标体系;确定进度协调和控制的工作制度,分析进度计划实施的干扰因素和风险程度。

(2)技术措施:在保证质量和安全、降低成本前提下加快施工进度的施工技术、管理方法、预测控制措施、检测监控措施和调整控制措施等。

(3)合同措施:是指与各施工单位所签订的工程承包合同中所规定工期应与总体进度计划相协调,并要求各承包单位严格履行合同工期。另外,合同中应明确关于工期的奖励条款。

(4)经济措施:实现进度控制的资金保证措施及相应的进度控制经济奖惩制度等。

(5)信息管理措施:及时收集各单位工程实际进度信息,并进行整理、分析,与计划进度相比较,分析影响进度的程度及采取的对策。

13.1.4 环境工程施工质量控制

1. 施工质量控制概述

工程质量是国家有关法律、法规、技术标准、规范、设计文件及工程合同对工程的安全、使用、经济、美观等特性的综合要求。工程质量不但是指工程活动的结果,即工程设施的质量,还指工程活动过程本身,即决策、设计、施工、验收各环节的质量。

工程质量的形成涉及了项目决策、设计、施工和竣工验收各个阶段的工作质量。工程质量控制是指为满足工程质量而采取的技术措施和管理方法等。工程质量控制一般是通过如下三个环节来实现的:决策与计划:根据相关法规、标准制订质量控制计划,建立相应组织机构;实施:根据质量控制计划进行实施,并在实施过程中进行检查和评价;

纠正：对不符合质量规划的情况及时进行处理，采取必要的纠正措施。

施工是形成工程设施、实现工程产品价值的重要过程。施工质量是指由相关施工规范和标准、设计文件和施工合同所规定的关于施工过程安全、功能、成本等特性的要求，它是整个施工决策实施过程的综合结果。

为了满足施工质量要求，保证工程产品使用价值，必须采取一定技术措施和管理方法对施工质量进行控制。施工质量控制是指为达到施工质量要求，对其施工质量形成的全过程进行监督、检查、检验和验收的过程。施工质量控制应贯穿于工程投标、合同评审到工程项目竣工验收、交付使用至保修期满的整个过程。

2. 施工质量控制的目标、原则

(1)施工质量控制的目标。施工质量控制的总体目标是贯彻执行建设工程质量法规和强制性标准，正确配置施工生产要素和采用科学管理的方法，实现工程项目预期的使用功能和质量标准。这是建设项目参与各方的共同责任。

①建设单位的质量控制目标是通过施工全过程的全面质量监督管理、协调和决策，保证竣工项目达到投资决策所确定的质量标准。

②设计单位在施工阶段的质量控制目标是通过对施工质量的验收签证、设计变更控制及纠正施工中所发现的设计问题、采纳变更设计的合理化建议等，保证竣工项目的各项施工结果与设计文件(包括变更文件)所规定的标准相一致。

③施工单位的质量控制目标是通过施工全过程的全面质量自控，保证交付满足施工合同及设计文件所规定的质量标准(包括工程质量创优要求)的建设工程产品。

④监理单位在施工阶段的质量控制目标是通过审核施工质量文件、报告报表及现场旁站检查、品行检测、施工指令和结算支付控制等手段的应用，监控施工承包单位的质量活动行为，协调施工关系，正确履行工程质量监督责任，以保证工程质量达到施工合同和设计文件所确定的质量标准。

(2)施工质量控制的原则。施工质量控制应遵循的原则具体如下：

①"质量第一，用户至上"的原则：施工工程产品直接关系到人民生命财产的安全，所以工程施工应始终坚持"质量第一，用户至上"的基本原则。

②"以人为本"的原则：施工过程中应调动人的积极性、创造性，增强人的责任感，避免人的失误，坚持以人为本的质量控制原则。

③"预防为主"的原则：施工质量控制应坚持过程控制、预防为主的原则，避免工程质量事故的出现。

④坚持质量标准的原则：施工过程中应该严格恪守质量标准，保证施工质量。

⑤贯彻科学、公正、守法及职业规范的原则。

3. 施工质量控制过程

施工质量控制是一个由施工准备(事前)质量控制、施工过程(事中)质量控制和竣工验收(事后)质量控制组成的复杂系统过程。事前控制、事中控制和事后控制相互联系、共同保证施工质量控制系统的运行，实现总体质量目标。施工质量控制的总体程序及组成如图13-4所示。

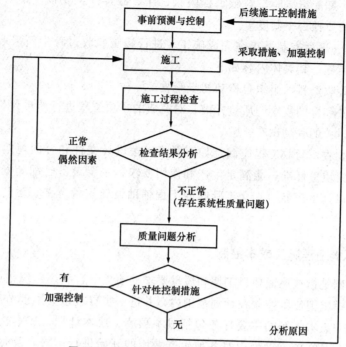

图 13-4 施工质量控制的总体程序及组成

(1)事前控制。事前控制是指正式施工前、施工准备期所采取的质量控制手段和措施。其一般包括以下工作内容：

①制定和落实施工质量责任制度。

②做好施工技术资料准备，正确编制施工组织设计；控制施工方案和施工进度、施工方法和技术措施以保证工程质量；进行技术经济比较，取得施工工期短、成本低、安全生产、效益好的经济质量。

③认真进行施工现场准备，检查施工场地是否"三通一平"（通电、通水、通路和场地平整），临时设施是否符合质量和施工使用要求，施工机械设备能否进入正常工作运转状态等。

④制定和执行严格的施工现场检查制度，核实原材料、构配件产品合格证书；进行材料进场质量检验；检查操作人员是否具备相应的操作技术资格，能否进入正常作业状态；劳动力的调配，工种间的搭接，能否为后续工作创造合理的、足够的工作面等。

(2)事中控制。事中控制是指在施工过程中采取一定技术方法和管理措施，以保证施工质量的过程。事中控制是施工质量控制的重点，其主要控制策略为：全面控制施工过程质量，重点控制施工工序质量。事中控制的具体措施包括以下内容：

①施工项目方案审核。

②技术交底和图纸会审记录。

③设计变更办理手续。

④工序交接检查，质量处理复查，质量文件建立档案。

⑤技术措施，如配料试验、隐蔽工程验收、计量器具校正复核、钢筋代换制度、成品保护措施、行使质控否决制度等。

(3)事后控制。事后控制是指在完成施工、进行竣工验收过程中所采取的质量检查、验收等质量控制措施。其具体内容如下：

①准备竣工验收资料，组织自检和初步验收。

②按设计文件和合同规定的质量标准，对完成的单项工程进行质量评价。

③组织工程设施的联动试车。

④组织竣工验收，验收工程应满足如下要求：按设计文件和合同规定的内容完成施工，质量达到国家质量标准，能满足生产和使用要求；主要设备已配套安装，联动负荷试车合格，形成设计生产能力；交工验收的工程辅助设施质量合格、运转正常；技术档案资料齐全。

13.1.5 环境工程施工成本控制

施工成本控制是指在保证项目工期和质量要求的前提下，利用组织措施、经济措施、技术措施、合同措施把成本控制在计划范围内，并进一步寻求最大限度节约成本的过程，也称为成本管理。成本控制的主要任务包括成本预测、成本计划、成本核算和成本分析等。施工成本控制是在施工过程中对各项生产费用的开始进行监督，及时纠正发生的偏差，把各项费用的支出控制在计划成本规定范围之内，以保证成本计划的实现。

1. 施工成本控制概述

(1)施工成本及其构成。施工成本是施工企业为完成施工项目的施工任务所耗费的各项生产费用的总和，它包括施工过程中所消耗的生产资料价值及以工资形式分配给劳动者的劳动力使用价值。按经济用途分，施工成本包括直接成本和间接成本两类，如图13-5所示。

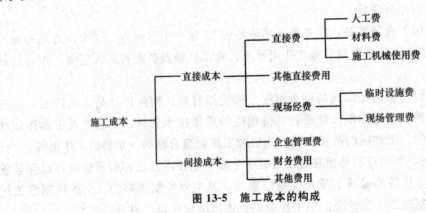

图 13-5 施工成本的构成

(2)施工成本控制的意义。施工成本控制是在施工过程中运用各种技术手段与管理措施对施工直接成本和间接成本进行严格管理和监督的系统过程。其意义如下：

①施工成本是施工工作质量的综合反映，施工成本的降低意味着施工过程中物资和

劳动的节约，表明材料消耗率的降低和劳动生产率的提高。严格控制施工成本，可以及时发现施工生产和管理中存在的问题，以便采取措施，充分利用人力和物力，提高效率和效益。

②施工企业是通过施工过程生产工程产品，获得经济效益，只有严格控制施工成本，才能降低消耗，提高利润率，因此，施工成本控制是增加企业利润、扩大企业资本积累的主要途径之一。

2. 施工成本控制的原则与依据

(1)施工成本控制的原则。为了实现对施工成本的有效控制，必须遵循以下原则：

①经济和质量兼顾的原则。施工成本控制的根本目的是降低施工成本和提高经济效益，但不能为片面追求经济效益而忽视工程质量、施工安全等社会效益。施工成本控制必须正确处理工程质量和成本的关系，做到统筹兼顾。

②责权利相结合的原则。为了实现施工成本控制的管理效能，施工企业应按照经济责任制的要求，划分组织及人员的责任、权力和利益，以推动职责的履行，因此，在施工成本控制过程中必须认真贯彻责权利相结合的原则。

③全面控制原则。成本是一个反映各专业施工单位和有关职能部门及全体职工工作成果的综合性指标，因此，为了实现施工成本控制必须坚持全面控制的原则，即通过对全体职工的管理进行施工成本控制。全面成本控制要求人人、事事、处处都要按照定额、限额和预算进行管理，以便从各方面杜绝浪费。

④全过程控制原则。全过程成本控制是指成本控制的对象范围必须贯穿于成本形成的全过程，包括施工规划、劳动组织、材料供应、工程施工和工程验收及交付使用等各个方面。只有坚持全过程控制，才能有效降低施工总成本。

(2)施工项目成本控制的依据。

①工程承包合同。施工成本控制应依据工程承包合同中规定的质量要求和工程造价，确定施工成本控制方案和具体措施，并通过施工预算和实际成本比较，寻求成本控制空间，获取最大经济效益。

②施工成本计划。根据施工项目的具体情况制订的施工成本计划，包括预定的具体成本控制目标和实现控制目标的措施与规划。它是施工成本控制的指导文件，为实现施工成本控制，必须严格执行施工成本计划。

③施工进度报告。提供了每一时刻工程实际完成量和施工成本实际支付情况等信息。施工成本控制应以此为依据，比较实际施工成本与施工计划成本，找出差别并分析偏差产生的原因，进而采取控制成本措施。

④工程变更文件。工程变更是指在项目的实施过程中，由于各方面的原因而变更设计方案、进度计划、施工条件、施工方案和工程数量等。工程变更将导致工期、成本发生变化，因此，施工成本控制应对变更文件中的各类数据进行分析，随时掌握变更情况，如已发生工程量、将要发生工程量、工期是否拖延、支付情况等重要信息，以判断变更及变更可能带来的成本变化。

另外，施工组织设计、分包合同文本等也是施工成本控制的依据。

3. 施工成本控制的程序与手段

(1)施工成本控制的程序。施工成本控制是一个运用各种手段对施工成本进行全面的、全过程的监督、管理的过程。其基本程序如图 13-6 所示。

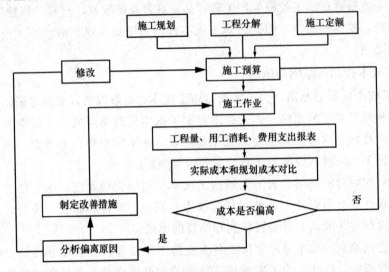

图 13-6 施工成本控制的基本程序

施工成本控制包括工程投标和工程承包合同签订、施工准备、施工及竣工交付使用和保修四个阶段。各阶段的具体控制内容如下：

①工程投标和工程承包合同签订阶段：根据工程概况和招标文件进行项目成本预测，并根据工程承包合同确定成本控制总体目标。

②施工准备阶段：结合施工合同和设计文件进行施工成本预算，根据施工组织设计编制施工成本计划，对单项或单位工程进行成本分解预算，从而进行成本事前控制。

③施工阶段：根据施工成本计划、劳动定额、材料消耗定额和费用开支标准等，检查、监督实际发生成本，比较并分析偏差原因，采取事中控制措施。

④竣工交付使用和保修阶段：对竣工交付过程及保修期发生的成本进行控制。

(2)施工成本控制的手段。施工成本控制的手段包括计划控制、预算控制、会计控制和制度控制等。其主要内容如下：

①计划控制。通过制订成本计划的方式对施工成本进行控制，其过程是依据工程承包合同和施工组织设计等编制成本计划，包括单项或单位工程成本的分解及成本控制技术或管理措施等，将施工成本控制在成本计划标准范围内。

②预算控制。预算是施工前根据一定标准或市场状况对施工项目价格进行估计的过程，也称为承包价格。预算作为一种施工的最高限额，等于预期利润加上工程成本，可用作成本控制标准。

③会计控制。用会计手段，通过记录实际发生的成本及其凭证，对成本支出进行核算与监督，从而发挥成本控制作用，其优点是系统性强、严格而具体、计算准确、政策性强，是理想的和必需的成本控制手段。

④制度控制。通过制定成本管理制度，对成本控制做出具体规定，作为行动准则，约束施工人员和管理人员的活动，以达到控制成本的目的，其主要内容包括成本管理责任制度、技术组织措施制度、成本管理制度、定额管理制度、材料管理制度、劳动工资管理制度、固定资产管理制度等。

在施工成本控制过程中，上述手段往往是相互联系的，通过各种手段的综合运用完成成本控制的总体目标。

13.1.6 环境工程施工安全控制

由于自然或人为的原因，在环境工程施工过程中往往会发生安全事故，不但会严重影响施工项目进度和工程质量，还会造成人民生命财产不可挽回的损失。为了规避风险、杜绝事故，必须对施工项目进行有效控制，以实现施工过程的安全生产。施工安全控制是施工项目管理的重要内容，是衡量施工管理水平的重要标志，也是实现施工目标的根本保障。

1. 环境工程施工安全控制概述

(1)安全和安全控制的基本概念。安全是指规避了不可接受的损害风险的状态。不可接受的损害风险主要是指超出了法律法规、方针政策和人们普遍意愿要求的状态。

安全生产是指使生产过程处于避免人身伤害、设备损坏及其他不可接受损失的状态。安全生产的基本方针是"安全第一，预防为主"。"安全第一"是指在生产过程中把人身安全放在首位，当生产和安全相冲突时，应首先保证人身安全，坚持以人为本的理念；"预防为主"是指应采取正确的预防措施，防止和消除事故发生的可能性，争取零事故。

安全控制是指为了满足安全生产、避免生产过程中的风险所采取的计划、监督检查、协调和改进等一系列技术措施和管理活动。

(2)施工安全控制的含义与目标。施工安全控制是指为了保证施工过程的安全生产，避免施工过程中可能发生的事故风险，对施工过程进行计划、组织、监控、调节和改进的一系列技术措施和管理活动。施工安全控制的基本目标具体如下：

①降低或避免施工过程中施工人员和管理人员的不安全行为。

②减少或消除施工设备和材料的不安全状态。

③保证施工人员职业健康和实现施工环境保护。

④强化安全管理。

(3)施工安全控制的特点。由于工程施工工序复杂，影响因素较多且不断变化，并受外界自然和社会环境变化影响，所以施工安全控制具有控制面广、动态性和交叉性等特点。

2. 环境工程施工安全控制的程序与要求

(1)施工安全控制的程序。为实现对施工过程的安全控制，必须遵循一定操作程序，如图13-7所示。

①确定施工安全控制目标：根据施工项目组织方式对施工安全控制目标进行分解，

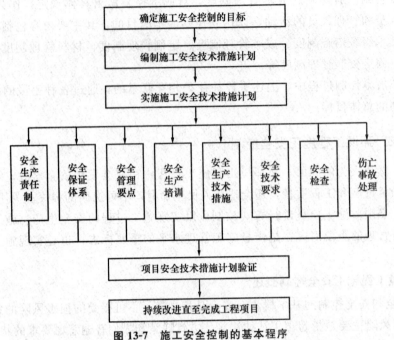

图 13-7 施工安全控制的基本程序

确定岗位安全职责,实施全员安全控制。

②编制施工安全技术措施计划:对施工过程的安全风险进行预测和辨识,对不安全因素应采用相应的技术手段加以控制和消除,形成施工安全技术措施计划,对施工安全控制进行指导。

③实施安全技术措施计划:包括建立健全安全生产责任制、设置安全生产设施、进行安全教育和培训、安全生产作业等。

④验证施工安全技术措施计划:包括安全计划实施的监督、检查,根据实际情况纠正不安全情况,修改和调整安全技术措施,并进行记录。

⑤持续改进安全技术措施:根据项目条件变化,不断评价和修正安全控制技术措施,直至项目竣工为止。

(2)施工安全控制的基本要求。在上述安全控制程序中,必须坚持如下要求:

①施工单位在取得主管部门颁发的安全施工许可证后方可开工。

②总承包单位和每个分包单位都应经过安全资格审查认可。

③各类作业人员和管理人员必须具备相应的职业资格才能上岗。

④所有新员工必须经过三级安全教育,即进场、进车间和进班组安全教育。

⑤特殊工种作业人员必须持有特殊作业操作证,并严格按规定进行复查。

⑥对查出的安全隐患要做到"五定":定整改责任人、定整改措施、定整改完成时间、定整改完成人、定整改验收人。

⑦必须把好安全生产的"六关":措施关、交底关、教育关、防护关、检查关、改进关。

⑧施工现场安全设施齐全,符合国家及地方有关规定。
⑨施工机械必须经过安全检查合格后方可使用。
⑩保证安全技术措施费用的落实,不得挪用。

3. 环境工程施工安全技术措施计划及其实施

(1)施工安全技术措施计划的含义。施工安全技术措施是以保护施工人员的人身安全和职业健康为目标的一切技术措施。施工安全技术措施计划是施工劳动组织为了保护施工人员人身安全和职业健康,针对施工过程中的安全技术措施而进行的计划安排,是施工管理计划的重要组成部分。

施工安全技术措施计划是一项重要的施工安全管理制度,是施工组织设计的重要内容之一,是防止工伤事故和职业危害、改善劳动条件的重要保障,是进行施工安全控制的重要措施。因此,施工准备过程应正确制订施工安全技术措施计划,并在施工过程中有效实施。

(2)施工安全技术措施计划的范围。施工安全技术措施计划的范围包括防止工伤事故、预防职业危害和改善劳工条件等。其主要内容如下:

①安全技术:如防护设施、保险装置、防暴装置和信号装置等。
②职业卫生:如防尘、防毒、噪声预防、通风、照明、取暖、降温等。
③辅助设施:如更衣室、休息室、消毒室、厕所、冬季作业取暖设施等。
④宣传教育资料与设施:如职业健康教育资料、安全生产规章制度、安全操作方法训练设施、劳动保护设施和安全技术研究实验设施等。

(3)施工安全技术措施计划的制订。施工安全技术措施计划的制订,可参照如图13-8所示的程序进行。

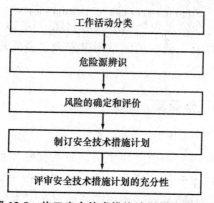

图13-8 施工安全技术措施计划的程序制订

①工作活动分类。根据工作活动分类编制工作活动表,这是制订安全技术措施计划的必要准备,其内容包括施工现场、施工设备、施工人员和程序等相关信息。在制定工作活动表时,应采取简单而合理的方式对所有工作活动进行分组,并收集各类工作活动的相关必要信息。

②危险源的辨识。危险源是指可能导致危险或损害的根源或状态。危险源辨识就是

要找出与各项工作活动相关的所有危险源，并应考虑其危害及如何防止危害等。为了做好危险源辨识工作，可以按专业将危险源分为机械类、电气类、辐射类、物资类、火灾和爆炸类等，然后采用危险源提示表的方法，进行危险源辨识。

③风险的确定与评价。风险是某一特定危险情况发生的可能性及其后果的组合。根据所辨识的危险源确定施工过程的风险，并对风险进行判断，确定风险大小和是否为施工过程所容许。

④制订安全技术措施计划。针对风险评价中发现的问题，根据风险评价结果，对不可容许的风险采取预防和控制措施，形成安全技术措施计划。施工安全技术措施计划的制定应按照风险评价结果的优先顺序，制订安全技术措施清单，清单中应包含持续改进的技术措施。

⑤评审安全技术措施计划的充分性。施工安全技术措施计划应在实施前进行详细评审，以保证施工安全技术措施在实施过程中的适用性。

(4)施工安全技术措施计划的实施。为了有效实施业已制订的施工安全技术措施计划，必须完成以下任务：

①建立安全生产责任制。安全生产责任制是指施工单位为施工组织及其施工人员所规定的，在其各自职责范围内对安全生产负责的制度，它是施工安全技术措施计划实施的重要保障。

②进行安全教育与培训。对施工组织全员进行安全教育，使其真正认识到安全生产的重要性，自觉遵守安全法规；针对各个岗位人员进行安全技术培训，使其掌握安全生产技术措施，达到安全生产要求。

③安全技术交底。施工前应逐级、逐层进行安全技术交底，使全体作业人员了解施工风险、掌握安全防范技术措施和操作规程。

④施工现场安全管理。在施工现场按照国家和地方相关法律法规的规定，建设安全和劳动卫生防护设施，规范施工现场消防、用电安全，强化施工现场安全纪律和个人劳动保护等。

13.1.7 环境土建与设备安装工程主要内容

1. 土石方工程

土石方工程是环境工程施工中的主要工程项目，其施工的进度和质量直接影响到整个工程的施工进度、施工成本和施工质量。土石方工程即土方的开挖、填筑和运输，主要包括场地平整和基坑(或沟槽)开挖。场地平整的目的是通过对整个施工场地的竖向规划，为后续工程提供有利的施工平面，它包括场地设计标高的确定、土方量的计算、土方调配及挖、运、填的施工等。基坑(或沟槽)开挖主要是根据设计要求开挖出合适的基础或地下设施的空间形式，此过程还包括开挖过程中的基坑降水、排水、支护等辅助工程。土石方工程具有工程量大、劳动繁重和施工条件复杂等特点，必须合理进行组织计划，并尽可能地采用新技术和机械化施工。

土石方工程结束后，接下来进行的是地基与基础工程，它包括地基处理与基础施工。

地基处理是指对基坑(或沟槽)开挖后形成的软弱地面采取一定技术措施进行加固,使之能承受一定载荷,满足基础设计的要求;基础施工是在满足要求的地基上建造环境构筑物及其附属设施的下部结构,以承载它们的自身荷载。地基与基础工程是整个环境设施的安全保障,同时它的工程量很大,对工程造价有较大影响。

一般情况下,土石方工程施工具有影响因素多、施工条件复杂、量大面广、劳动繁重、多为露天作业、施工质量要求高、与相关施工过程配合紧密等特点。因此,在土石方工程施工前应做好如下工作:①要做好详细的水文地质勘察和地质勘探,收集足够的资料,充分了解施工现场的地形、地物、水文地质资料和气象资料;②掌握土壤的种类和工程性质;③明确土石方施工质量要求、工程性质和施工工期等施工条件,并据此拟订切实可行的施工方案。如遇到软弱土层,当其承载力不能满足要求时,还需要根据地基条件,采取合理、经济和有效的加固措施,对地基进行处理,以使其满足工程要求。

2. 环境砌筑工程

环境污染治理工程工艺复杂,类型较多,与其相配套的土建工程类型也较多,其施工方法与其他普通土木建筑施工方法有相似性。污水治理工程的土建施工,如各类储水池、输水管道、泵房的土建施工;废气处理用的构筑物土建施工,如建设物的烟道与构筑物烟囱的土建施工;固体废物最终处理工程的土建施工,如垃圾填埋场的土建施工等。这些构筑物的土建施工特点主要反映在结构造型复杂、施工工种和工序多、技术水平要求高、安装难度大、基础土石方量大等方面,因而,组织施工的程序和施工方法也是多种多样的。

环境砌筑工程主要包括污水处理工程中的常用构筑物储水池的施工和钢结构工程的施工。砌石砌体工程是指砖、石和各类砌块的砌筑,其施工包括材料的准备和运输、砂浆调制、脚手架搭设和砖石砌筑等工序。砌石砌体应具有足够的强度、良好的整体性和稳定性。不论用何种组砌形式(如一顺一丁式、三顺一丁式、梅花丁、二平一侧式等)皆应保证砖砌体"横平竖直、砂浆饱满、上下错缝、内外搭接"的质量要求,并保持砌体尺寸和位置准确。

脚手架是建筑工程施工中堆放材料和工人进行操作的临时设施。按其搭设位置可分为外脚手架和里脚手架两大类;按其所用材料可分为木脚手架、竹脚手架、钢管脚手架;按其构造形式分为多立柱式、门型、桥式、悬吊式、挂式、挑式、爬升式脚手架等。脚手架工程一般要求为:结构设计合理,搭拆方便,能多次周转使用;坚固、稳定,能满足施工期间在各种荷载和气候条件下正常使用的要求;因地制宜、就地取材;其宽度应满足工人操作、材料堆置和运输的需要,脚手架的宽度一般为 $1.5\sim 2$ m。

砖砌体的砌筑方法有"三一"砌砖法、挤浆法、刮浆法和满刀灰法四种。其中,"三一"砌砖法和挤浆法最常用。

3. 钢筋混凝土结构工程

钢筋混凝土工程在环境工程施工中无论是人力、物力的消耗还是对工期的影响都占有重要的地位。钢筋混凝土结构工程包括现浇整体式和预制装配式两大类。现浇整体式混凝土结构的整体性和抗震性能好,构件布置灵活,适应性强,施工时不需大型起重机械,在建筑中广泛应用。但传统的现浇钢筋混凝土结构施工时劳动强度大、模板消耗多、工期相对较长,因而出现了工厂化的预制装配式结构。预制装配式混凝土结构可以大大加快施工速度,降低工程费用,提高劳动效率,并且为改善施工现场的管理工作和组织均衡施工提供了有利条件,但也存在整体性和抗震性能较差等缺陷。现浇整体式和预制装配式各有所长,应根据实际技术条件合理选择。近年来,商品混凝土的快速发展和泵送施工技术的进步,为现浇整体式钢筋混凝土结构的广泛应用带来了新的发展前景。现浇钢筋混凝土工程包括模板工程、钢筋工程和混凝土工程三个主要工种工程,由于施工过程多,因此要加强施工管理、统筹安排、合理组织,以保证工程质量,加快施工进度,降低施工费用,提高经济效益。

4. 防腐及防水工程

防腐工程是整个建筑施工,特别是环境治理工程的重要施工项目。防腐的作用是保护建筑物的结构部分免受各种侵蚀,延长建筑物(构筑物)的寿命。

为消除腐蚀根源而采取的防治措施对于处在严重腐蚀环境下的管道是切实可靠的。对于埋设较浅的各种管道来说,外部防腐蚀是保证质量的关键,但在特殊条件下,也应重视内部防腐蚀。在低洼多水处埋设管道,应采取内外双涂防腐蚀措施,以防止泄漏和减少维修次数。对有酸碱介质的容器和管道,内部防腐蚀的质量更为重要。与此同时,管道连接可采用柔性卡箍代替焊接,这样单根管道内涂比较容易进行。容器和管道的腐蚀是难以避免的,但应认真探索,把腐蚀降到最低限度。实践证明,在强腐蚀性环境中的管线,单一的防腐措施有时因种种原因而失效,而两种防腐方法结合效果较好。为确保防护措施的可靠性,有两点必须注意:一是防止泄漏电流的影响;二是要对防腐系统进行充分保护,定期检查管道,经常监视腐蚀情况及保护系统效果。

5. 环境设备安装工程

环境设备的安装工程主要包括给水排水专业设备中的管道设备、泵设备、通风设备、环境电气设备和仪表自动控制系统。通风设备用于排出建筑内被污染的空气(如粉尘、潮气、有毒有害气体),并向建筑内送入符合要求质量的空气,以便改善建筑内的空气环境。在机械通风的建筑内,通风设备常包括风机、风管、送排风口、消声器等。在需进行空气处理的建筑中,还有空气处理设备。风管上安装所需的风阀,以便调节控制送排风的风量和风压。电气设备按功能分强电系统和弱电系统两类:强电系统供动力和照明用,其设备主要有变压器、分配电箱、各种导线、开关、用电设备(如各种电动机、照明灯具、电加热设备等);弱电系统有楼宇自动化系统(Building Automation System, BAS)管线设备,通信自动化系统(Communication Automation System, CAS)管线设备,办公自动化系统(Office Automation System, OAS)管线设备,共用天线系统(Community Antenna Television, CATV)管线设备,火灾自动报警系统管线设备,自动灭火系统管线设备,保安系统管线设备,电话、广播系统管线设备。

建筑环境设备在供水、采暖、供电、燃气、防雷等方面都起着十分重要的作用。首先,提高建筑本身的使用价值,如果建筑只有本身的围护结构,无水、无电、无暖气、无空气调节,人们在高层建筑内工作、学习和生活等,会有诸多不便。在建筑设备齐全的高层建筑内工作、学习和生活，不会有任何不便且在某些方面优于其他建筑。高层建筑占地少、空间大、功能全，提高了其使用价值。其次，为人们的活动提供方便条件，水设备方便用水、饮水和排水；空气调节设备改善了建筑内空气环境，使空气环境免受季节的影响，能提高人的劳动效率和提高生活质量电梯人们在高层建筑内上下活动方便；燃气可提供热能；电使动力用电和照明用电十分方便且可进行各种信息传输，实现自动化、防火防盗；防雷装置可免受雷击，保障建筑和人们的安全。最后，保证建筑和人员的安全，消防系统、防火防烟排烟系统、防雷装置、各种报警自控系统均为建筑和人员提供可靠的安全保证。

任务 13.2 环境管理与监测

环境质量评价和环境监测是环境质量管理中的重要内容。环境管理的内容广泛，体系庞杂。从管理范围可分为资源管理、区域环境管理和部门环境管理；从管理性质分，有计划管理、质量管理和技术管理等。

环境质量管理在环境管理中十分重要。环境监测是环境质量管理的基础。环境质量评价则是环境质量管理的重要内容之一，其中的环境质量影响评价已被我国政府以法律的形式确定为环境管理制度之一——环境影响评价制度。

我国现行的环境管理制度有八个：环境影响评价制度，"三同时"制度（建设项目中的环境保护必须与生产主体工程同时设计、同时施工、同时投产使用），排污收费制度，环境保护目标责任制，城市环境综合整治定量考核制度，污染集中控制制度，排污申报登记与排污许可证制度，限期治理制度。

13.2.1 环境质量管理概述

1. 环境质量的概念

环境质量是表示环境本质属性的一个概念，是能用定性和定量的方法加以描述的环境系统所处的状态。也就是说，在一个具体的环境单元内环境要素的好坏及人类活动对环境影响的程度。

环境质量包括自然环境质量和社会环境质量。自然环境质量包括物理的、化学的、生物的三个方面的质量；社会环境质量包括经济的、文化的、美学的等各个方面。

人类对环境质量的要求是全面的，既包括对自然环境质量的要求，又包括对社会环境质量的要求。环境对人类生存发展的影响极大，因此，对环境质量必须进行定量的描述和比较，为此人们规定了一些具有可比性的内容作为衡量环境质量的指标。当前，我国环境污染对环境质量的影响比较突出，制订的环境质量指标和标准仅局限于进入环境的污染物及其含量水平上。随着环境科学的不断发展，人类对环境质量的范围不断提出新的要求，不仅研究因环境污染引起的环境变化，而且应研究环境的舒适性问题。

2. 环境质量管理的概念

环境质量管理就是指为了保证人类生存与发展而对自然环境和社会环境质量所进行

的各项管理工作。

环境质量管理的范围很广。对各级各类环境管理部门来说，其主要任务是提出环境质量标准、组织监控（监测、检查、控制）和协调；对利用环境资源的各部门来说，则要把生产质量和环境质量管理紧密结合起来，开展环境教育、树立环境文明道德观，把对环境的污染尽可能消除在生产过程中。

3. 环境质量管理的基本内容

（1）制订环境质量标准，确定环境质量的指标体系。为了有效地进行环境质量管理，必须首先解决环境标准问题，建立恰当的指标体系，形成一个科学的、符合实际的环境标准体系。

经过几十年的环境标准研究、探索和管理实践，我国已建成一个比较完整的环境标准体系。我国根据环境标准的适用范围、性质、内容和作用，实行三级五类标准体系。三级是国家标准、地方标准和行业标准；五类是环境质量标准、污染物排放标准、方法标准、样品标准和基础标准。

（2）对环境质量进行监控、测试和评价。环境质量监控是环境质量管理的重要环节，包括监测和控制两个方面。监测是在对环境进行调查研究的基础上，监视、检测代表环境质量的各种指标数据的全过程；控制是根据监测得到的环境质量现状和趋势，及时将信息反馈给有关部门，以便采取措施控制污染。

环境质量评价是对监测数据进行总处理，以说明环境质量的状况。

（3）编写环境质量报告书。环境质量报告书是在环境监测、评价的基础上编写的反映环境质量现状，分析发展趋势，提出改善环境质量对策的文件。这是各级环保部门的重要任务。

13.2.2 环境质量评价

1. 环境质量评价概念

环境质量评价是按照一定的评价标准和评价方法，对一定区域范围内的环境质量进行说明、评价和预测。它是研究人类环境质量的变化规律，对环境要素或区域环境性质的优劣进行定量描述的科学，也是研究、改善和提高人类环境质量的方法与途径的科学。

对环境质量评价的理解通常有两种：一种是从狭义来说，认为环境质量评价就是对一切可能引起环境发生变化的人类社会行为，包括政策、法令在内的一切活动，从保护环境角度进行定性和定量的评定；另一种是从广义来说，对环境的结构、状态、质量、功能的现状进行分析，对可能发生的变化进行预测，并对其社会经济活动的协调性进行定性或定量的评估。

2. 环境质量评价的分类

由于环境在时空上存在较大差异，人类的社会活动又多种多样，故目前环境评价的类型在空间域上可分为工程建设项目环境评价和区域环境评价；在时间域上可分为环境回顾评价、环境现状评价、环境影响评价；按内容可分为单要素评价和整体环境质量综合评价，前者是后者的前提和基础，后者是前者的提高和综合。环境要素主要有物理要素(包括气候环境、空气质量、水环境质量、土壤理化特性、岩石环境等)、生态要素(包括生态形态结构、能量分配、物质循环、生态功能、效果和效益等)和社会要素(包括经济结构、经济功能、经济效益、社会效益和文化状况等)。

下面简单介绍按时间分类的三种评价：

(1)环境质量回顾评价。通过各种手段获取某区域的历史环境资料，对该区域的环境质量发展演变进行评价。回顾评价作为事后评价，可对环境质量预测的结果进行检验。这种评价形式需要历史资料的积累，一般在科研监测工作基础较好的大中城市进行。

(2)环境质量现状评价。现状评价是目前普遍开展的评价形式。它根据近几年的环境监测资料，以国家颁布的环境质量标准或环境背景值为评价依据，阐明环境污染的现状，对当前的环境质量进行估价和分析，为区域环境污染综合防治和科学管理提供依据。

(3)环境质量影响评价。环境质量影响评价又称为环境影响分析，是在一个工程项目兴建以前就施工过程中和建成投产以后可能对环境造成的各种影响进行预测和估计，以寻求避免或减少开发建设活动造成环境损害的对策和措施。根据开发建设活动不同，可分为单个开发建设项目的环境影响评价、区域开发建设的环境影响评价、发展规划和政策的环境影响评价(又称战略影响评价)三种类型。

3. 环境质量现状评价

(1)环境质量现状评价程序。环境质量现状评价的基本程序分四个阶段(图13-9)，具体如下：

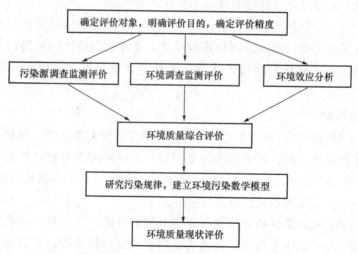

图13-9 环境质量现状评价的基本程序

第一阶段：准备阶段。确定评价目的、范围、方法、深度和广度，制订评价工作计划；组织各专业部门分工协作，充分利用各专业部门积累的资料，并对已掌握的有关资料进行初步分析；初步确定主要污染源和主要污染因子；做好评价工作的人员、资源及物质的准备。

第二阶段：监测阶段。根据确定的主要污染因子和主要污染项目，开展环境质量现状监测工作，按国家规定标准进行，使监测资料具有代表性、可比性和准确性。有条件的地方，可增加环境生物学监测和环境医学监测，从不同专业评价环境污染状况，更全面地反映环境的实际情况。

第三阶段：评价和分析阶段。选用适当方法，根据环境监测资料，对不同地区、不同地点、不同季节和时间的环境污染程度进行定量与定性的判断及描述，得到不同地区、不同时间环境质量状况，分析说明造成环境污染的原因，重污染发生的条件及这种污染对人、植物、动物的影响程度（环境效应评价）。

第四阶段：成果应用阶段。通过评价研究污染规律，建立环境污染数学模型。这一成果对于环境管理部门、规划部门都是很重要、很有意义的基础资料。据此，可以制定出环境治理的规划意见，即控制和减轻一个地区的环境污染程度的具体措施。对一些主要环境问题，可以通过调整工业布局、调整产业结构、进行污染技术治理、制订合理的国民经济发展计划等措施加以解决。因此，评价结果是进行环境管理和决策的重要依据。

(2)环境质量现状评价的方法。

①调查法。对评价地区内的污染源（包括排放的污染物种类、排放量和排放规律）、自然环境特征进行实地考察，取得定性和定量的资料，并以评价区域的环境背景值作为标准衡量环境污染的程度。

②监测法。按评价区域的环境特征布点采样，进行分析测试，取得环境污染现状的数据，按环境质量标准或背景值说明环境质量变化的情况。

③综合分析法。这是环境现状评价的主要方法。这种方法根据评价目的、环境结构功能的特点和污染源评价的结论、环境质量标准，参考污染物之间的协同作用和颉颃作用，以及环境背景值和评价的特殊要求等因素确定评价标准，以说明环境质量的变化状况。

4. 环境影响评价

(1)环境影响评价制度。从历史的经验可知，要保护好人类环境，维护生态平衡，光靠消极被动的治理是不行的。积极的办法是预防，不让环境污染和破坏发生，或者把环境污染和破坏控制在尽可能小的限度之内。做到这一步，要有许多政策措施和工程措施，推行环境影响评价制度是基本的措施之一。

以法律形式确定的环境影响评价制度是带有强制性的。凡是对环境有重大影响的开发项目，必须做出环境影响报告书。报告书的内容必须包括开发此项目对自然环境、社会环境带来的影响，根据其影响的程度打算采取减轻其危害程度的防治措施。报告书必须上报有关环境保护部门，经批准后才能实施。

(2)环境影响评价的程序。整个环境影响评价大体分三个阶段、六个步骤，如图13-10所示。

①第一阶段——准备阶段。

a. 了解开发项目的性质、规模、工艺流程、排放物种类与数量，研究有关文件。

b. 开展初步的环境现状调查，确定评价项目。

c. 确定各环境要素评价范围及精度，编制环境影响评价大纲，并送环境保护管理部门审查。

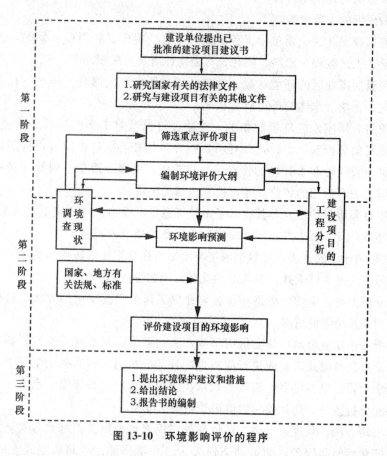

图 13-10　环境影响评价的程序

②第二阶段——正式工作阶段。

a. 在完成环境现状调查的基础上进行预测研究，选择合适的污染物扩散模式，进行模拟试验。

b. 进行评价阶段。首先选择环境标准。我国常用的标准有《大气污染物综合排放标准》《工业企业设计卫生标准》《生活饮用水卫生标准》《渔业水质标准》《污水综合排放标准》等，也可参照国外标准或公认的成果数据。在对特定项目进行评价时，重点是评价原有计划是否恰当，计划实施给环境造成的影响，减轻或消除不利影响的办法及实施计划应注意的事项。

③第三阶段——报告书编制阶段。汇总和分析第二阶段工作所得的各种资料、数据，从环境保护角度对拟建工程进行可行性分析，并提出环境保护的建议和措施。如果可行，经环境保护部门和其他有关部门批准后即可进行设计工作。报告书必须内容充实，数据可靠，条理清楚，观点明确。

(3)环境影响评价的内容。环境影响评价主要是针对大型的工业基本建设项目，大中型水利工程、矿山、港口和铁路交通等建设，大面积开垦荒地、围湖围海的建设项目，以及对珍稀野生动植物的生存、发展产生严重影响或对各种生态型自然保护区、科学考察等产生严重影响的建设项目等。

环境影响评价的主要内容如下：

①建设项目概况。这主要包括工程的地理位置、规模、利用率。例如，工厂建设应包括产品产量、工艺流程、原料、能耗、污染物性质及发展规划等。

②建设项目周围地区的环境状况。这包括项目所在地区的自然环境、社会环境，以及周围的空气、土壤、水体的环境质量状况。

③建设项目对周围地区环境的影响。建立评价模型对未来的环境影响进行定性的、半定量的或定量的分析和评价，这是环境影响评价的核心。建设项目，特别是一些大型项目，往往带有长期性和永久性的特点，一旦建成，就很难改变。因此，只有对建设项目的长期环境影响有恰当的评价，才可能有正确的决策。

④建设项目环境保护措施及其技术经济论证意见。提出保持环境质量应采取的措施，做到既保护环境，又发展生产，把环境保护与生产发展统一起来。

(4) 环境影响评价的方法。尽管国家把环境影响评价工作以法律形式规定下来，但环境影响评价的方法还不够成熟。下面介绍几种常用的方法：

①定性分析方法。定性分析是环境影响评价工作中广泛应用的方法，这种方法主要用于不能得到定量结果的情况。

定性分析方法比较简单，只要运用得当，其结果也有相当的可靠性，特别在较高层次对开发活动进行鸟瞰式研究或进行战略性的预测分析时，有其独到的优越性。其缺点是用这种方法所得结果的可靠性程度直接取决于使用者的主观因素，而且不能给出比较精确的预测和分析结果，这就使它的应用受到很大限制。

②数学模型方法。从理论上讲，环境质量诸因素可根据其内部数量关系纳入一组数学模式中。若包括时间因素，则可动态地表达出环境质量在时间和空间上的变化规律。当模式中某些因素发生改变时，通过计算即能预测环境污染变化的情况。

在环境影响评价工作中应用数学模型的方法进行环境预测可以得到定量的结果。定量的预测结果用于对策分析时，可以引出定量的经济效益分析结果，有利于对策分析的进行。但是数学模型方法也有局限性。首先，数学模型方法只能应用于可能建立模型的情况。其次，必须认识到数学模型只是一种对实际情况的概括和近似，只能反映实际情况的某一方面。因此，单靠数学模型方法无法完成环境影响评价工作，必须与其他方法配合使用，才能在环境影响评价工作中真正发挥作用。

③系统模型方法。环境系统模型就是在客观存在的环境系统的基础上，把所研究的各环境要素或过程以及它们之间的互相联系和作用，用图像或数学关系式表示出来，用以研究开发活动对各要素和过程间联系的影响，研究对环境整体的影响。其优点具体如下：可以把开发活动对多个子系统或多个要素的影响表示出来，并给出定量结果；可以表示开发活动的全过程对环境的影响，反映环境影响的动态过程；可把预测与对策分析结合起来，把环境预测与环境控制、环境规划结合起来，并将最优方法引入对策分析；通过建立系统模型，将开发项目的决策作为一个子系统与整个区域的规划联系起来。

该方法所存在的困难如下：系统模型建立在数学模型的基础上，其应用直接受数学模型发展水平的限制；建立系统模型花费时间长、费用高，在环境影响评价工作中大量应用有困难。

④综合评价方法。在环境影响评价工作中需要对开发活动各个要素和过程的影响做综合估计和比较，称为综合评价。围绕综合评价发展了一系列专门的方法，称为"环境影响评价工作的综合评价方法"，有关联矩阵法、地图覆盖法、灵敏度分析法等。其中应用最广的是关联矩阵法。该方法把开发行为和受影响的环境特性或条件编制并组成一个矩阵，使开发行为与环境影响间建立直接因果关系，以定量或半定量地说明开发行为对环境的影响。

综合评价是建立在对各要素和过程环境预测以及不同对策研究的基础上的更高层次的宏观"鸟瞰"。它利用环境预测和对策研究所提供的各种信息，经处理后，勾画出开发活动对环境影响的整体轮廓和整体关系，这对于开发决策来说是十分需要的。

高新技术的应用将促进环境影响评价的发展。例如，电子探针 X 射线显微镜分析法、中子活化分析法、遥感与系统分析法、卫星摄影与图片判读技术、质谱环境分析技术、计算机数值模拟技术、实验室模拟试验技术、野外示踪试验技术等，应用到环境影响评价的不同环节中，对提高环境影响评价的质量起到特别有益的作用。

13.2.3 环境监测

环境监测是环境科学的一个重要分支学科。环境化学、环境物理学、环境地学、环境工程学、环境医学、环境管理学、环境经济学及环境法学等所有环境科学的分支学科，都需要在了解、评价环境质量及其变化趋势的基础上，进行各项研究和制定有关的管理、经济法规。"监测"一词的含义可理解为监视、测定、监控等。因此，环境监测就是通过对影响环境质量因素的代表值的测定，确定环境质量(或污染程度)及其变化趋势。随着工业和科学的发展，监测包含的内容也不断扩展。由对工业污染源的监测逐步发展到对大环境的监测，即监测对象不仅是影响环境质量的污染因子，还延伸到对生物、生态变化的监测；从确定环境实时质量到预测环境质量。例如，当发生突发性污染事件时，根据污染源的数量、性质和水文资料(或气象资料)估算下游（下风向）不同地点、不同时间和不同高度污染物的浓度变化，以确定处置和应对措施。

判断环境质量，仅对某一污染物进行某一地点、某一时刻的分析测定是不够的，必须对各种有关的污染因素、环境因素在一定范围、时间、空间内进行测定，分析其综合测定数据，才能对环境质量做出确切评价。因此，环境监测包括对污染物分析测试的化学监测(包括物理化学方法)；对物理(或能量)因子热、声、光、电磁辐射、振动及放射性等的强度、能量和状态测试的物理监测；对生物由于环境质量变化所出现的各种反应和信息，如受害症状、生长发育、形态变化等的生物监测；对区域群落、种群的迁移变化进行的生态监测。

环境监测的过程一般为现场调查→监测方案制订→优化布点→样品采集→运送保存→分析测试→数据处理→综合评价等。

从信息技术角度看，环境监测是环境信息的捕获→传递→解析→综合的过程。只有在对监测信息进行解析、综合的基础上，才能全面、客观、准确地揭示监测数据的内涵，对环境质量及其变化做出正确的评价。

环境监测的对象包括反映环境质量变化的各种自然因素、对人类活动与环境有影响的各种人为因素、对环境造成污染危害的各种成分。众多因素对环境的影响错综复杂，利用现代网络、大数据和云计算，可以对复杂因素予以整理并高速计算，获得和预测环境质量的变化，有利于对环境质量的监控。

1. 环境监测的目的

环境监测的目的是准确、及时、全面地反映环境质量现状及发展趋势，为环境管理、污染源控制、环境规划及环境质量的预测等提供科学依据。具体内容归纳如下：

（1）根据环境质量标准，评价环境质量。

（2）根据污染特点、分布情况和环境条件，追踪污染源，研究和预测污染变化趋势，为实现监督管理、控制污染提供依据。

（3）收集环境本底数据，积累长期监测资料，为研究环境容量，实施总量控制、目标管理，预测、预报环境质量提供数据。

（4）为保护人类健康，保护环境，合理使用自然资源，制定环境法规、标准、规划等服务。

2. 环境监测的分类

环境监测可按其监测目的或监测介质对象进行分类，也可按专业部门进行分类，如气象监测、卫生监测和资源监测等。我国原国家环境保护总局（生态环境部）2007年颁布《环境监测管理办法》（39号令），规定县级以上环境保护部门环境监测活动的管理职责是：环境质量监测；污染源监督性监测；突发环境污染事件应急监测；为环境状况调查和评价等环境管理活动提供监测数据的其他环境监测活动。

（1）按监测目的分类。

①监视性监测（又称为例行监测或常规监测）。对指定的有关项目进行定期的、长时间的监测，以确定环境质量及污染源状况、评价控制措施的效果，衡量环境标准实施情况和环境保护工作的进展。这是监测工作中量最大、面最广的工作。

监视性监测包括对污染源的监督监测（污染物浓度、排放总量、污染趋势等）和环境质量监测（所在地区的空气、水质、噪声及固体废物等监督监测）。

②特定目的监测（又称为特例监测）。根据特定的目的，环境监测可分为如下几项：

a. 污染事故监测：在发生污染事故，特别是突发性环境污染事故时进行应急监测，往往需要在最短的时间内确定污染物的种类，对环境和人类的危害，污染因子扩散方向、速度和危及范围；控制的方式、方法，为控制和消除污染提供依据，供管理者决策。这类监测常采用流动监测（车、船等）、简易监测、低空航测、遥感等手段。

b. 仲裁监测：主要针对污染事故纠纷、环境法律执行过程中所产生的矛盾进行监测。仲裁监测应由国家指定的具有质量认证资质的部门执行，以提供具有法律责任的数据（公证数据），供执法部门、司法部门仲裁。

c. 考核验证监测：包括对环境监测技术人员和环境保护工作人员的业务考核、上岗培训考核，环境监测方法验证和污染治理项目竣工时的验收监测等。

d. 咨询服务监测：为政府部门、科研机构、生产单位所提供的服务性监测。例如，建设新企业进行环境影响评价时，需要按评价要求进行监测；政府或单位开发某地区时，该地区环境质量是否符合开发要求，以及项目与相邻地区环境相容性等，可通过咨询服务监测工作获得参考意见。

③研究性监测（又称科研监测）。研究性监测是针对特定目的的科学研究而进行的监测。例如，对环境本底的监测及研究，对有毒有害物质对从业人员影响的研究，对新的污染因子监测方法的研究，对痕量甚至超痕量污染物的分析方法的研究，对复杂样品、干扰严重样品的监测方法的研究，为监测工作本身服务的科研工作的监测，如对统一方法、标准分析方法的研究和对标准物质的研制等。这类研究往往要求多学科合作进行。

(2)按监测介质对象分类。按监测介质对象分类，环境监测可分为水质监测、空气或废气监测、土壤监测、固体废物监测、生物监测、生态监测、噪声和振动监测、电磁辐射监测、放射性监测、热监测、光监测及卫生（病原体、病毒、寄生虫等）监测等。

3. 环境监测的发展

(1)被动监测。环境污染虽然自古就有，但环境科学作为一门学科是在20世纪50年代才开始发展起来的。最初危害较大的环境污染事件主要是由化学毒物所造成的，因此，对环境样品进行化学分析以确定其组成和含量的环境分析就产生了。由于环境污染物通常处于痕量级（mg/kg、μg/g）甚至更低，基体复杂，流动性、变异性大，又涉及空间分布与变化，所以对分析的灵敏度、准确度、分辨率和分析速度等提出了很高要求。因此，环境分析实际上促进了分析化学的发展。这一阶段称为污染监测阶段或被动监测阶段。

(2)主动监测。随着科学的发展，到了20世纪后期，人们逐渐认识到影响环境质量的因素不仅是化学因素，还有物理因素（包括噪声、振动、光、热、电磁辐射、放射性等）、生物因素等。用生物（动物、植物）的生态、群落、受害症状等的变化作为判断环境质量的标准更为确切可靠，从生物监测向生态监测发展，即在时间和空间上对特定区域范围内生态系统或生态系统组合体的类型、结构和功能及其组合要素进行系统的观测和测定，以了解、评价和预测人类活动对生态系统的影响，为合理利用自然资源、改善生态环境提供科学依据。此外，某一化学毒物的含量仅是影响环境质量的因素之一，环境中各种污染物之间，污染物与其他物质、其他因素之间还存在着协同作用、相加作用、独立作用和拮抗作用等，所以环境分析只是环境监测的一部分。环境监测的手段除化学手段外，还有物理、生物等手段。同时，从点污染的监测发展到面污染及区域性的立体监测，这一阶段称为环境监测阶段，也称为主动监测或目的监测阶段。

(3)自动监测。随着监测技术的发展和监测范围的扩大，整体监测质量有了提高，但受采样手段、采样频率、采样数量、分析速度、数据处理速度等限制，仍不能及时地监测环境质量变化和预测变化趋势，更不能根据监测结果发布采取应急措施的指令。20世纪70年代开始，发达国家相继建立了连续自动监测系统，在地区布设网点或在重点污染源布设监测点，进行在线监测，并使用了遥感、遥测手段，监测仪器用计算机遥控，数据用有线或无线传输的方式送到监测中心控制室，经计算机处理，可自动打印成指定的表格或污染态势、浓度分布图，可以在极短时间内观察到空气、水体污染浓度变化，预测、预报未来环境质量。当污染程度接近或超过环境标准时，可发布指令、通告并采取环保措施。这一阶段称为污染防治监测阶段或自动监测阶段。

4. 环境监测的特点

环境监测就其对象、手段、时间和空间的多变性、污染组分的复杂性等，其特点可归纳为综合性、连续性、可追溯性等方面。

(1)环境监测的综合性。环境监测的综合性表现在以下几个方面：

①监测手段包括化学、物理、生物、物理化学、生物化学及生物物理等一切可以表征环境质量的方法。

②监测对象包括空气、废气、水体(江、河、湖、海及地下水)、废(污)水、土壤、固体废物、生物等客体，只有对这些客体进行综合分析，才能确切描述环境质量状况。

③对监测数据进行统计处理、综合分析时，涉及该地区的自然和社会各个方面情况，因此，必须综合考虑才能正确阐明数据的内涵。

(2)环境监测的连续性。由于环境污染具有时间、空间分布性等特点，只有坚持长期测定，才能从大量的数据中揭示其变化规律、预测其变化趋势，数据样本越多，预测的准确度就越高。因此，监测网络、监测点位的选择一定要科学、合理，而且一旦监测点位的代表性得到确认，必须长期坚持监测，以保证前后数据的可比性。

(3)环境监测的可追溯性。环境监测包括监测目的的确定、监测计划的制订、采样、样品运送和保存、实验室测定到数据整理等过程，是一个复杂而有联系的系统，任何一步的差错都将影响最终数据的质量。特别是区域性的大型监测，由于参加人员众多，实验室和仪器的不同，必然会存在技术和管理水平不同。为使监测结果具有一定的准确性，并使数据具有可比性、代表性和完整性，需有一个量值追溯体系予以监督。为此，需要建立环境监测的质量保证体系。

5. 监测技术

(1)化学、物理技术。目前，对环境样品中污染物的成分分析及其状态与结构的分析，多采用化学分析方法和仪器分析方法。

①化学分析方法是以物质的化学反应为基础的分析方法，主要有重量分析法和容量分析法。重量分析法常用于残渣、降尘、油类、硫酸盐等的测定；容量分析法被广泛用于水中酸度、碱度、化学需氧量、溶解氧、硫化物及氰化物等的测定。

②仪器分析方法是以物理和物理化学方法为基础的分析方法。它包括光谱分析法(可见分光光度法、紫外分光光度法、红外光谱法、原子吸收光谱法、原子发射光谱法、X射线荧光分析法、荧光分析法、化学发光分析法等)、色谱分析法(气相色谱法、高效液相色谱法、薄层色谱法、离子色谱法、色谱-质谱联用技术)、电化学分析法(极谱法、溶出伏安法、电导分析法、电位分析法、离子选择电极法、库仑分析法)、放射分析法(同位素稀释法、中子活化分析法)和流动注射分析法等。

仪器分析方法被广泛用于环境污染物的定性和定量测定。分光光度法常用于大部分金属、无机非金属的测定;气相色谱法常用于有机物的测定;对于污染物定性和结构的分析常采用紫外光谱、红外光谱、质谱及核磁共振等技术。

(2)生物技术。利用植物和动物在污染环境中所产生的各种反应信息来判断环境质量的方法,这是一种最直接也是一种综合的方法。

生物监测通过测定生物体内污染物含量,观察生物在环境中受伤害所表现的症状、生物的生理生化反应、生物群落结构和种类变化等来判断环境质量。例如,利用某些对特定污染物敏感的植物或动物(指示生物)在环境中受伤害的症状,可以对空气或水的污染作出定性和定量的判断。

(3)监测技术的发展。监测技术的发展较快,许多新技术在监测过程中已得到应用。在无机污染物的监测方面,电感耦合等离子体原子发射光谱法用于对 30 多种元素的分析;原子荧光光谱法用于一切对荧光具有吸收能力的物质的分析;离子色谱技术的应用范围也扩大了。在有毒有害有机污染物的分析方面,气相色谱-质谱联用技术(GC-MS)用于挥发性有机物(VOCs)和半挥发性有机物(SVOCs)及氯酚类、有机氯农药、有机磷农药、多环芳香烃、二噁英类、多氯联苯和持久性有机污染物(POPs)的分析;高效液相色谱法(HPLC)用于 PAHs、苯胺类、邻苯二甲酸酯类、酚类等的分析;离子色谱法(IC)用于可吸附有机因素、总有机因素的分析;化学发光分析法分析超痕量物质也已应用到环境监测中。利用遥感技术对一个地区、整条河流的污染分布情况进行监测,是以往监测方法很难完成的。

对于区域甚至全球范围的监测和管理,其监测网络及点位的研究、监测分析方法的标准化、连续自动监测系统、数据传送和处理的计算机化的研究和应用也发展很快。连续自动监测系统(包括在线监测)的质量控制与质量保证工作也逐步完善。

在发展大型、连续自动监测系统的同时,研究小型便携式、简易快速的监测技术也十分重要。例如,在突发污染事故的现场,瞬时造成很大的伤害,但由于空气扩散和水体流动,污染物浓度的变化十分迅速,这时大型固定仪器由于采样、分析时间较长,无法适应现场急需,而便携式和快速测定技术就显得十分重要,在野外也同样如此。

6. 环境优先污染物和优先监测

对有毒化学污染物的监测和控制,无疑是环境监测的重点。据统计,2009 年美国化学文摘社(CAS)登记的化学物质已达 5 000 万种,而进入环境的化学物质已达 10 万种。因此,无论从人力、物力、财力或从化学毒物的危害程度和出现频率的实际情况,某一实验室不可能对每种化学品都进行监测、实行控制,而只能有重点、有针对性地对部分污染物进行监测和控制。这就必须确定一个筛选原则,对众多有毒污染物进行分级排序,从中筛选出潜在危害性大,在环境中出现频率高的污染物作为监测和控制对象。这一筛选过程就是数学上的优先过程,经过优先选择的污染物称为环境优先污染物,简称为优先污染物。对优先污染物进行的监测称为优先监测。

7. 环境监测网

环境监测网是运用计算机和现代通信技术将一个地区、一个国家,乃至全球若干个业务相近的监测站及其管理层按照一定组织、程序相互联系,传递环境监测数据、信息的网络系统。通过该系统的运行,达到信息共享、提高区域性监测数据的质量,为评价大尺寸范围环境质量和科学管理提供依据的目的。

我国环境监测网由生态环境部会同资源管理、工业、交通、军队及公共事业等部门行政领导组成的国家环境监测协调委员会负责行政领导,其主要职责是商议全国环境监测规划和重大决策问题。由各部门环境监测专家组成国家环境监测技术委员会负责技术管理,主要职责是审议全国环境监测技术决策和重要监测技术报告;制定全国统一的环境监测技术规范和标准监测分析方法,并进行监督管理。国家环境监测技术委员会秘书组设在中国环境监测总站。

全国环境监测网由国家环境监测网、各部门环境监测网及各行政区域环境监测网三部分组成。

(1)国家环境监测网。国家环境监测网由各类跨部门、跨地区的生态与环境质量监测系统组成,其主要监测点位是从各部门、各行政区域现行的监测点位中优选出来的,由各部门分工负责,开展生态监测和环境质量监测工作。部门环境监测网为资源管理、环境保护、工业、交通、军队等部门自成体系的纵向监测网,它们在国家环境监测网分工的基础上,根据自身功能特点和减少重复的原则,工作各有侧重,如资源管理部门以生态环境质量监测为主,工业、交通、军队等部门以污染源监测为主。行政区域环境监测网由省、市级横向环境监测网组成,省级环境监测网以对所辖地区环境质量监测为主,市级环境监测网以污染源监测为主。

环境监测网的实体是环境质量监测网和污染源监测网。国家环境监测网由空气质量监测网、地表水质量监测网、海洋环境质量监测网、地下水质量监测网、酸沉降监测网、土壤环境监测网、声环境质量监测网、生态检测网、放射性监测网和污染源监测网等组成。

(2)空气质量监测网。国家空气质量监测网由空气质量监测中心站和从城市、农村筛选出的若干个空气质量监测站组成。空气质量监测站可分为空气质量背景监测站、城市空气污染趋势监测站和农村居住环境空气质量监测站三类,如图13-11所示。

空气质量背景监测站设在无工业区、远离污染源的地方,其监测结果用于评价所在区域空气质量,与城市空气质量相比较。城市空气污染趋势监测站分为一般趋势(监测)站和特殊趋势(监测)站两类。前者进行常规项目(SO_2、NO_2、CO、O_3、PM_{10}、$PM_{2.5}$及气象参数)例行监测,发布空气达标情况;后者是选择国家确定的空气污染重点城市开展特征有机污染物(如VOCs、多环芳烃等)监测。农村居住环境空气质量监测站建在无工业生产活动的村庄,开展空气污染常规项目的定期监测,评价空气质量状况。

(3)地表水质量监测网。国家地表水质量监测网由地表水质量监测中心站和若干个地表水质量监测子站组成。地表水质量监测子站设在各水域,委托地方监测站负责日常运行和维护。监测子站的类型有背景监测站、污染趋势监测站、生产性水域监测站和污染物通量监测站。监测子站的监测断面布设在重要河流的省界、重要支流入河(江)口和入海口、重要湖泊及出入湖河流、国界河流及出入境河流、湖泊、河流的生产性水域及重要水利工程处等。截至2016年,我国已在松花江、辽河、海河、黄河、淮河、长江、珠江、太湖、巢湖、滇池等水系或水域布设 2 767 个国控断面。其中，河流断面 2 424 个，湖库点位 343 个，监测河流（湖库）1 505 个。这些监测点承担国控网点的监测任务，在评价重要地表水水域水质变化趋势、污染事故预警、解决跨界纠纷、重要工程项目环境影响评价及保障公众用水安全方面发挥了重要作用。国家地表水质量监测网的组成及监测断面设置如图 13-12 所示。

(4) 海洋环境质量监测网。海洋环境质量监测网由国家海洋局组建，设有海洋环境质量监测网技术中心站、近岸海域污染监测站、近岸海域污染趋势监测断面、远海海域污染监测断面。通过开展监测工作，掌握各海域水质状况和变化趋势。同时，从海洋环境质量监测网的监测站中选择部分监测站开展海洋生态监测，形成生态与环境相统一的监测网络。海洋环境质量监测网络的信息汇入中国环境监测总站。1994 年成立的全国近岸海域环境监测网由中国环境监测总站和沿海 11 个省、市、自治区环境监测站组成，包括各近岸海域监测分站，开展了近岸海域海水水质监测、入海河流污染物入海量监测、直排入海污染源污染物入海量监测、部分沿海城市海水浴场水质监测等；同时，部分网络成员单位还开展近岸海域表层沉积物、生物监测等工作。

(5) 地下水质量检测网。2019 年，由中国地调局组织实施，31 个省级自然资源主管部门和地质环境监测机构配合，自然资源部门国家地下水监测工程建设完成，建成国家级地下水专业监测站点 10 168 个，实现了全国主要平原盆地和人类活动经济区的地下水水位、水温监测数据自动采集、实时传输和数据接收，可与水利部门地下水监测数据实时共享。

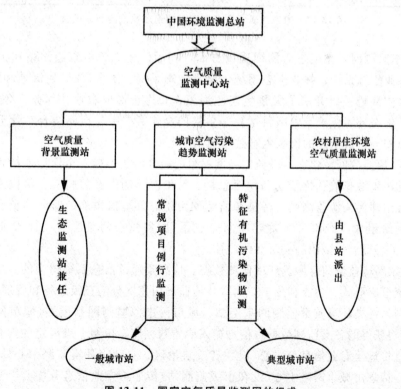

图 13-11　国家空气质量监测网的组成

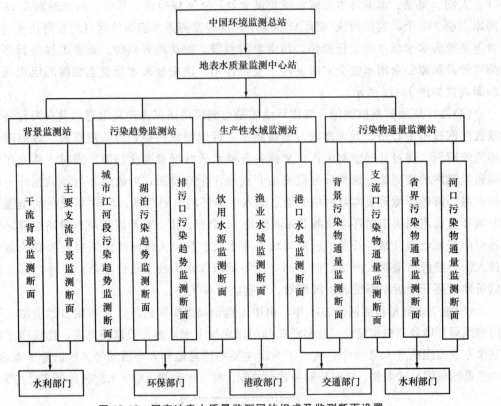

图 13-12 国家地表水质量监测网的组成及监测断面设置

(6)生态监测网。在生态监测网建设方面，利用已建成的生态监测站和生态研究基地，围绕农业生态系统、林业生态系统、海洋生态系统、淡水(江、河流域和湖、库)生态系统、地质环境系统开展了大量生态监测工作，逐步形成农业、林业、海洋、水利、地质矿产、生态环境保护及中国科学院等多部门合作，空中与地面结合、骨干站与基本站结合、监测与科研结合的国家生态监测网。

(7)污染源监测网。建立污染源监测网的目的是及时、准确、全面地掌握各类固定污染源、流动污染源排放达标情况和排污总量。污染源监测涉及部门多、单位多，适于以城市为单元组建污染源监测网。污染源监测网由生态环境保护部门监测站负责，会同有关单位监测站组成。2008年年底，国家完成了"国控重点污染源自动监控能力建设项目"，实现了对重点污染源的实时在线监控。

(8)国家环境监测信息网。环境监测数据、信息是通过信息系统传递的。按照我国环境监测系统组成形式、功能和分工，国家环境监测信息网分为三级运行和管理。

一级网为各类环境质量监测网基层站、城市污染源监测网基层站(城市网络组长单位)。它们将获得的各类监测数据、信息输入原始数据库，按照上级规定的内容和格式将数据、信息传送至专业信息分中心(设在省或自治区、直辖市环境监测中心站)。污染源监测数据、信息由城市网络中心(设在市级监测站)传递给专业信息分中心。基层站的硬件以微型计算机平台为主。

二级网为专业信息分中心，负责本网络基层站上报监测数据和信息的收集、储存和处理，编制监测报告，建立二级数据库，并将汇总的监测数据、信息按统一要求传送至国家环境监测信息中心。专业信息分中心的硬件以小型计算机工作站为主。

三级网为国家环境监测信息中心（设在中国环境监测总站），负责收集、储存和管理二级网上报的监测数据、信息和报告，建立三级数据库，并编制各类国家环境监测报告。

此外，各环境监测网信息分中心、国家环境监测信息中心除实现国内联网外，还应通过互联网与国际相关网络联网，如全球环境监测系统（GEMS）、欧洲监测和评估计划（EMEP）等，及时交流并获得全球环境监测信息。

8. 应急监测

《突发环境事件应急监测技术规范》（HJ 589—2021）中定义，应急监测是指突发环境事件发生后至应急响应终止前，对污染物、污染物浓度、污染范围及其动态变化进行的监测。

《国家突发环境事件应急预案》（国办函〔2014〕119号）中具体规定：突发环境事件应急监测是在环境应急情况下，为发现和查明环境污染情况和污染范围而进行的环境监测，包括定点监测和动态监测，随时掌握并报告事态进展情况。根据突发环境事件污染物的扩散速度和事件发生地的气象和地域特点，确定污染物扩散范围。根据监测结果，综合分析突发环境事件污染变化趋势，并通过专家咨询和讨论的方式，预测并报告突发环境事件的发展情况和污染物的变化情况，作为突发环境事件应急决策的依据。

9. 简易监测

简易监测是环境监测中非常重要的部分，其特点是用比较简单的仪器或方法，便于在现场或野外进行监测，快速、简便往往不需要专业技术人员即可完成，价格低廉。其缺点是：一般不是标准方法，在产生疑问或诉讼时，缺乏法律依据；监测精度较低。但简易监测在实际应用中十分重要，如突发性环境污染事故应急监测、野外监测、现场监测、企业废水治理站常规监测，用简易监测技术快速、简便，当发现接近或超标时再用标准方法验证，这样可大量节省时间和经费。

简易监测技术还需要和实验室监测技术配合，以获取精确数据对事件定性，后期生态恢复、总结经验等还是需要精确数据。

10. 环境监测管理

为保证环境监测发展，理顺和规范监测工作及保证监测质量，必须对环境监测实施管理。环境监测管理制度包括体制、业务、技术、信息、人才、后勤管理。

我国已经颁布的主要环境监测管理制度有《环境监测管理办法》《环境监测报告制度》《国家重点监控企业污染源自动监测数据有效性审核办法》《全国环境监测站建设标准》《环境监测质量管理规定》《环境监测人员持证上岗考核制度》《环境监测技术路线》《环境质量报告书编写技术规范》《环境监测质量管理技术导则》和《国家地表水、空气自动监测站和环境监测车标牌（标识）制作规定》等。

环境监测管理是以环境监测质量、效率为主对环境监测系统整体进行全过程的科学管理，其核心内容是环境监测质量保证。作为一个完整的质量保证归宿（即质量保证的目的)应保证监测数据具有如下五个方面的质量特征：
(1)准确度：测量值与真值的一致程度。
(2)精密度：均一样品重复测定多次的符合程度。
(3)完整性：取得有效监测数据的总数满足预期计划要求的程度。
(4)代表性：监测样品在空间和时间分布上的代表程度。
(5)可比性：在监测方法、环境条件、数据表达方式等可比条件下所得数据的一致程度。

环境监测管理需要遵循实用原则和经济原则。实用原则即监测不是目的，而是手段，监测数据不是越多越好，而是实用，监测手段不是越先进越好，而是准确、可靠、实用。经济原则即确定监测技术路线和技术装备，要经过技术经济论证，进行费用-效益分析。监测的全过程要进行质量控制，要点如图13-13所示。

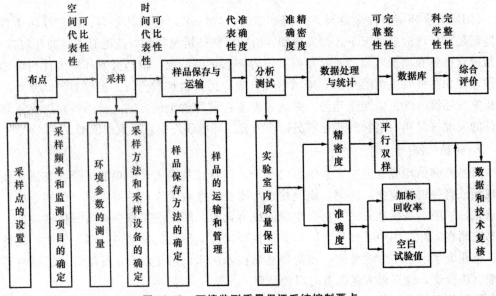

图13-13 环境监测质量保证系统控制要点

为了保证环境监测的质量，以及技术的完整性和追溯性，应对监测全过程的一切文件(包括任务来源、制订计划、布点、采样、分析及数据处理等)严格按制度予以记录、存档，同时，对所累积的资料、数据进行整理并建立数据库。环境监测是环境信息的捕获、传递、解析、综合的过程。环境信息是各种环境质量状况的情报和数据的总称。自然界的资源有三种，即再生资源(如动、植物资源)、非再生资源(如金属、非金属、矿产等)及信息资源。信息资源的重要性正越来越被重视。因此，档案文件的管理，资料、信息的整理、分析是监测管理的重要内容。

11. 环境监测质量保证

环境监测对象成分复杂，含量低，时间、空间量级上分布广，且随机多变，不易准确测量。特别是在区域性、国际大规模的环境调查中，常需要在同一时间内，由许多实验室同时参加、同步测定。这就要求各个实验室从采样到结果所提供的数据有规定的准确度和可比性，以便得出正确的结论。如果没有一个科学的环境监测质量保证程序，由于人员的技术水平、仪器设备、地域等差异，难免出现调查资料互相矛盾、数据不能利用的现象，造成大量人力、物力和财力的浪费。

环境监测质量保证是环境监测中十分重要的技术工作和管理工作，是一种保证监测数据准确可靠的方法，也是科学管理实验室和监测系统的有效措施。它可以保证数据质量，使环境监测建立在可靠的基础之上。

环境监测质量保证是整个监测过程的全面质量管理，包括制订计划，根据需要和可能确定监测指标及数据的质量要求，规定相应的分析监测系统。其内容包括采样、样品预处理、储存、运输、实验室供应，仪器设备、器皿的选择和校准，试剂、溶剂和基准物质的选用，统一测量方法，质量控制程序，数据的记录和整理，各类人员的要求和技术培训，实验室的清洁度和安全，以及编写有关的文件、指南和手册等。

环境监测质量控制是环境监测质量保证的一部分，它包括实验室内部质量控制和外部质量控制两部分。实验室内部质量控制，是实验室自我控制质量的常规程序，它能反映分析质量的稳定性，以便及时发现分析中的异常情况，随时采取相应的校正措施，包括空白试验、校准曲线核查、仪器设备的定期标定、平行样分析、加标样分析、密码样品分析和编制质量控制图等。外部质量控制通常是由常规监测以外的监测中心站或其他有经验人员执行，以便对数据质量进行独立评价，各实验室可以从中发现存在的系统误差等问题，以便及时校正、提高监测质量。外部质量控制常用的方法有分析标准样品以进行实验室之间的评价和分析测量系统的现场评价等。

12. 监测数据的结果表述和统计检验

监测中所得到的许多物理、化学和生物学数据，是描述和评价环境质量的基本依据。由于监测系统的条件限制及操作人员的技术水平，测量值与真值之间常存在差异；环境污染的流动性、变异性及与时空因素的关系，使某一区域的环境质量由许多因素综合决定；描述某一河流的环境质量，必须对整条河流按规定布点，以一定频率测定，根据大量数据综合表述它的环境质量，这一切均需通过数理统计处理。

监测数据按数理统计进行处理及表述，应注意以下问题：

（1）数据修约规则：在同一份报告中应按规定保留有效数字位数，计算的数据需要修约时，应遵守下列规则：拟舍弃的数字的最左一位数字小于5时则舍去，即保留的各位数字不变；拟舍弃的数字的最左一位数字大于5或者是5，而其后跟有并非全部为零的数字时则进1，即保留的末尾数字加1；拟舍弃数字的最左一位数字为5，而右边无数字或皆为0时，若所保留的末位数字为奇数则进一，为偶数则舍去。

（2）可疑数据的取舍：与正常数据不是来自同一分布总体、明显歪曲试验结果的测量数据，称为离群数据。可能会歪曲试验结果，但尚未经检验断定其是离群数据的测量数据，称为可疑数据。

在数据处理时，必须剔除离群数据以使测量结果更符合客观实际。正确数据总有一定的分散性，如果人为地删去一些误差较大但并非离群的测量数据，由此得到精密度很高的测量结果并不符合客观实际。因此，对可疑数据的取舍必须遵循一定的原则。

测量中若发现明显的系统误差和过失，则由此产生的数据应随时剔除。而可疑数据的取舍应采用统计方法判别，即离群数据的统计检验。检验的方法很多，最常用的是狄克逊(Dixon)检验法和格鲁布斯(Grubbs)检验法、Q检验法(又称为舍弃商法)、格鲁布斯(Grubbs)检验法和T检验法。

思考题

1. 简述环境工程施工的基本目标。
2. 简述环境工程施工的原则。
3. 简述环境工程施工进度控制措施。
4. 简述环境工程施工质量控制原则。
5. 简述环境工程施工成本控制依据。
6. 简述环境工程施工的主要施工内容。
7. 简述环境质量现状评价的程序。
8. 简述环境影响评价的重要内容。
9. 简述环境监测的分类。
10. 简述Q检验法和T检验法的离群数据检验方法。

参考文献

[1] 蒋辉. 环境工程技术[M]. 北京：化学工业出版社，2003.
[2] 郑正. 环境工程学[M]. 北京：科学出版社，2004.
[3] 张振家. 环境工程学基础[M]. 北京：化学工业出版社，2006.
[4] 曹文平，郭一飞. 环境工程导论[M]. 2版. 哈尔滨：哈尔滨工业大学出版社，2020.
[5] 朱亦仁. 环境污染治理技术[M]. 3版. 北京：中国环境科学出版社，2008.
[6] 彭娟莹. 空气环境监测[M]. 北京：化学工业出版社，2015.
[7] 陆建刚，赵云霞，许正文. 大气环境监测实验[M]. 北京：科学出版社，2017.
[8] 王焕校. 污染生态学[M]. 3版. 北京：高等教育出版社，2012.
[9] 朱蓓丽. 环境工程概论[M]. 2版. 北京：科学出版社，2006.
[10] [美]Mackenzie. Davis, David A. Cornwell. 环境工程导论[M]. 王建龙，译. 3版. 北京：清华大学出版社，2002.
[11] 陈湘筑. 环境工程基础[M]. 武汉：武汉理工大学出版社，2003.
[12] 黄昌勇，徐建明. 土壤学[M]. 3版. 北京：中国农业出版社，2010.
[13] 孙铁珩，李培军，周启星. 土壤污染形成机理与修复技术[M]. 北京：科学出版社，2005.
[14] 戴友芝，黄妍，肖利平. 环境工程学[M]. 北京：中国环境出版集团，2019.
[15] 蒋展鹏. 环境工程学[M]. 2版. 北京：高等教育出版社，2005.
[16] 李潜，缪应祺，张红梅. 水污染控制工程[M]. 北京：中国环境出版社，2013.
[17] 王丽萍，赵晓亮，田立江. 大气污染控制工程[M]. 徐州：中国矿业大学出版社，2018.
[18] 赵由才，牛冬杰，柴晓利，等. 固体废物处理与资源化[M]. 北京：化学工业出版社，2006.
[19] 崔龙哲，李社锋. 污染土壤修复技术与应用[M]. 北京：化学工业出版社，2016.
[20] 盛义平. 环境工程技术基础[M]. 北京：中国环境科学出版社，2002.
[21] 刘铁祥. 物理性污染监测[M]. 北京：化学工业出版社，2009.
[22] 贺启环. 环境噪声控制工程[M]. 北京：清华大学出版社，2011.
[23] 毛东兴，洪宗辉. 环境噪声控制工程[M]. 2版. 北京：高等教育出版社，2010.
[24] 张弛，徐南. 噪声污染控制技术[M]. 2版. 北京：中国环境出版社，2013.
[25] 汪葵. 噪声污染控制技术[M]. 北京：中国劳动社会保障出版社，2010.
[26] 鲍建国，周发武. 清洁生产实用教程[M]. 北京：中国环境出版社，2010.
[27] 杨京平. 环境生态工程[M]. 北京：中国环境出版社，2011.

[28] 宋永会,段亮. 辽河流域水污染治理技术评估[M]. 北京:中国环境出版社,2014.
[29] 王怀宇,王惠丰. 环境工程施工技术[M]. 北京:化学工业出版社,2009.
[30] 李永峰,张洪,孔祥龙. 环境工程施工技术[M]. 北京:化学工业出版社,2014.
[31] 白建国. 环境工程施工技术[M]. 北京:中国环境科学出版社,2007.
[32] 王英健,杨永红. 环境监测[M]. 3版. 北京:化学工业出版社,2015.
[33] 奚旦立,孙裕生. 环境监测[M]. 4版. 北京:高等教育出版社,2010.